Basic Principles and Calculations in Environmental Engineering

환경양론

김동석 | 박영식 지음

도서출판 동화기술

Preface

'환경양론'은 환경공정의 양(물질, 에너지)을 다루는 과목으로 물질 및 에너지 수지의 계산을 쉽게 이해하도록 이끌어주는 교재로서, 실제 환경공정의 해석과 설계에 도움이 되는 기초 지식을 제공하는 분야이다.

본 교과목은 환경 분야에서 가장 기초가 되는 중요한 과목으로서, 환경 분야의 각종 자격증을 공부하는 데에도 절대적으로 필요할 뿐만 아니라, 앞으로 배우게 될 상·하수처리, 대기오염방지기술, 폐기물 처리, 상하수도 공학 등의 선행 과목으로서 반드시 필요하다고 할 수 있다.

본 교재에서 "제1장 이공학적 계산"에서는 기초적인 수학 개념에 대해 설명하고 있으므로 간단히 복습하는 기분으로 다루면 될 것이다.

제2장부터 제4장까지는 기본적인 계산에 필요한 단위와 계산방법을 다루고 있는데, 고등학교 과정에서 다루는 방법과는 다르게, 보다 체계적인 방법으로 단위를 다루고 있으므로 매우 중요한 부분이라 할 수 있겠다. 그러나 일반 화학과목에서 이 부분을 잘 다루었을 경우에는 필요에 따라 간단히 언급하고 복습의 의미로 문제만 다루어 본 다음, 제5장으로 넘어가도 무방할 것이다. "제2장 기본단위"에서는 환경 분야에서 많이 다루고 있는 길이, 질량, 시간, 온도, 몰과 분자량의 중요한 개념들에 대해 소개하고 있다. "제3장 유도량"에서는 부피, 속도, 부피유량과 질량유량, 밀도, 점도, 힘과 무게, 압력, 일과 에너지 등을 다루고 있다. "제4장 혼합물의 조성과 농도"에서는 중량 백분율, 부피 백분율, 무게 - 부피 백분율, 몰 백분율, 몰 농도의 개념을 언급하고 있다.

제5장은 "제7장 에너지 수지"를 다루기 위한 기초가 되는 장이다. "제5장 물리량의 상관관계"에서는 열역학에 관련되는 부분을 주로 다루고 있는데, 이상기체법칙을 비롯한 다양한 기초 열역학 법칙에 대해 언급하고 있다.

제6장은 환경양론에서 가장 중요한 부분으로서, 물질수지에 대해 배우게 된다. 이 장에서는 물질수지의 개념, 계와 공정의 분류, 물질수지의 종류, 물질수지 문제의 해법, 비반응-정상상태의 물질수지, 반응-비정상상태의 물질수지 등을 다양한 예와 함께 소개하고 있다.

"제7장 에너지 수지"에서는 열역학 법칙, 계의 특성, 상태함수와 경로함수, 에너지-일-열, 에너지의 형태 등을 다양하고 재미있는 예제문제와 함께 설명하고 있다.

환경양론을 다루고 있는 교재들은 많으나, 본 교재는 타 교재와 다음과 같은 점에서 차별화된다.

첫째, 본 교재의 내용은 "환경양론" 분야에만 국한된 것이 아니라, 환경 전반에 걸쳐 학생들이 궁금해할만한 용어의 의미와 개념들을 "참조" 부분으로 설명하고 있다. 그러므로 수업시간에 일부러 이 부분을 설명하지 않더라도 학생들이 개인적으로 읽어서 충분히 이해할 수 있도록 제작하여, 교재에 대한 흥미를 갖도록 유도하였다.

둘째, 각 장에서 가능한 많은 문제들을 다루고 있다. 특히, 타 교재에 비해 월등히 많은 예제 문제와 연습 문제를 다루고 있으며, 각 문제의 풀이들을 생략 없이 체계적으로 정리하여 수업의 진행에 도움이 되도록 하였다. 많은 문제를 접한다는 것은 단순히 많은 문제를 통해 문제 해결 능력을 증진시킨다는 의미가 아니라, 이론적인 개념을 보다 구체화하기 위한 도구로서 문제가 필요하다고 판단되어 가능한 다양한 종류의 문제를 소개하려고 노력하였다.

셋째, 문제 해결 시에도 가능한 문제를 머릿속에서 구체화할 수 있는 방안으로 그림을 그려보는 것이 매우 필요하다고 판단되어, 각 문제에 대한 개념 그림을 첨부하였으며, 이를 따라가다 보면 학생들도 단순히 문제를 빨리 해결하려고 접근하기보다는 문제를 멀리서 객관적으로 바라볼 수 있는 눈을 키우게 될 것으로 믿는다.

가능한 쉽고 재미있는 교재를 만들려고 노력하였으나, 초판이다 보니 다소 오류가 있으리라 예상되므로 이 점 널리 이해해 주시기 바랍니다. 오류가 발견되면 언제든지 저자(kimds@cu.ac.kr)에게 연락주시면 충실히 수정·보완할 것을 약속드립니다.

끝으로 이 책을 제작하는 데 도움을 준 김운연 군과 이 책을 출판하여 주신 도서출판 동화기술 회장님과 편집부 여러분께 감사드리며, 사랑하는 우리 가족, 특히 아들 준에게 이 책을 헌사합니다.

Contents

Chapter 1

이공학적 계산

이 장은 과학이나 공학에서 다루는 양적인 문제를 해결하는 데 효과적인 원리와 기술을 설명하고 있다. 우선 사용되는 수학적 개념을 복습해 보고, 물리적 단위와 환산인자에 대해 알아볼 뿐만 아니라, 이러한 단위와 인자들이 문제를 해결하는 데 어떻게 이용되는지 설명하고자 한다.

1.1 유효 숫자

실험 결과를 다루는 수치가 정확하지 못한 경우가 있는데, 이는 측정도구의 정확도에 한계가 있기 때문인 경우가 많다. 예를 들어 밀리미터 단위의 눈금자를 이용하여 책상의 길이를 측정하고자 할 때, 밀리미터 단위보다 더 정확한 결과를 얻을 수는 없다. 그러나 만약 마이크로미터 단위의 눈금자가 있는 현미경을 이용할 수 있다면, 밀리미터 단위의 천분의 일에 해당하는 정확한 길이를 측정할 수 있을 것이다. 그러므로 정확한 실험결과를 얻기 위해서는 사용되는 실험도구의 측정 한계를 정확하게 아는 것이 중요하다.

유효 숫자의 수는 정확도를 제시하는 밑기수(digits)의 수이다. 만약 앞에서 밀리미터 눈금자로 측정하여 종이의 길이가 181 mm라고 한다면(실제 정확하게는 길이가 180.5 mm에서 181.4 mm 사이에 있다는 것을 의미하지만), 3개의 유효 숫자를 가진다. 만약 이 길이를 18.1 cm와 0.181 m로 표시한다고 하더라도 유효 숫자의 수는 마찬가지로 3개이다. 대부분 자료의 정확도에 대한 언급이 없다면 유효 숫자의 수는 밑기수의 수(소수 몇 째 자리의 수)와 동일하다. 그러나 식에서 표현되는 수치는 매우 정확한 것으로 인식해야 한다. 예를 들면, 10 cm라고 한다면 이는 10.0000… cm를 의미하며, 10 g이라고 한다면 10.0000… g을 의미한다.

산술 계산에 있어 정확도는 유효 숫자와 다른 형태로 표현된다. 더하기와 빼기 계산 시 정확도는 가장 덜 정확한 (소수 몇 째 자리의 수가 적은) 수에 의존한다. 예를 들면 10.276 + 252.45 + 1042.2의 답은 1304.926으로 볼 수 있으나, 이 계산에서 가장 덜 정확한 수는 1042.2이므로 이 수치의 정확도에 따라 이 계산의 답은 1304.9로 정한다. 계산의 정확도를 결정하는 지배 인자는 유효 숫자의 숫자가 아니라 절대 정확도(소수 몇 째 자리의 수)이다. 곱하기나 나누기에서도 답은 절대 정확도에 따라 표현한다. 예를 들면, 5.2×4.254×32.33의 답은 715.165464가 아니라 715.2라고 표현한다. 유효 숫자가 가장 적은 수에 맞추는 것이 원칙이다.

예제 1-1

다음 숫자 중 유효 숫자의 개수는 몇 개인가?

(1) 20.45 (2) 1.23×10^3 (3) 0.004

풀이

(1) 4개 (2, 0, 4, 5)

(2) 3개 (1, 2, 3)

(3) 1개 (4)

1.2 지수 표현

과학적 계산에서 자주 너무 크거나 너무 작은 수를 접하게 된다.
예를 들면 187000000 m나 0.00000285 g의 경우 앞의 3자리(큰 수)나 마지막 3자리(작은 수)가 중요 수치가 되며, 이 중요 수치를 이용하여 지수 형태로 표현할 수 있다.

$$187000000\ \text{m} = 1.87 \times 10^8\ \text{m}$$

$$0.00000285\ \text{g} = 2.85 \times 10^{-6}\ \text{g}$$

정확도에 따라 지수 표현도 바뀔 수 있다. 예를 들면,

$2500 = 2.5 \times 10^3$ (소수 둘째자리에서 반올림)

$2500 = 2.50 \times 10^3$ (소수 셋째자리에서 반올림)

$2500 = 2.500 \times 10^3$ (소수 넷째자리에서 반올림)

또한, 지수의 계산은 다음과 같이 하는 것이 편리하다.

$$\frac{0.024 \times 1890}{132 \times 0.0048} = \frac{(2.4 \times 10^{-2}) \times (1.89 \times 10^3)}{(1.32 \times 10^2) \times (4.8 \times 10^{-3})}$$

$$= \frac{(2.4 \times 1.89)}{(1.32 \times 4.8)} \times 10^{(-2)+(+3)-(+2)-(-3)}$$

$$= 0.72 \times 10^2 = 7.2 \times 10^1$$

예제 1-2

다음 숫자를 마지막 자리에서 반올림하여 지수 형태로 표시하시오.
(1) 546 (2) 24896

풀이 (1) 5.5×10^2 (2) 2.490×10^4

1.3 로그 표현

일반적으로 학생들은 상용로그(10을 밑으로 하는 log)에 친한 편이다. log 계산 방법에 대해 간단히 소개해 보면 다음과 같다.

만약 $10^\chi = N$이라면, $\log(10^\chi) = \log(N)$, $\chi = \log N$

$$\log(xy) = \log x + \log y$$
$$\log(x/y) = \log x - \log y$$
$$\log(x^n) = n\log x$$

$$\log(278000) = \log(2.78\times10^5) = \log(2.78) + \log(10^5)$$
$$= 0.444 + 5 = 5.444$$

$$\log(0.00758) = \log(7.58\times10^{-3}) = \log(7.58) + \log(10^{-3})$$
$$= 0.880 + (-3) = -2.120$$

이공학 도서에는 상용로그보다는 자연로그(ln)가 많이 사용되는 편이다. ln 계산 방법은 log 계산법과 동일하며, 다만 다음과 같은 차이가 있을 뿐이다.

만약 $e^x = N$이라면($e^1 = 2.718281828\cdots$), $\ln(e^x) = x = \ln(N)$

$$\ln x = 2.3\log x$$

H^+의 농도나 평형상수(K)를 표현할 때는 수치가 너무 작거나 커서 표현이 불편하므로 상용로그를 사용한다.

만약 평형상수 K가 $10^{-7.5}$라면,

$$pK = -\log(K) = -\log(10^{-7.5}) = 7.5$$

만약 수중의 H^+ 농도가 10^{-5} mol/L라면,

$$pH = -\log(H^+) = -\log(10^{-5}) = 5$$

참조 **자연로그(ln)를 쓰는 이유**

우리가 로그를 사용할 때 10진법에 기초한 수의 계산은 10을 밑으로 한 상용로그(log)가 편리하다. 그러나 식을 다루고 미적분을 할 때는 자연로그가 유리하다. 그러므로 미적분을 이용하는 공학이나 수학에서는 상용로그를 거의 사용하지 않고 자연로그를 주로 사용한다.

예제 1-3

다음 숫자들을 상용로그를 사용하여 표현하시오. 단, 소수 넷째 자리에서 반올림하여 소수 셋째 자리까지만 표시하시오.

(1) 0.0045 (2) 34.56 (3) 123400

풀이

(1) $\log(0.0045) = \log(4.5\times10^{-3}) = \log(4.5)+\log(10^{-3}) = 0.653+(-3) = -2.347$

(2) $\log(34.56) = \log(3.456\times10^{1}) = \log(3.456)+\log(10^{1}) = 0.539+1 = 1.539$

(3) $\log(123400) = \log(1.234\times10^{5}) = \log(1.234)+\log(10^{5}) = 0.091+5 = 5.091$

예제 1-4

다음 숫자들에 자연로그를 사용하여 표현하시오. 단, 소수 넷째 자리에서 반올림하여 소수 셋째 자리까지만 표시하시오.

(1) 100 (2) 0.0123

풀이

$\ln(x) = 2.3 \times \log(x)$

(1) $\ln(100) = 2.3\log(100) = 2.3\log(10^2) = 2.3\times2 = 4.6$

(2) $\ln(0.0123) = 2.3\times\log(1.23\times10^{-2}) = 2.3\times\{\log(1.23)+\log(10^{-2})\} = 2.3\times\{0.090+(-2)\} = -4.393$

예제 1-5

다음과 같은 평형상수 K가 제시되었다고 할 때, pK값을 계산하시오. 단, 소수 넷째 자리에서 반올림하여 소수 셋째 자리까지만 표시하시오.
$K = 3.2 \times 10^{-5}$

풀이

$$\mathrm{p}K = -\log(K)$$

$$-\log(3.2 \times 10^{-5}) = -\log(3.2) - \log(10^{-5}) = -0.505 + 5 = 4.495$$

1.4 물리량, 단위, 차원

물리량(길이, 시간, 질량, 온도, 열량 등)의 기본적인 개념을 차원(dimension)이라 한다.

물리량에 대해 부여된 수치로서 물리량(차원)을 표시하는 수단을 단위라 한다. 예를 들면, 질량의 표준 단위는 킬로그램(kilogram, kg), 길이는 미터(meter, m), 시간은 초(second, s) 등이다.

차원과 단위를 취급하는 규칙은 매우 단순하다. 차원의 계산에서 차원의 종류에 관계없이 곱하기와 나누기는 가능하나, 더하기와 빼기는 동일한 차원에서만 가능하다. 그러나 동일한 차원 내에서의 더하기와 빼기라 하더라도 단위가 동일하지 않을 경우에는 단위를 동일하게 전환한 후에야 계산이 가능하다.

예를 들면, 다음과 같은 계산은 가능하다.

$$2\ \mathrm{kg} \times 3\ \mathrm{m/sec} = 6\ \mathrm{kg \cdot m/sec}$$

$$3\ \mathrm{m} \div 3\ \mathrm{sec} = 1\ \mathrm{m/sec}$$

$$10\ \mathrm{m} \times 2\ \mathrm{cm} = 10\ \mathrm{m} \times 0.02\ \mathrm{m} = 0.2\ \mathrm{m}^2$$

$$5\ \mathrm{m} + 5\ \mathrm{m} = 10\ \mathrm{m}$$

$$10\ \mathrm{kg} + 100\ \mathrm{g} = 10\ \mathrm{kg} + 0.1\ \mathrm{kg} = 10.1\ \mathrm{kg}$$

그러나 다음과 같이 차원이 다른 경우의 덧셈과 뺄셈은 계산이 불가능하다.

$$3\ \mathrm{kg} + 4\ \mathrm{m} = ?$$

$$10\ \mathrm{m} - 3\ \mathrm{kg} = ?$$

대부분 수는 차원을 가지고 있으나, 특별히 차원을 가지고 있지 않은 무차원수(dimensionless number)가 있다.

이러한 무차원수는 차원이 있는 물리량을 조합시켜 얻어지는 '차원이 없는 물리량'으로서, 외관상 얼마간의 물리량을 곱셈 또는 나눗셈하여 얻어지는 무차원수를 말하지만, 수 자체보다도 그것이 어떠한 물리량의 조합으로 이루어져 있는가 하는 것에 의의가 있으므로 무차원군(dimensionless group)이라고도 한다.

대표적인 무차원수로서 환경 분야에 많이 사용되는 무차원수는 Reynolds수(Re, N_{Re})이다.

$$N_{Re} = \frac{\text{관성력}}{\text{점성력}} = \frac{d \cdot v \cdot \rho}{\mu} = \frac{(\text{m})(\text{m/s})(\text{kg/m}^3)}{(\text{kg/m} \cdot \text{s})} = (\text{무차원})$$

여기서, d : 관의 직경 (m)　　v : 유체의 속도 (m/s)
ρ : 유체의 밀도 (kg/m^3)　　μ : 유체의 점도 (kg/m · s)

Reynolds수 외에도 많은 무차원수(N_{Bm}, N_{Bo}, N_{De}, N_{Eu}, N_{Fr}, N_{We} 등)가 있다. 무차원수는 차원이 없도록 정리된 것이므로 어느 변수에 무차원수를 곱하거나 나누더라도 그 변수의 차원은 변화하지 않아서, 차원의 변화 없이 편리하게 사용할 수 있다.

과학적 측정 방법에는 여러 종류의 단위가 사용되나, 기본단위와 유도단위가 있다.

1. 기본단위 (fundamental unit)

길이, 질량, 시간, 온도 등 하나의 단위로만 표시되는 단위이다. 예를 들면, 길이는 m, 질량은 kg, 시간은 s, 온도는 ℃ 등

2. 유도단위 (derived unit)

기본단위에서 유도되어 2개 이상의 기본단위로 구성된 복합단위이다. 예를 들면, 속도는 m/s, 가속도는 m/s^2, 힘은 N = kg · m/s^2, 압력은 N/m^2 등

기본단위를 중심으로 몇 개의 기본단위와 그 기본단위로부터 이끌어 낸 유도단위를 1개의 계(system)로 묶은 경우, 그 계를 단위계(system of units)라 한다. 단위계는 크게 MKS 단위계, CGS 단위계, FPS 단위계가 있으며, 자세한 내용은 다음 표 1.1과 같다.

표 1.1 단위계의 종류

단위계의 종류	차 원	단위표시	기호 또는 약어
MKS 단위계 (SI 단위계)	길이(length)	미터(meter)	m
	질량(mass)	킬로그램(kilogram)	kg
	시간(time)	초(second)	s
	온도(temperature)	켈빈(Kelvin)	K
	몰(mole)	킬로그램몰(kgmole)	kgmol, kmol
CGS 단위계	길이(length)	센티미터(centimeter)	cm
	질량(mass)	그램(gram)	g
	시간(time)	초(second)	s
	온도(temperature)	섭씨(Celcius)	℃
	몰(mole)	그램몰(gmole)	gmol, mol
FPS 단위계	길이(length)	피트(feet)	ft
	질량(mass)	파운드(pound)	lb_m
	시간(time)	초(second)	s
	온도(temperature)	화씨(Fahrenheit)	°F
	몰(mole)	파운드몰(lbmole)	lbmol

전 세계적으로 MKS 단위계가 많이 사용되고 있으며, 이를 표준 단위계(Systemé International Unites, International System of Units)로 인정하고 있으나, 미국에서는 여전히 FPS 단위계가 통용되고 있다.

어떤 종류의 단위계를 선택하든, 다양한 종류의 2번째 단위(접두어)를 도입함으로써 다양한 양의 표기가 가능하다. 대부분의 원자는 10^{-8} cm에 가까운 크기를 가지고 있으므로, 이를 편리하게 표현하기 위해 angstrom 단위를 사용하며 1 Å ≡ 10^{-8} cm로 정의한다. 이 angstrom 단위는 표준 길이 단위의 예외적인 예에 속한다. 대부분의 단위에서는 다음과 같은 다양한 접두어를 사용한다.

표 1.2 단위계의 접두어

접두어(prefix)	약어(abbreviation)	규모(magnitude)	예(examples)
giga	G	10^9	1 Gm = 10^9 m
mega	M	10^6	1 Mm = 10^6 m
kilo	k	10^3	1 km = 10^3 m
hecto	h	10^2	1 hm = 10^2 m
deca	da	10^1	1 dam = 10^1 m
deci	d	10^{-1}	1 dm = 10^{-1} m
centi	c	10^{-2}	1 cm = 10^{-2} m
milli	m	10^{-3}	1 mm = 10^{-3} m
micro	μ	10^{-6}	1 μm = 10^{-6} m
nano	n	10^{-9}	1 nm = 10^{-9} m

이 접두어 중 주의해야 할 것은 kilo 단위이다. 우리나라에서는 각종 도로 표지판에서 kilo의 단위를 대문자 K를 사용하여 Km로 표기하는 경우가 많은데, 이는 잘못된 표기로서, 대부분의 접두어는 소문자로 표기하는 것이 원칙이다. 다만, giga와 mega만 대문자로 표기하고 있다.

1.5 환산인자(conversion factor)

환경양론 문제를 해결하는 과정 중 하나의 단위를 다른 단위로 바꿔야 할 필요가 자주 있다. 이럴 때 편리하게 사용할 수 있는 것이 환산인자(conversion factor)이다.

환산인자는 다음과 같이 정의된다.

$$\text{환산인자} = \frac{\text{새 단위}}{\text{기존 단위}}$$

그러므로 만약 새로운 단위를 구하고자 하면 기존 단위에 환산인자를 곱하면 된다. 환산인자는 본래의 단위나 새로운 단위 모두 표기만 다를 뿐 같은 양의 단위로 1이 되므로 곱하거나 나누어도 무방하다. 예를 들어 2.54 cm = 1 in. 환산 식을 이용해 보면 다음과 같다.

$$\text{환산인자} = \frac{2.54\text{ cm}}{1\text{ in.}} = \frac{1\text{ in.}}{1\text{ in.}} = 1$$

이 비[ratio, (2.54 cm)/(1 in.)]를 환산인자라고 한다. 이 비의 역수도 마찬가지로 환산인자라고 할 수 있다.

이제 환산인자를 이용하여 계산해 보자. 만약 4 in.를 cm 단위로 환산하면 다음과 같다.

$$4\text{ in.} \times \frac{2.54\text{ cm}}{1\text{ in.}} = 10.16\text{ cm}$$

이 계산에서 기존 단위 4 in.에 여러 환산인자[(2.54 cm)/(1 in.), (1 in.)/(2.54 cm)]를 곱할 수 있다. 그러나 우리는 원하는 단위를 얻기 위해서는 기존 단위를 지울 수 있는, 즉, 분모가 기존 단위와 동일한 환산인자[(2.54 cm)/(1 in.)]를 사용해야 한다.

또한, 이 계산에서 곱하기 기호를 생략하여 아래와 같이 편리하게 사용할 수 있으며, 1 in.에서 1은 생략하고 in.만 사용할 수도 있다.

$$\begin{array}{c|c} 4\text{ in.} & 2.54\text{ cm} \\ \hline & 1\text{ in.} \end{array} = 10.16\text{ cm}$$

$$\begin{array}{c|c} 4\text{ in.} & 2.54\text{ cm} \\ \hline & \text{in.} \end{array} = 10.16\text{ cm}$$

만약, 역으로 10 cm를 in. 단위로 환산하고자 한다면 다음과 같이 계산할 수 있다.

$$\begin{array}{c|c} 10\text{ cm} & 1\text{ in.} \\ \hline & 2.54\text{ cm} \end{array} = 3.937\text{ in.}$$

위 예와 같이 환산인자가 반드시 차원이 같아야 하는 것은 아니다. 차원이 다른 환산인자를 계산에 이용할 수도 있다. 예를 들면, 수은(Hg)의 밀도가 13.534 g/cm^{3}일 때, 수은 10 g의 부피를 구하고자 한다면, 수은의 밀도를 환산인자로 이용하여 계산할 수 있다. 이 경우 1 cm^3 Hg = 13.534 g Hg의 관계가 성립하므로 여전히 환산인자는 1이라는 의미는 유효하다.

$$\begin{array}{c|c} 10\text{ g Hg} & \text{cm}^3\text{ Hg} \\ \hline & 13.534\text{ g Hg} \end{array} = 0.739\text{ cm}^3\text{ Hg}$$

간접적인 성질을 이용한 여러 종류의 환산인자들을 생각해 볼 수 있는데, 다음과 같은 관계의 환산인자들도 있다.

9.2 mmHg 수증기압 at 10℃ = 31.8 mmHg 수증기압 at 30℃

온도가 증가하면 수증기압은 증가하는데, 이러한 관계도 환산인자로 활용할 수 있다.

1.6 단위 환산 문제 해결방법

단위 환산 문제를 해결하는 데 있어 정확하게 알아야 할 것은 "어떤 종류의 단위로 환산하고자 하는가?"와 "기존 자료와 사용할 환산인자는 어떤 관계를 가지는가?"이다.

단위 환산의 경로는 여러 가지가 있을 수 있으므로 학습자가 가장 익숙하게 또 편리하게 이용할 수 있는 환산인자를 이용하면 된다. 예를 들어 0.1 ton을 mg 단위로 환산해 보자. 이 경우 ton → lb → g → mg의 경로로 문제를 해결할 수도 있고, ton → kg → g → mg의 경로를 선택할 수도 있다.

0.1 ton	2,200 lb	454 g	1,000 mg	
	ton	lb	1 g	$= 9.99\times10^{7}$ mg

0.1 ton	1,000 kg	1,000 g	1,000 mg	
	ton	kg	1 g	$= 10.00\times10^{7}$ mg

경로 선택에 따라 반올림으로 인하여 위와 같은 미소한 오차가 발생할 수 있으나, 근본적인 계산과정은 경로에 무관하다.

원래의 의미대로 하면 1 mg $=10^{-3}$ g으로 계산해야 하나, 이 관계는 1,000 mg = 1 g과 동일한 관계이므로 편리한 관계를 환산인자로 이용하면 된다.

좀 더 복잡한 계산으로 밀도의 단위 환산을 해보자.

모래의 밀도는 대략 2.5 g/cm^{3}으로 나타나는데, 이 밀도를 kg/L 단위로 환산해 보자.

2.5 g	1 kg	1,000 cm^3	
cm^3	1,000 g	1 L	= 2.5 kg/L

만약, "5 g의 소금을 함유하고 있는 10 mg/cm^3 농도의 소금물의 양(L)은 얼마일까?"라는 문제를 해결하고자 하면 다음과 같이 계산할 수 있다.

5 g NaCl	1,000 mg NaCl	1 cm^3 solution	1 L	
	1 g NaCl	10 mg NaCl	1,000 cm^3	= 0.5 L solution

참조

의약학 분야에서 자주 사용하는 1 cc 단위는 cubic centimeter의 약어로서 1 cm^{3}을 의미한다. 1 cc = 1 cm^3 = 1 mL이다.

Chapter 1 연습문제

01 다음 숫자 중 유효 숫자의 개수는 몇 개인가?

(1) 2.005 (2) 2005.0 (3) 2.350×10^3

02 다음 숫자를 마지막 자리에서 반올림하여 지수 형태로 표시하시오.

(1) 0.00678 (2) 1234007

03 다음 숫자들을 상용로그를 사용하여 표현하시오. 단, 소수 넷째 자리에서 반올림하여 소수 셋째 자리까지만 표시하시오.

(1) 2.123×10^5 (2) 4.45×10^{-12}

04 다음 숫자를 자연로그를 사용하여 표현하시오. 단, 소수 넷째 자리에서 반올림하여 소수 셋째 자리까지만 표시하시오.

4.5×10^5

05 다음과 같은 평형상수 K가 제시되었다고 할 때, pK값은? 단, 소수 넷째 자리에서 반올림하여 소수 셋째 자리까지만 표시하시오.

$K = 3.04 \times 10^{-8}$

Chapter 2

기본단위 (basic unit)

2.1 길이(length)

2.2 질량(mass)

2.3 시간(time)

2.4 온도(temperature)

2.5 몰과 분자량 (mole and molecular weight)

2.1 길이(length)

길이의 SI 단위는 미터(meter)이며, 기호는 m이다. 자주 쓰이는 길이의 관계는 다음과 같다.

1 cm = 10^{-2} m　　1 mm = 10^{-3} m
1 μm = 10^{-6} m　　1 nm = 10^{-9} m
1 km = 1,000 m

이는 음의 지수승의 관계를 가지므로 이용하기가 불편하다. 그러므로 이 관계를 다음과 같이 전환하여 많이 사용한다.

100 cm = 1 m　　1,000 mm = 1 m
10^6 μm = 1 m　　10^9 nm = 1 m
1 km = 1,000 m

환경 분야에 많이 사용되는 길이 단위는 다음과 같은 것이 있다.

1 ft(feet) = 12 in. = 0.3048 m = 30.48 cm
1 in. = 1 in = 2.54 cm
1 mile = 5280 ft = 1609 m ≒ 1.6 km
1 yd(yard) = 3 ft

또한, 우리나라에서 관습적으로 많이 사용하는 도량형 길이 단위에는 다음과 같은 것이 있다.

1자(척(尺)) = 0.303 m ≒ 30 cm
1마 = 90 cm ≒ 1 yd
1치(촌(寸)) = 1자의 1/10 = 약 3.03 cm
1푼 = 1치의 1/10 = 0.3 cm
1모 = 1푼의 1/10 = 0.03 cm
1리 = 0.393 km ≒ 0.4 km,　　10리 ≒ 4 km

참조

- meter의 어원 = 계기 또는 잰다는 뜻의 그리스어 metron, 또는 라틴어 metrum, measure

- inch의 어원 = 엄지손가락의 길이 = 2.54 cm
- feet의 어원 = 발바닥의 크기 = 12 in. = 약 30 cm
  (옛날 서양 사람들은 발의 크기가 무척 컸던 듯하다.)
- yard의 어원 = 지팡이의 크기 = 36 inch = 3 ft = 약 90 cm
- mile의 어원 = 1,000걸음(왼발과 오른발 이동) = 1.6 km

참조 미국을 자동차로 여행할 때 70으로 표시된 표지판을 보고 제한 속도가 70 km/h인 것으로 오해하는 경우가 많은데, 실제로는 제한속도가 70 mile/h인 것이다. 미국에서 제한속도 표지판이나 차량의 속도계는 대부분 mile 단위로 되어 있다.

예제 2-1

5 ft를 cm 단위로 환산하시오.

풀이

$$\frac{5\ \text{ft}}{} \bigg| \frac{12\ \text{in.}}{1\ \text{ft}} \bigg| \frac{2.54\ \text{cm}}{1\ \text{in.}(=\text{in})} = 152.4\ \text{cm}$$

또는 간편하게 1 ft ≒ 30 cm의 환산인자를 이용하면 편리하다. 이럴 경우 다음과 같이 약간의 오차가 발생할 수 있다.

$$\frac{5\ \text{ft}}{} \bigg| \frac{30\ \text{cm}}{1\ \text{ft}} = 150\ \text{cm}$$

2.2 질량(mass)

질량의 SI 단위는 킬로그램(kilogram)이며, 기호는 kg이다. 자주 쓰이는 질량의 관계는 다음과 같다.

$1\ \text{kg} = 1{,}000\ \text{g}$ $\qquad$ $1\ \text{mg} = 10^{-3}\ \text{g}$

$1\ \mu\text{g} = 10^{-6}\ \text{g}$

음의 지수승의 불편한 관계를 전환하면 다음과 같다.

$$1\ \text{g} = 1{,}000\ \text{mg} = 10^{6}\ \mu\text{g}$$

또한, 환경 분야에 많이 사용되는 질량 단위에는 다음과 같은 것들도 있다.

1 t(ton) = 1,000 kg

1 lb(pound) = 0.4536 kg ≒ 0.454 kg = 454 g

1 lb = 16 oz(ounce)

1 oz = 28.35 g

참조

- lb의 어원 = 라틴어 'Libra pondo'다. 즉 pound weight라는 의미
- oz의 어원 = 로마피트를 가리키는 운시아(uncia, 1/12을 뜻함)
  로마피트 값을 물리적으로 나타낸 표준자는 1로마파운드 구리막대이고, 이것을 운시아(unciae)라고 하는 12개의 균등한 눈금으로 나누었다. 따라서 운시아는 무게의 단위인 동시에 길이의 단위였으며, 현재 사용하고 있는 인치와 온스도 각각 여기에서 유래한 것이다. 그러므로 원래는 12 in가 1 ft였듯이 12온스가 1파운드였다. 그러나 현재는 1파운드는 16온스로 통용되고 있다. 온스 밑에는 한 주먹(dram), 적은 무게(gramma), 보리 낟알(grain)이 있다. 적은 무게를 의미하는 라틴어의 gramma에서 g(gram)이 왔으며, 이는 '적은 무게(a small weight)'를 뜻한다.
- 1 fl oz(fluid ounce) = 29.57353 mL (부피 단위, 외국 화장품 등에서 많이 사용)
- 1 oz = 28.35 g (질량 단위)

우리나라에서 관습적으로 많이 사용하는 도량형 질량 단위에는 다음과 같은 것이 있다.

1 푼 = 0.375 g

1 돈 = 10 푼 = 3.75 g

1 냥 = 10 돈 = 37.5 g

1 근 = 16 냥 = 600 g, 또는 1 근 = 100 돈 = 375 g

1 관 = 3.75 kg

예제 2-2

어떤 물체의 질량이 10 kg일 때, 이 단위를 lb와 oz 단위로 전환하시오.

풀이

10 kg	1,000 g	lb
	kg	454 g

= 22.03 lb

$$\frac{22.03\ \text{lb} \mid 16\ \text{oz}}{\mid \text{lb}} = 352.48\ \text{oz}$$

참조 1근을 16냥인 600 g으로 계산하는 경우와 100돈인 375 g으로 계산하는 경우가 있다. 푼, 돈, 냥, 근의 상관관계로 볼 때는 375 g으로 보는 것이 보다 합당할 것으로 보이나, 상품이나 지방에 따라서 16냥을 1근, 100돈을 1근으로 각각 상품을 다르게 거래하고 있었다. 그러나 미터법 통일로 법률상 상거래 등에 사용하는 것을 금지하고 있다.

참조 보석의 질량 단위는 200 mg의 질량을 1캐럿, 기호는 ct(carat)를 사용한다.

금의 순도를 나타내는 단위로 캐럿이 쓰이는 데, 기호는 K 또는 Kt(Karat)이다. 캐럿은 중동지역에서 나는 식물의 한 종류인 '캐럽'에서 유래했다고 한다. 캐럽은 콩과 식물인 세로토니아 속에 속하는 나무열매인데, 그 꼬투리 하나의 무게가 1.25 g이다. 이 지역 사람들은 말린 캐럽을 한 손에 쥔 정도를 기준으로 금이나 소금 등의 물건을 교환했다. 캐럽은 보통 어른의 손으로 쥐면 24개가 잡히는데, 순도가 가장 높은 99.99%의 순금을 24 K라고 표시하는 것이 바로 여기에서 유래했다. 순수한 금을 24 K로 하고, 순금은 순도가 높은 대신 물러서 이로 꽉 깨물면 움푹 들어갈 정도이다. 24분의 18의 금을 함유하는 합금을 18 K로 표현하고 $(18/24)\times100=75\%$ 금 함량, 14 K는 $(14/24)\times100=58\%$ 금 함량이 된다.

2.3 시간(time)

시간의 SI 단위는 second(초)이며, 기호는 s이다. 일반적으로 시간을 수식으로 이용할 때는 소문자 t를 많이 사용하고, 온도를 수식으로 이용할 때는 혼동을 피하기 위해 대문자 T를 많이 사용한다.

1 yr(year, 년) = 12 mon(month, 달)

1 mon = 30 d(day, 일)

1 day = 24 h(hour, 시)

1 h = 60 min(minute, 분)

1 min = 60 s(second, 초)

예제 2-3

8.15 yr(년)를 초 단위로 전환하시오.

풀이

8.15 yr	365 day	24 h	60 min	60 s	= 2.57×10^8 s
	yr	day	h	min	

2.4 온도(temperature)

온도의 개념은 "자발적으로 에너지를 밖으로 배출하려고 하는 성질의 정도"이며, 온도가 높을수록 에너지를 많이 방출하려고 하는 성질이 크다고 정의한다.

온도는 크게 절대온도와 상대온도로 구분할 수 있다. 절대온도는 이상기체의 부피가 0이 되는 온도(절대영도)를 0K로 하며, 이론적으로 가장 낮은 온도를 0으로 정하는 열역학 제3법칙에 의해 정의된다. 절대온도에는 켈빈온도(K)와 랜킨온도(°R)가 있다. 상대온도는 절대온도 0를 기준으로 하지 않고, 물과 염수의 어는점을 기준점으로 하여 각각 0℃와 0°F로 정하고 있다. 상대온도에는 섭씨온도(℃)와 화씨온도(°F)가 있다.

대부분의 단위 표현 시, 숫자와 단위는 띄워서 표기하나, 온도를 표현할 때에는 숫자와 온도 단위는 붙여서 표기하는 것이 약속이다. 예를 들면, 다음과 같다.

10m (×) → 10 m (○)
10 ℃ (×) → 10℃ (○)

참조 **절대영도(Absolute zero)**

절대영도는 물체에서 복사열이 발생되지 않는 온도, 분자운동이 일어나지 않는 이론상의 온도, 열역학적으로 상상할 수 있는 최저온도이다. 1700년대 말경, 냉각에 한도가 있을 것이라는 생각을 하기 시작하였다. 1787년 프랑스 물리학자 Jacques A. C. Charles는 가스를 1℃씩 냉각해 갈 때 가스 부피의 1/273이 수축된다는 것을 발견하였는데, 대략 −273℃가 되었을 때 가스는 액체를 거쳐 고체로 완전히 전환된다는 것이다.

영국 물리학자 William Thomson은 1860년대에 이 개념을 운동 속도의 개념으로 발전시켰다. 즉, 어떤 물질을 보다 낮게 냉각하면 분자 운동이 냉각 전보다 느려지는데, 이 현상은 −273.18℃까지 이어지다가 결국 이 온도가 되면 분자 운동이 완전히 멈춘다는 것이다. 그 이하의 온도에서는 가스 분자의 운동이 멈출 뿐만 아니라 그 이하의 온도도 없다는 의미가 된다. 따라서 −273.18℃와 같은 온도를 진짜 0° 또는 절대영도(absolute zero)라고 하게 되었다.

William Thomson은 1892년에 Kelvin 경이 되었고, 이 절대온도는 켈빈온도라 부르게 되었다.

온도의 SI 단위는 절대온도로서 Kelvin이며, 기호는 K이다. 가끔 °K라고 쓰는 경우가 있는데, 이는 틀린 표현이다.

우리나라에서 가장 많이 사용되는 온도 단위는 섭씨(degree Celsius)온도이며, 기호는 ℃이다. 섭씨온도는 1기압에서 물이 어는점을 0℃, 끓는점을 100℃로 정하며, 어는점과 끓는점의 눈금을 100등분으로 구분하고 있다. 이에 비해 화씨온도는 1기압에서 물이 어는점을 32°F, 끓는점을 212°F로 정하며, 어는점과 끓는점의 눈금을 180등분으로 구분하고 있다. 이를 그림 2.1에 표현하였다.

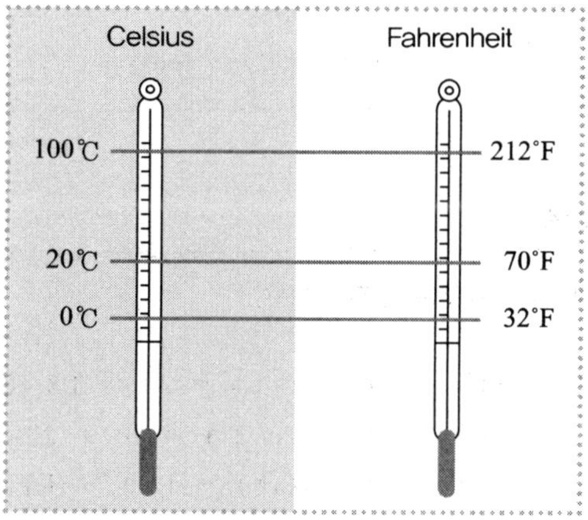

그림 2.1 섭씨온도와 화씨온도의 비교

섭씨온도에 대한 절대온도는 켈빈온도로서 물의 어는점과 끓는점의 눈금구분은 100등분으로 동일하며, 화씨온도에 대한 절대온도는 랜킨온도이고 물의 어는점과 끓는점의 눈금은 180등분하고 있다.

그러므로 섭씨온도, 화씨온도, 켈빈온도, 랜킨온도의 관계식은 다음 식과 같으며, 구체적인 상관관계는 표 2.1에 제시되어 있다.

$$T(^\circ\mathrm{F}) = 1.8 \times T(^\circ\mathrm{C}) + 32 \tag{2.1}$$

$$T(\mathrm{K}) = T(^\circ\mathrm{C}) + 273 \tag{2.2}$$

$$T(^\circ\mathrm{R}) = T(^\circ\mathrm{F}) + 460 \tag{2.3}$$

$$T(°R) = 1.8 \times T(K) \qquad (2.4)$$

또한, 각 온도 간의 눈금비교는 다음과 같다. 이 관계는 온도가 아니라 온도간격을 계산할 때 이용할 수 있다.

$$1℃ = 1K$$
$$1°F = 1°R$$
$$1℃(K) = 1.8°F(°R)$$

표 2.1 온도 사이의 상관관계

	섭씨온도(℃)	켈빈온도(K)	랜킨온도(°R)	화씨온도(°F)
물의 끓는점	99.9839 ≒ 100	373.1339 ≒ 373	671.54102 ≒ 672	211.97102 ≒ 212
물의 어는점	0	273.15 ≒ 273	491.67 ≒ 492	32
염수의 어는점	−17.78	255.37	459.67 ≒ 460	0
절대온도 0(zero)	−273.15 ≒ −273	0	0	−459.67 ≒ −460
물의 어는점과 끓는점의 눈금	100등분	100등분	180등분	180등분

예제 2-4

20℃를 °F, K, °R으로 전환하시오.

풀이

$$T(°F) = 1.8 \times T(℃) + 32 = 1.8 \times 20(℃) + 32 = 68°F$$
$$T(K) = T(℃) + 273 = 20 + 273 = 293K$$
$$T(°R) = 1.8 \times T(K) = 1.8 \times 293(K) = 527.4°R$$

예제 2-5

반응조의 온도를 10℃ 올렸다면, 각각 °F와 K로는 얼마나 올린 것인지 계산하시오.

풀이 온도 값을 계산하는 것이 아니라 온도 간격을 계산하는 것

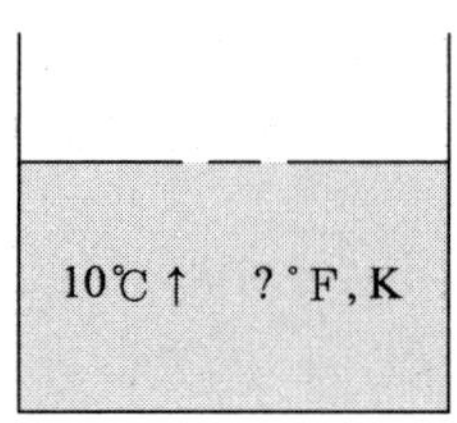

$$\frac{10℃ \;\Big|\; 1.8°F}{\;\;\;\;\;\;\Big|\; 1℃} = 18°F$$

$$\frac{10℃ \;\Big|\; 1K}{\;\;\;\;\;\;\Big|\; 1℃} = 10K$$

예제 2-6

다음 온도를 다른 두 온도 단위로 전환하시오.

(1) 15℃ (2) 390K (3) 10°F

풀이

(1) $T(K) = T(℃) + 273 = (15+273)K = 288K$

$T(°F) = 1.8 \times T(℃) + 32 = (1.8 \times 15 + 32)°F = 59°F$

(2) $T(K) = T(℃) + 273$에서

$T(℃) = T(K) - 273 = (390-273)℃ = 117℃$

$T(°F) = 1.8 \times T(℃) + 32 = (1.8 \times 117 + 32)°F = 242.6°F$

(3) $T(°F) = 1.8 \times T(℃) + 32$에서

$T(℃) = [T(°F) - 32] / 1.8 = (10-32) / 1.8 = -12.22℃$

$T(K) = T(℃) + 273 = (-12.22 + 273)K = 260.78K$

예제 2-7

어느 금속 막대의 열용량이 9.2 cal/℃이다. 이 금속의 현재 온도는 18℃인데, 만약 이 금속이 138 cal의 에너지를 흡수하였다면 금속 온도는 얼마인지 계산하시오.

풀이

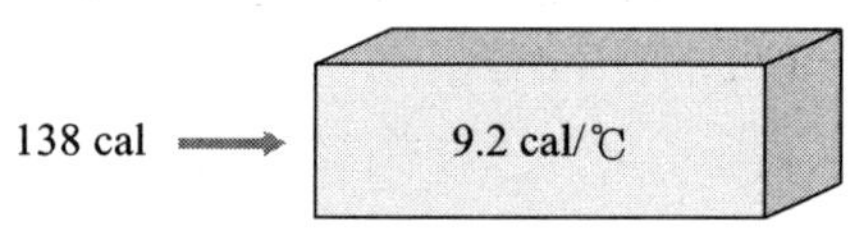

$$\frac{138\ cal \;\Big|\; ℃}{\;\;\;\;\;\;\;\;\;\;\Big|\; 9.2\ cal} = 15℃$$

그러므로 금속 온도 = 18℃ + 15℃ = 33℃

참조 ℃의 어원

우리나라에서는 섭씨라고 부르고 있으나, 원래의 의미는 degree Celsius이다. 1742년 스웨덴의 천문학자인 셀시우스(Anders Celsius)가 정한 온도의 눈금으로 Celsius의 이름

을 따서 C를 사용하고 있으며, degree의 의미로 °를 사용한다. Celsius는 물의 어는점은 기압에 무관하지만 끓는점은 기압에 의존한다는 실험 관찰 결과를 밝혔다. 중국인들이 Celsius의 이름을 한자로 섭이사(攝爾思)라 하고 앞의 한 자만 따서 섭씨(攝氏)라고 표기한 데서 유래한다. 씨는 김씨, 이씨라고 사람을 호칭할 때 사용하는 Mr.와 유사한 의미이다.

°F의 어원

화씨온도라고 부르고 있으며, 원 의미는 degree Fahrenheit이다. 1724년 독일의 물리학자 화렌하이트(Daniel Gabriel Fahrenheit)가 고안한 온도체계로서 Fahrenheit의 이름을 따서 F를 사용하고 있다. Fahrenheit는 세 가지 고정점을 이용했다. 가장 먼저 얼음, 물, 염화암모늄으로 이루어진 혼합물이 평형을 이뤘을 때의 온도를 0°F로 정의했다. 물의 어는점을 두 번째 고정점, 32°F로 이용했고 마지막으로 세 번째 고정점, 96°F는 사람의 체온으로 정의했다. 화씨온도는 Fahrenheit의 이름을 화륜해(華倫海)라고 하여 화씨라고 표기한데 따른다.

K의 어원

켈빈온도라고 하며, 절대온도라고도 한다. 절대온도의 필요성에 의해 1848년 영국의 물리학자 Kelvin 경(William Thomson)이 제안하였으며, 켈빈의 이름을 따서 K를 사용한다. 섭씨나 화씨와 같은 정도(degree)를 나타내는 것이 아니라 절대적인 값으로 제시하였다. 그러므로 켈빈온도는 °K가 아니라 K라고 표기한다. 특히, 켈빈은 열역학 제2법칙을 발견한 것으로도 유명하며, 웨스트민스터 수도원에 있는 아이작 뉴턴의 묘 옆에 묻혀 있다.

°R의 어원

랜킨온도라고 부르며, 켈빈온도와 같이 절대온도이다. 1859년 영국의 공학자이자 물리학자인 William John Macquorn Rankine에 의해 제안되어, Rankine의 첫 단어를 따서 °R이라고 사용한다.

2.5 몰과 분자량(mole and molecular weight)

농도를 표시할 때 질량 대신 몰을 이용하는 경우가 자주 있다. 분자나 원자 질량이 너무 작고 가벼워 직접적으로 측정하기 어려워 편의상 몰이라는 새로운 측정량을 도입하였다. 원자량의 기준에 따라 탄소의 질량수 12인 동위원소의 12 g 중에 포함되는 원자의 수를 1 mol이라고 하는데, 즉 아보가드로수(Avogadro's number)와 같다. 1 mol에 들어있는 원자와 분자의 수는 6.02×10^{23}개라고 알려져 있다. 12 g의 탄소에는

6.02×10^{23}수의 원자와 분자가 들어있다는 것인데 이를 1 mol의 크기로 규정한 것이다.

1 mole이란 분자, 원자, 전자, 이온 등 특정 형태의 입자 일정량(6.02×10^{23}수)을 가지고 있다고 정의되고, 기호는 mol로 표시한다. SI 단위는 kilogram mol이며, 기호는 kgmol 또는 kmol로 표시한다. 편의상 gmol을 mol로 표기하는 경우가 많다.

$$\begin{aligned} 1\ \text{kgmol} &= 1\ \text{kmol} = 1{,}000\ \text{gmol} = 1{,}000\ \text{mol} \\ &= 10^6\ \text{mgmol} = 10^6\ \text{mmol} \end{aligned}$$

몰은 분자량과 다음과 같은 관계를 가진다.

gmol = g 질량/분자량

kgmol = kg 질량/분자량

lbmol = lb 질량/분자량

원자량을 나타내는 표준 단위로서 amu(atomic mass unit)나 dalton이 사용된다. amu의 기호는 u이고 dalton의 기호는 Da이다. amu는 한 핵의 질량이거나 하나의 양성자 또는 중성자의 질량으로 정의되며, 1 amu = $1.660539040(20) \times 10^{-27}$ kg이다. 그러므로 탄소의 원자량은 12 amu이다. 탄소 1몰 안에는 6.02×10^{23}수의 탄소 원자가 있고 탄소 하나의 원자량은 12 amu이므로, 탄소 1몰 안에 있는 탄소 원자의 전체 질량은 $12 \times 1.660539040(20) \times 10^{-27}$ kg $\times\ 6.02 \times 10^{23}$개 = 0.012 kg = 12 g이 된다.

예제 2-8

다음 질문에 답하시오.

(1) 수은 원자의 질량(g과 amu)은?

(2) 액체 수은의 밀도는 13.5 g/cm^{3}이다. 원자의 부피(cm^3)는?

(3) 만약 수은 원자가 구형이라고 가정하면, 최대 반경(Å)은?

풀이 (1) 수은의 원자량[원자의 아보가드로 수(1 mol)의 질량]은 200.59이다.

$$\frac{200.59\ \text{g}}{1\ \text{mol Hg}} \left| \frac{1\ \text{mol Hg}}{6.02 \times 10^{23}\ \text{Hg 원자}} \right. = 3.331 \times 10^{-22}\ \text{g/Hg 원자}$$

또는 200.59 amu/Hg 원자

(2)

$$\frac{3.331 \times 10^{-22}\ \text{g}}{\text{Hg 원자}} \left| \frac{1\ \text{cm}^3}{13.5\ \text{g}} \right. = 2.47 \times 10^{-23}\ \text{cm}^3\text{/Hg 원자}$$

(3) 구의 체적 $V = \frac{4}{3}\pi r^3$이므로 구의 반경 $r = \left(\frac{3V}{4\pi}\right)^{1/3}$이다.

$$r = \left(\frac{3 \times 2.47 \times 10^{-23}\ \text{cm}^3}{4\pi}\right)^{1/3} = (5.9 \times 10^{-24}\ \text{cm}^3)^{1/3}$$

$$= 1.81 \times 10^{-8}\ \text{cm}$$

1.81×10^{-8} cm	1 m	1 Å	= 1.81 Å
	100 cm	10^{-10} m	

실제로 모든 구가 전체 체적에 꽉 차는 경우는 없이 빈 공간이 있으므로, 이 반경보다 실제 반경은 작을 것이다. 정확한 값은 1.44 Å으로 나타난다.

예제 2-9

우주공간에서 한 기체의 밀도가 3×10^{-24} g/cm^{3}으로 측정되었다. 만약 이 기체가 수소 원자로 가득 차 있다면 이 원자의 부피(cm^3)는?

풀이

cm^3 gas	1 g H	1 gmol H	= 0.553 cm^3/H 원자
3×10^{-24} g H	1 gmol H	6.02×10^{23}개 H 원자	

예제 2-10

각 분자들의 분자량을 구하시오. 단, 원자량 Br = 80, H = 1, Mg = 24, N = 14, O = 16, S = 32.

(1) $MgBr_2$ (2) $(NH_4)_2SO_4$ (3) O_3

풀이

$M = (1 \times 24) + (2 \times 80) = 184$

$M = (2 \times 14) + (8 \times 1) + (1 \times 32) + (4 \times 16) = 132$

$M = (3 \times 16) = 48$

예제 2-11

(1) NaCl 2 mmol은 몇 g인가? 단, NaCl의 분자량은 58.5로 가정한다.

(2) NaCl 100 g은 몇 kmol인가?

풀이

(1)

2 mmol NaCl	58.5 mg NaCl	1 g NaCl	= 0.117 g NaCl
	1 mmol NaCl	1,000 mg NaCl	

(2)

100 g NaCl	1 mol NaCl	1 kmol NaCl	= 1.71×10^{-3} kmol NaCl
	58.5 g NaCl	1,000 mol NaCl	

6.02×10^{23}수의 원자와 분자가 들어있다는 것인데 이를 1 mol의 크기로 규정한 것이다.

1 mole이란 분자, 원자, 전자, 이온 등 특정 형태의 입자 일정량(6.02×10^{23}수)을 가지고 있다고 정의되고, 기호는 mol로 표시한다. SI 단위는 kilogram mol이며, 기호는 kgmol 또는 kmol로 표시한다. 편의상 gmol을 mol로 표기하는 경우가 많다.

$$\begin{aligned} 1\ \text{kgmol} &= 1\ \text{kmol} = 1{,}000\ \text{gmol} = 1{,}000\ \text{mol} \\ &= 10^6\ \text{mgmol} = 10^6\ \text{mmol} \end{aligned}$$

몰은 분자량과 다음과 같은 관계를 가진다.

gmol = g 질량/분자량

kgmol = kg 질량/분자량

lbmol = lb 질량/분자량

원자량을 나타내는 표준 단위로서 amu(atomic mass unit)나 dalton이 사용된다. amu의 기호는 u이고 dalton의 기호는 Da이다. amu는 한 핵의 질량이거나 하나의 양성자 또는 중성자의 질량으로 정의되며, 1 amu = $1.660539040(20) \times 10^{-27}$ kg이다. 그러므로 탄소의 원자량은 12 amu이다. 탄소 1몰 안에는 6.02×10^{23}수의 탄소 원자가 있고 탄소 하나의 원자량은 12 amu이므로, 탄소 1몰 안에 있는 탄소 원자의 전체 질량은 $12 \times 1.660539040(20) \times 10^{-27}$ kg $\times$ 6.02×10^{23}개 = 0.012 kg = 12 g이 된다.

예제 2-8

다음 질문에 답하시오.

(1) 수은 원자의 질량(g과 amu)은?

(2) 액체 수은의 밀도는 13.5 g/cm³이다. 원자의 부피(cm³)는?

(3) 만약 수은 원자가 구형이라고 가정하면, 최대 반경(Å)은?

풀이 (1) 수은의 원자량[원자의 아보가드로 수(1 mol)의 질량]은 200.59이다.

$$\frac{200.59\ \text{g}}{1\ \text{mol Hg}} \cdot \frac{1\ \text{mol Hg}}{6.02 \times 10^{23}\ \text{Hg 원자}} = 3.331 \times 10^{-22}\ \text{g/Hg 원자}$$

또는 200.59 amu/Hg 원자

(2)

$$\frac{3.331 \times 10^{-22}\ \text{g}}{\text{Hg 원자}} \cdot \frac{1\ \text{cm}^3}{13.5\ \text{g}} = 2.47 \times 10^{-23}\ \text{cm}^3\text{/Hg 원자}$$

(3) 구의 체적 $V = \frac{4}{3}\pi r^3$이므로 구의 반경 $r = \left(\frac{3V}{4\pi}\right)^{1/3}$이다.

$$r = \left(\frac{3 \times 2.47 \times 10^{-23}\ \text{cm}^3}{4\pi}\right)^{1/3} = (5.9 \times 10^{-24}\ \text{cm}^3)^{1/3}$$

$$= 1.81 \times 10^{-8}\ \text{cm}$$

$$\frac{1.81 \times 10^{-8}\ \text{cm}}{} \times \frac{1\ \text{m}}{100\ \text{cm}} \times \frac{1\ \text{Å}}{10^{-10}\ \text{m}} = 1.81\ \text{Å}$$

실제로 모든 구가 전체 체적에 꽉 차는 경우는 없이 빈 공간이 있으므로, 이 반경보다 실제 반경은 작을 것이다. 정확한 값은 1.44 Å으로 나타난다.

예제 2-9

우주공간에서 한 기체의 밀도가 3×10^{-24} g/cm^{3}으로 측정되었다. 만약 이 기체가 수소 원자로 가득 차 있다면 이 원자의 부피(cm^3)는?

풀이

$$\frac{\text{cm}^3\ \text{gas}}{3 \times 10^{-24}\ \text{g H}} \times \frac{1\ \text{g H}}{1\ \text{gmol H}} \times \frac{1\ \text{gmol H}}{6.02 \times 10^{23}\text{개 H 원자}} = 0.553\ \text{cm}^3/\text{H 원자}$$

예제 2-10

각 분자들의 분자량을 구하시오. 단, 원자량 Br = 80, H = 1, Mg = 24, N = 14, O = 16, S = 32.

(1) $MgBr_2$　　(2) $(NH_4)_2SO_4$　　(3) O_3

풀이

$M = (1 \times 24) + (2 \times 80) = 184$

$M = (2 \times 14) + (8 \times 1) + (1 \times 32) + (4 \times 16) = 132$

$M = (3 \times 16) = 48$

예제 2-11

(1) NaCl 2 mmol은 몇 g인가? 단, NaCl의 분자량은 58.5로 가정한다.

(2) NaCl 100 g은 몇 kmol인가?

풀이

(1) $$\frac{2\ \text{mmol NaCl}}{} \times \frac{58.5\ \text{mg NaCl}}{1\ \text{mmol NaCl}} \times \frac{1\ \text{g NaCl}}{1{,}000\ \text{mg NaCl}} = 0.117\ \text{g NaCl}$$

(2) $$\frac{100\ \text{g NaCl}}{} \times \frac{1\ \text{mol NaCl}}{58.5\ \text{g NaCl}} \times \frac{1\ \text{kmol NaCl}}{1{,}000\ \text{mol NaCl}} = 1.71 \times 10^{-3}\ \text{kmol NaCl}$$

예제 2-12

수산화나트륨(NaOH) 80 g은 몇 mol인가? 그리고 lbmol인가? 단, NaOH의 분자량은 40이다.

풀이

$$80\ \text{g NaOH} \times \frac{1\ \text{mol NaOH}}{40\ \text{g NaOH}} = 2\ \text{mol NaOH}$$

$$2\ \text{mol NaOH} \times \frac{1\ \text{lbmol NaOH}}{454\ \text{(g)mol NaOH}} = 0.0044\ \text{lbmol NaOH}$$

참조

NaOH(수산화나트륨, 가성소다)

수산화나트륨은 부식성이 강하므로 산업 현장에서는 잿물(lye) 또는 가성소다(caustic soda)라는 표현을 더 많이 사용한다. 잿물은 식물의 재를 물에 담가 그 웃물을 뜬 것으로, 알칼리성(性)을 나타내며 세정작용이 있으므로 세제·표백제·염색 등에 사용된 것으로 알려져 있다.

가성(caustic)이란 각종 물질을 부식시키는 성질로서 부식성이란 말과 유사하게 사용된다. 소다(soda)는 sodium(Na, 나트륨)의 복수형 표현이다. 그러므로 나트륨이 들어 있는 물질에는 대부분 소다라는 표현이 들어 가 있다. 그런데 시중에 판매되는 음료수 중에 소다수라고 사용하는 것이 있는데, 이는 탄산수가 잘못 표기된 것이다.

수산화나트륨의 화학식은 NaOH이며, 탄산나트륨(소다회, Na_2CO_3)과 수산화칼슘(소석회, $Ca(OH)_2$)을 반응시켜 처음으로 수산화나트륨을 공업적으로 생산하였고, 소금물을 전기 분해하면 (−)극에서 수산화나트륨이 얻어진다.

수용액은 강한 알칼리성이며, 용해도는 물 100 g에 대하여 0℃에서 42 g, 100℃에서 347 g이다. 가성소다는 황산과 더불어 화학 공업의 모든 분야에 걸쳐 널리 사용되고 있다. 가성소다는 극약이기 때문에 사용 시 주의를 필요로 한다. 단백질을 분해하는 데에는 산성보다는 알칼리성이 효과적이므로, 시중의 불고기 집에서 불판을 씻는데 가성소다를 이용한다는 뉴스가 종종 보도되고 있다. 가성소다가 위험한 약품이기는 하나 많은 물로 희석하게 되면 큰 위험성이 없는데, 뉴스에서 과장되게 보도되는 측면도 있다.

진한 수용액 또는 고체가 피부에 닿았을 때에는 물로 잘 씻은 다음 황산마그네슘의 희석 수용액으로 씻고, 눈에 들어갔을 때에는 가능한 한 많은 물과 붕산수로 잘 씻어야 한다. 대부분 황산의 위험성은 잘 알고 있으나, 가성소다의 위험성은 간과하는 경우가 많다. 피부에 접촉하였을 때는 황산은 피부에서 쉽게 떨어지나, 가성소다는 점성을 띠고 있어 쉽게 떨어지지 않아 피해가 더 클 수 있다.

예제 2-13

질량과 몰 사이의 환산

100 g의 $CO_2(M=44)$에는 다음과 같은 것들이 얼마나 있는가?

(1) mol CO_2, (2) lbmol CO_2, (3) mol C

풀이

(1) $\dfrac{100\ g\ CO_2}{} \Big| \dfrac{1\ mol\ CO_2}{44\ g\ CO_2} = 2.273\ mol\ CO_2$

(2) $\dfrac{2.273\ mol\ CO_2}{} \Big| \dfrac{1\ lbmol\ CO_2}{454\ mol\ CO_2} = 5.011\times10^{-3}\ lbmol\ CO_2$

(3) $\dfrac{2.273\ mol\ CO_2}{} \Big| \dfrac{1\ mol\ C}{1\ mol\ CO_2} = 2.273\ mol\ C$

예제 2-14

$Ca(OH)_2$ 2 mol을 질량으로 전환하시오. 단, $Ca(OH)_2$의 분자량은 74를 가정한다.

풀이

$\dfrac{2\ mol\ Ca(OH)_2}{} \Big| \dfrac{74\ g\ Ca(OH)_2}{1\ mol\ Ca(OH)_2} = 148\ g\ Ca(OH)_2$

참조 **$Ca(OH)_2$ (소석회)**

수산화칼슘을 말한다. 소석회는 환경산업분야에서 매우 흔하게 사용하는 약품이다. 석회석, 생석회, 소석회의 연결고리를 알 필요가 있다.

석회석($CaCO_3$, 탄산칼슘)을 높은 온도로 가열하면 CO_2가 날아가고 생석회(CaO, 산화칼슘, quick lime)가 형성된다.

$$CaCO_3 \rightarrow CO_2\uparrow + CaO$$

생석회에 물을 첨가하여 반응시키면 발열해서 생기는 것이 소석회($Ca(OH)_2$, 수산화칼슘, slaked lime)이다.

$$CaO + H_2O \rightarrow Ca(OH)_2$$

물에 적셔진 석회라는 뜻으로 slaked lime이라고 쓴다. 백색의 분말로 물에 약간 녹으며, 그 수용액을 석회수라고 한다. 강한 알칼리성을 띠며, 가격이 싸서 산업현장에서는 가성소다를 대신하여 많이 사용되나, 침전물이 많이 형성되어 슬러지 처리비용이 올라가고 슬러지가 딱딱해지는 단점이 있다.

예제 2-15

다음 질량과 mol을 적절하게 전환하시오. 단, 원자량 Na = 23, S = 32.

(1) 150 g Na_2SO_4 → mol (2) 0.75 mol C_2H_4 → g

풀이

(1) Na_2SO_4의 분자량

$M = (2\times23) + (1\times32) + (4\times16) = 142$

$$\frac{150\ \text{g}\ Na_2SO_4}{} \left| \frac{1\ \text{mol}\ Na_2SO_4}{142\ \text{g}\ Na_2SO_4} \right. = 1.056\ \text{mol}\ Na_2SO_4$$

(2) C_2H_4의 분자량

$M = (2\times12) + (4\times1) = 28$

$$\frac{0.75\ \text{mol}\ C_2H_4}{} \left| \frac{28\ \text{g}\ C_2H_4}{1\ \text{mol}\ C_2H_4} \right. = 21\ \text{g}\ C_2H_4$$

예제 2-16

다음의 경우 원자 수는? 단, 원자량 Na = 23, Cl = 35.5, Cu = 63.5, S = 32.

(1) 5 mol CH_4 (2) 100 g NaCl (3) 100 g $CuSO_4 \cdot 5H_2O$

풀이

(1) $$\frac{5\ \text{mol}\ CH_4}{} \left| \frac{6.02\times10^{23}\text{개}\ CH_4}{1\ \text{mol}\ CH_4} \right| \frac{5\text{개 원자}}{1\text{개}\ CH_4} = 1.505\times10^{25}\text{개 원자}$$

(2) $$\frac{100\ \text{g NaCl}}{} \left| \frac{1\ \text{mol}}{58.5\ \text{g NaCl}} \right| \frac{6.02\times10^{23}\text{개 NaCl}}{1\ \text{mol NaCl}} \left| \frac{2\text{개 원자}}{1\text{개 NaCl}} \right. = 2.058\times10^{24}\text{개 원자}$$

(3) $$\frac{100\ \text{g}\ CuSO_4\cdot5H_2O}{} \left| \frac{1\ \text{mol}}{249.5\ \text{g}} \right| \frac{6.02\times10^{23}\text{개}}{1\ \text{mol}} \left| \frac{21\text{개 원자}}{1\text{개}\ CuSO_4\cdot5H_2O} \right. = 5.07\times10^{24}\text{개 원자}$$

예제 2-17

이산화질소는 평형상태에서 NO_2와 N_2O_4로 존재하는데, 사실상 N_2O_4 분자는 고체 상태로만 존재한다. 250 g의 이산화질소 고체에는 몇 mol의 NO_2가 존재하는가? 또한 250 g의 이산화질소 고체 속에는 몇 mol의 N_2O_4가 존재하는가?

풀이

고체 속에는 N_2O_4만 존재하므로 NO_2는 0 mol 존재한다.

$$\frac{250\ \text{g 고체}}{} \left| \frac{1\ \text{g}\ N_2O_4}{1\ \text{g 고체}} \right| \frac{1\ \text{mol}}{92\ \text{g}} = 2.717\ \text{mol}\ N_2O_4$$

Chapter 2 연습문제

01 100 cm를 ft 단위로 환산하시오.

02 어떤 물체의 질량이 100 lb일 때, 이 단위를 kg 단위와 oz 단위로 전환하시오.

03 24,000초를 일 단위로 전환하시오.

04 20°F를 ℃, K, °R으로 전환하시오.

05 섭씨온도와 화씨온도가 동일한 수치가 될 때가 언제인지 계산하시오.

06 각 분자들의 분자량을 구하시오. 단, 원자량 Br = 80, C = 12, Ca = 40, Cu = 63.5, H = 1, Mg = 24, N = 14, O = 16, P = 31, S = 32

(1) $CuSO_4 \cdot 5H_2O$ (2) $C(CH_3)_4$ (3) $Ca_3(PO_4)_2$

07 NaCl 40 lb는 몇 lbmol인가? 단, NaCl의 분자량은 58.5.

08 100 g의 CO_2(M = 44)에는 다음과 같은 것들이 얼마나 있는가?

(1) mol O (2) mol O_2 (3) g O_2 (4) CO_2 분자수

09 다음 질량과 mol을 적절하게 전환하시오.

(1) 5 kg N_2 → mol (2) 1 g $CaCl_2$ → mmol

10 다음의 경우 원자 수는?

(1) 25 kg 다이아몬드 (2) 0.5 μg ^{235}U

Chapter 3

유도량 (derived quantity)

환경 분야에 많이 사용되는 유도량에는 부피, 속도, 유량, 밀도, 점도, 농도, 힘, 압력, 일, 에너지, 동력 등이 있다. 이러한 유도량은 기본량의 단위를 곱하거나 나누어서 만들어지며, 각각의 의미를 가지게 된다.

3.1 부피(volume)

부피의 SI 단위는 m^3이며, 관용적으로 L(liter)가 많이 사용된다.
자주 쓰이는 부피의 관계는 다음과 같다.

$$1\ m^3 = 1\ kL = 1{,}000\ L$$

$$1\ L = 1{,}000\ mL$$

$$1\ mL = 1\ cm^3 = 1\ cc(\text{cubic centimeter})$$

미국에서 많이 사용되는 부피 단위는 다음과 같은 것이 있다.

$$1\ \text{barrel(bbl)} = 42\ \text{gallon(gal)} = 158.97\ L$$

$$1\ gal = 231\ in^3 = 3.785\ L$$

참조

liter의 어원

고대 프랑스어 "litron"에서 기원하였다. 국제적으로는 "litre"라고 쓰고 미국에서는 "liter"로 사용한다. 약어로 "ltr"을 쓰기도 한다.

barrel의 어원

막대를 뜻하는 bar에서 기원하여 참나무 막대로 만들어진 나무통을 barrel이라고 한다. 석유의 경우 1배럴=42미국갤런=158.9 L로 우리나라에서 사용된다. 맥주의 경우, 1배럴=36영국갤런=163.7 L, 미국에서는 과일류 1배럴=115.6 L, 일반 액체 1배럴=31.5미국갤런=119.2 L를 사용한다. 이 밖에 짐 싣기에 있어서는 1배럴=5 ft^3로 정하는 경우가 있다.

gallon의 어원

고대 북부 프랑스어 galun이나 galon에서 유래되었으나, 그 뜻은 명확하지 않다. 처음에는 영국에서 와인과 맥주량을 측정하기 위해 사용되었다. 와인 gallon이 US gallon이 되었고, 맥주 gallon이 imperial gallon이 되었다.

- imperial gallon (4.54609 L) : 영국, 캐나다, 캐러비언 국가들에서 사용
- US gallon (3.785 L) : 미국, 라틴 아메리카, 일부 캐러비언 국가들에서 사용

참조 **우리나라 전통 부피 단위**

1섬 = 10말 ≒ 180 L　　　1말 = 10되 ≒ 18 L

1되 = 10홉 ≒ 1.8 L　　　1홉 = 10작 ≒ 180 mL

1홉 ≡ 0.18039리터

액체의 부피는 온도와 압력의 변화에 따라 크게 변화하지 않으므로 비압축성 유체(incompressible fluid)라고도 한다. 그러나 기체는 온도와 압력의 변화에 따라 크게 변화하므로 압축성 유체(compressible fluid)라고 하며, 표시 방법도 액체와는 다르다. 0℃, 1기압의 표준상태(standard state, normal condition)에서의 기체 부피를 표현하기 위해 부피에 S(standard)나 N(normal)을 첨가하여 Sm^3, Nm^3으로 표시한다.

예제 3-1

5 ML를 in^3으로 전환하시오.

풀이

5 ML	10^6 L	1,000 mL	1 cm^3	$(1\ in)^3$	= $3.05\times10^8\ in^3$
	1 ML	1 L	1 mL	$(2.54\ cm)^3$	

3.2 속도(velocity)와 가속도(acceleration)

속도의 정의는 단위 시간당 변화된 변위이며, SI 단위는 m/s이고 기호는 velocity의 첫 단어를 따서 v로 표시한다. 환경 분야에서는 속도 또는 유속보다는 유량(flow rate)을 많이 쓴다. 여기서 유속은 흐르는 물체의 속도를 의미한다. 흐르는 물체는 유체로 정의되고 유체에는 기체와 액체가 있다. 유량은 유속에 유체의 단면적을 곱한 것으로 정의된다. 여기서 단면적이란 유체의 흐름을 수직으로 절단하였을 때 나타나는 면적을 의미하며, 단위는 m^2이다.

가속도의 정의는 단위 시간당 변화된 속도차이이며, SI 단위는 m/s^2이고 기호는 acceleration의 첫 단어를 따서 a로 표시한다. 환경 분야에서는 중력가속도 $g(=9.8\ m/s^2)$가 많이 사용된다.

참조 **속력(speed)과 속도(velocity)의 차이**

속력은 단위 시간당 이동한 거리를 의미한다. 속력은 스칼라(scalar) 값이기 때문에 방향의 의미가 없다.

속도는 단위 시간당 변화된 변위(displacement)를 의미한다. 변위란 중간의 이동거리나 방향 같은 것들은 생각하지 않고 출발점과 도착점의 직선거리와 그 방향을 의미한다. 속도는 방향의 의미를 가지는 벡터(vector) 값이다.

예제 3-2

66 ft/s로 움직이는 자동차의 속도를 km/h로 표시하시오.

풀이

66 ft	12 in	2.54 cm	1 m	1 km	60 s	60 min	
s	1 ft	1 in	100 cm	1,000 m	1 min	1 h	= 72.42 km/h

예제 3-3

빛이 태양에서 지구까지 오는데 8.4분이 소요될 때, 태양까지의 거리(mile)를 계산하시오. 빛의 속도는 2.998×10^{10} cm/s로 가정한다.

풀이

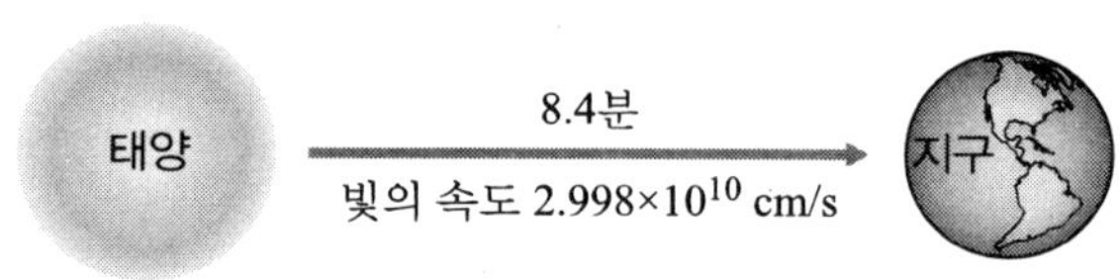

2.998×10^{10} cm	60 s	8.4 min	1 m	1 km	1 mile	
s	1 min		100 cm	1,000 m	1.609 km	= 9.39×10^{7} mile

3.3 부피유량(volumetric flow rate)과 질량유량(mass flow rate)

부피유량의 정의는 단위 시간당 단면적을 통과하는 유체의 부피이다. 그러므로 SI 단위는 m^3/s이고, 기호는 Q를 사용한다. 부피유량은 간단하게 유량으로 표시하기도 하고 환경 분야에서는 m^3/s보다는 m^3/day를 많이 사용한다.

유량을 단면적으로 나눈 것을 평균속도 또는 선속도(v)라고 정의하며, 단위는 m/s를 사용한다.

$$v = \frac{Q}{A}$$

그러므로 유량은 평균속도를 알면 단면적을 곱하여 구할 수 있다.

$$Q = v \times A$$

여기서, v는 선속도 또는 평균속도(m/s), A는 유체가 통과하는 관의 단면적(m^2)이다.

관을 원형으로 가정할 때의 관의 단면적은 다음과 같다.

$$A = \frac{\pi D^2}{4}$$

여기서, D는 관의 직경 또는 지름(m)이다.

질량유량은 단위 시간당 단면적을 통과하는 유체의 질량을 의미한다. 그러므로 SI 단위는 kg/s이고 기호는 $\dot{m}$으로 표시한다. 환경 분야에서는 kg/s 대신에 kg/day 단위를 많이 사용한다.

질량유량은 부피유량에 유체의 밀도를 곱함으로써 계산할 수 있다.

$$\dot{m} = \rho \times Q$$

여기서, ρ는 유체의 밀도로서 단위는 kg/m^3이다.

참조

부피유량과 질량유량의 기호

부피유량(m^3/day)의 기호는 대문자 Q를 사용하는 데 그 이유는 명확하지 않으나, 아마도 양을 의미하는 quantity에서 나온 것으로 추측되고 있다.

질량유량(kg/day)의 기호 $\dot{m}$은 질량을 의미하는 mass에서 나온 것으로 추측되나, m으로 표시하면 미터 단위와 혼동될 수 있으므로 $\dot{m}$을 사용한다.

예제 3-4

직경이 10 cm인 관을 통과하는 유체의 평균속도가 10 m/s일 때, 이 유체의 부피유량(gal/day)과 질량유량(lb/day)을 계산하시오. 단, 유체의 밀도는 1.1 g/cm^3으로 가정하시오.

풀이

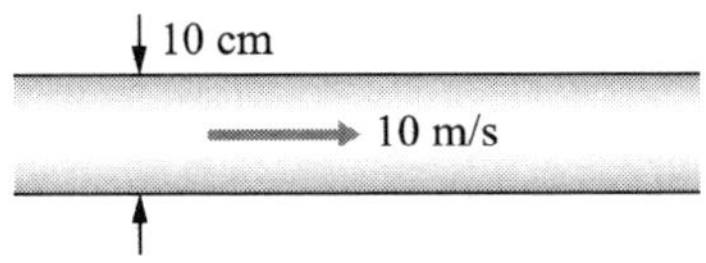

$$\text{부피유량} = \text{평균속도} \times \text{단면적}$$

일단, 단면적 A는 다음과 같다.

$$\frac{\pi \times (10\ \text{cm})^2}{4} \cdot \frac{(1\ \text{m})^2}{(100\ \text{cm})^2} = 0.00785\ \text{m}^2$$

$$\text{부피유량} = 10\ \text{m/s} \times 0.00785\ \text{m}^2 = 0.0785\ \text{m}^3/\text{s}$$

이 단위를 gal/day로 전환하면,

$$\frac{0.0785\ \text{m}^3}{\text{s}} \cdot \frac{1{,}000\ \text{L}}{1\ \text{m}^3} \cdot \frac{1\ \text{gal}}{3.785\ \text{L}} \cdot \frac{60\ \text{s}}{1\ \text{min}} \cdot \frac{60\ \text{min}}{1\ \text{h}} \cdot \frac{24\ \text{h}}{1\ \text{day}} = 1.79 \times 10^6\ \text{gal/day}$$

$$\text{질량유량} = \text{밀도} \times \text{부피유량} = 1.1\ \text{g/cm}^3 \times 0.0785\ \text{m}^3/\text{s}$$

이를 g/s 단위로 계산하여 lb/day 단위로 전환하면 다음과 같다.

$$\frac{1.1\ \text{g}}{\text{cm}^3} \cdot \frac{0.0785\ \text{m}^3}{\text{s}} \cdot \frac{(100\ \text{cm})^3}{(1\ \text{m})^3} = 86{,}350\ \text{g/s}$$

$$\frac{86{,}350\ \text{g}}{\text{s}} \cdot \frac{1\ \text{lb}}{454\ \text{g}} \cdot \frac{60\ \text{s}}{1\ \text{min}} \cdot \frac{60\ \text{min}}{1\ \text{h}} \cdot \frac{24\ \text{h}}{1\ \text{day}} = 1.64 \times 10^7\ \text{lb/day}$$

3.4 밀도(density)와 비중(specific gravity)

밀도는 어떤 물질의 단위 부피당 질량으로 정의된다. SI 단위는 kg/m^{3}이나 통상적으로 g/cm^{3}의 단위를 더 많이 사용하는데, 이는 4℃, 1기압 하에서 물의 밀도가 1 g/cm^{3}이고 비중의 기준물질이기 때문인 것으로 생각된다. 밀도의 기호는 ρ(rho)를 사용한다.

$$\rho = \frac{m}{V}$$

여기서, m은 mass(질량, kg), V는 volume(부피, m^3)을 나타낸다.

4℃, 1기압 하에서 물의 밀도

$$1\ g/cm^3 = 1{,}000\ kg/m^3 = 62.4\ lb/ft^3$$

참조 **물의 밀도(4℃, 1기압)**

표 3.1에서 보는 바와 같이 물은 4℃에서 1 g/cm^{3}의 가장 큰 밀도를 가진다. 100℃에서 온도가 감소함에 따라 물 분자의 활동이 감소함에 따라 물 분자의 체적이 감소하게 되어 물의 밀도는 상대적으로 증가하게 된다. 4℃ 이하로 온도가 감소하게 되면 얼음 결정 구조의 형태로 전환함에 따라 물 분자의 부피가 증가하게 되므로 물의 밀도가 감소하게 된다.

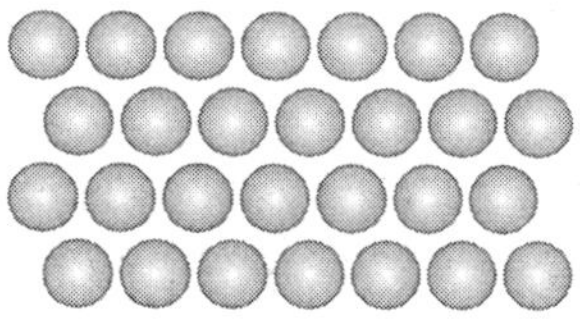

4℃ 물의 구조

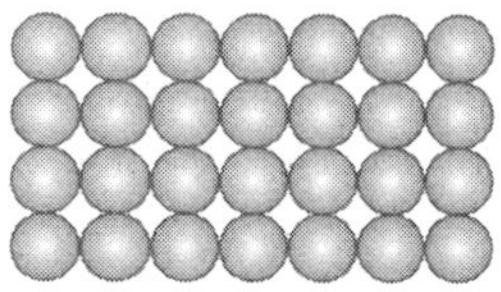

얼음의 구조

표 3.1 온도 변화에 따른 물의 밀도 변화 (Perry's Chemical Engineer's Handbook)

온도 (℃)	밀도 (kg/m^3)
100	958.365
80	971.799
60	983.200
40	992.215
20	998.204
10	999.699
4	999.972
0 (액체)	999.839
0 (고체)	916.700
−10	918.600
−20	940.300

예제 3-5

알코올의 밀도가 25℃에서 0.79 g/mL라고 할 때, 이 알코올 20 g이 차지하는 부피를 계산하시오. 또한, 알코올의 밀도를 lb/ft^{3}의 단위로 전환하시오.

풀이

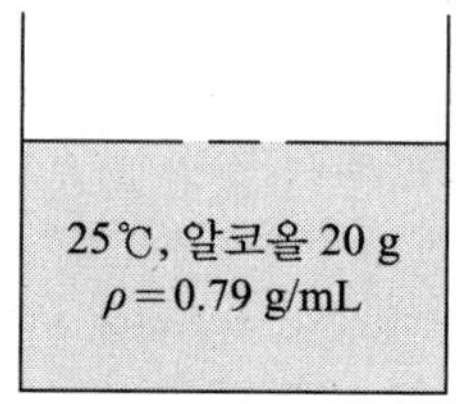

20 g 알코올	mL	
	0.79 g	= 25.32 mL

또한,

0.79 g	1 lb	1 mL	(2.54 cm)^3	(12 in)^3	
mL	454 g	1 cm^3	(1 in)^3	(1 ft)^3	= 49.27 lb/ft^3

예제 3-6

플래티늄 금속의 밀도가 21.5 g/mL라고 가정할 때, 플래티늄 정육면체 한 면의 길이가 5 cm일 때의 질량(kg)은?

풀이

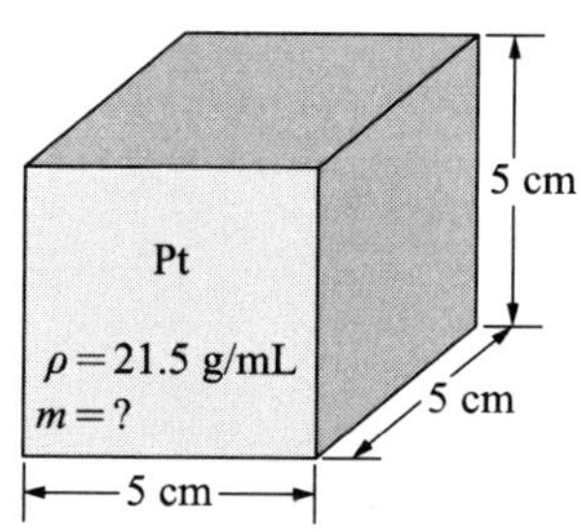

플래티늄 정육면체의 체적 = (5 cm)^3 = 125 cm^3

$m = \rho \cdot V$이므로

125 cm^3	21.5 g	1 mL	1 kg	
	mL	1 cm^3	1,000 g	= 2.69 kg

예제 3-7

금의 밀도가 1,204 lb/ft^{3}일 때, 10 mL의 금이 차지하는 금의 질량(g)은?

풀이

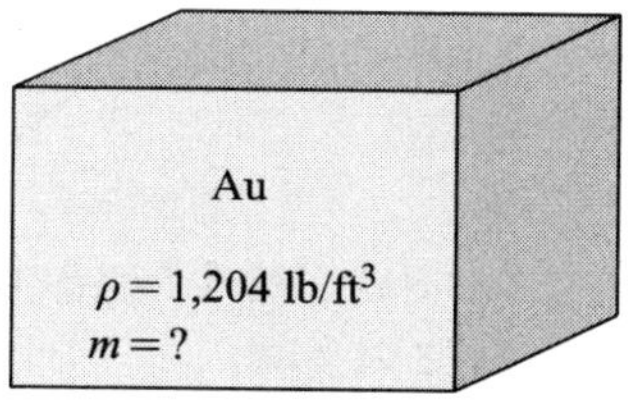

$m = \rho \cdot V$이므로

$$10\text{ mL 금} \times \frac{1{,}204\text{ lb}}{\text{ft}^3} \times \frac{(1\text{ ft})^3}{(12\text{ in})^3} \times \frac{(1\text{ in})^3}{(2.54\text{ cm})^3} \times \frac{1\text{ cm}^3}{1\text{ mL}} \times \frac{454\text{ g}}{1\text{ lb}} = 193\text{ g}$$

예제 3-8

알루미늄의 밀도가 2.7 g/cm^{3}이고 알루미늄 판의 단위 면적당 질량이 1.5 oz/ft^{2}으로 측정되었을 때, 이 알루미늄 판의 두께는 몇 μm인가?

풀이

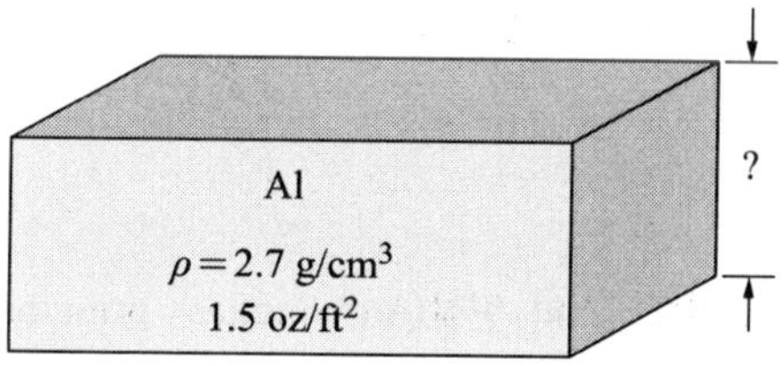

이 경우 알루미늄 밀도와 단위 면적당 질량을 적절히 나누어 주어 원하는 두께(길이)의 단위가 나오도록 배열을 해주면 된다. 이 후 적절히 단위 계산만 하면 된다.

$$\frac{1.5\text{ oz}}{\text{ft}^2} \times \frac{\text{cm}^3}{2.7\text{ g}} = \text{두께}$$

$$\frac{1.5\text{ oz}}{\text{ft}^2} \times \frac{\text{cm}^3}{2.7\text{ g}} \times \frac{(1\text{ ft})^2}{(12\text{ in})^2} \times \frac{(1\text{ in})^2}{(2.54\text{ cm})^2} \times \frac{1\text{ lb}}{16\text{ oz}} \times \frac{454\text{ g}}{1\text{ lb}} \times \frac{1\text{ m}}{100\text{ cm}} \times \frac{10^6\ \mu\text{m}}{1\text{ m}} = 170\ \mu\text{m}$$

예제 3-9

공기 중에서 미지의 고체 질량을 측정하였을 때 120 g이었고 물속에서 측정하였을 때는 100 g이었다. 이 고체의 밀도는 얼마인가?

풀이

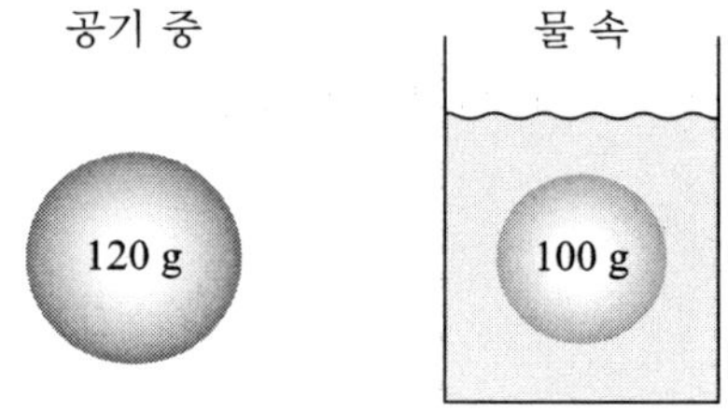

침전된 고체의 부력은 대체된(늘어난) 유체(물)의 질량과 동일하다(아르키메데스의 원리).

120 g(공기에서 고체 질량) − 100 g(물에서 고체 질량) = 20 g(물에서 부력)

$$20\text{ g(물에서 부력)} \times \frac{\text{대체된 물의 질량}}{\text{물에서의 고체 부력}} = 20\text{ g 대체된 물의 질량}$$

$$\frac{20\text{ g 물}}{} \left| \frac{\text{cm}^3}{1\text{ g}} \right. = 20\text{ cm}^3\text{ 물}$$

대체된 물의 부피는 침전된 고체의 부피가 된다.
그러므로 고체의 밀도는

$$\frac{120\text{ g}}{20\text{ cm}^3} = 6\text{ g/cm}^3$$

참조

아르키메데스의 원리(Archimedes' principle)

물체를 유체에 넣었을 때 물체가 받는 부력의 크기는 물체의 부피와 같은 양의 유체에 작용하는 중력의 크기와 같다는 원리.

부력의 원리라고도 한다. 유체(액체나 기체) 속에 정지해 있는 물체는 중력과 반대방향으로 부력, 즉 물체를 위로 뜨게 만드는 힘을 받는다. 부력은 물체 주위의 유체가 물체에 미치는 압력의 합이라고 할 수 있다. 이 힘의 크기는 물체를 그 유체로 바꾸었을 때 작용하는 중력의 크기와 같다. 다시 말해, 물체의 부피에 해당하는 유체의 무게와 같다.

이 원리는 아르키메데스가 발견했다고 하여 그의 이름이 붙었다. 그는 물속에 있는 물체가 실제의 무게보다 가볍게 느껴지는 현상을 설명하는 데 이 원리를 이용했다.

BC 220년경 아르키메데스는 시라쿠사의 왕 히에론의 명에 따라 왕관이 순금으로 만든 것인지를 조사하게 된다. 그는 고심하던 중에 우연히 목욕탕에서 물에 들어가면 몸의 부피만큼 물이 넘쳐흐른다는 것을 깨닫고 물체의 부피와 무게와의 관계를 밝히게 되는데, 이 현상의 원리가 떠오르는 순간 아르키메데스가 물속에서 벌떡 일어나 벌거벗은 채로, '알았다!'는 뜻의 '유레카(eureka)!'를 외치면서 달려 나갔다는 일화는 너무나 유명하다.

은이나 구리 등의 물질은 금보다 밀도가 작기 때문에 같은 질량의 금보다 그 부피가 더 크다. 따라서 은이나 구리 등을 섞어서 왕관을 만들었다면 같은 질량의 금으로 만든 왕관보다 그 부피가 더 클 것이다. 아르키메데스는 왕관과 또 그것과 같은 질량의 금을 따로따로 물속에 담그고 넘쳐 흘러나온 물의 부피를 측정하였다. 그리고 왕관을 넣은 쪽에서 흘러나온 물이 더 많다는 것을 근거로 왕관이 순금으로 만들어지지 않았다는 것을 알아낼 수 있었던 것이다.

비중(specific gravity)은 '기준물질의 밀도'에 대한 '대상물질의 밀도'의 비로 정의된다. 즉, 동일한 부피를 가질 때를 가정하여 기준물질의 질량에 대한 대상물질의 질량비로 정의할 수 있다. 단위는 무차원이며, 기호는 SG를 사용한다. 이 때 기준물질은 액체나 고체의 경우는 1기압, 4℃의 물을 사용하고, 기체의 경우에는 동일 온도와 동일 압력에서의 건조공기가 된다.

$$SG = \frac{\rho_{sample}}{\rho_{1atm,\,4℃,\,H_2O}}$$

액체나 고체의 경우 기준물질(1기압, 4℃의 물)의 밀도가 1 g/cm^{3}이므로 대상물질의 비중은 대상물질의 밀도와 같은 값을 가지나 단위는 무차원으로 표현된다. 만약 아래 표에 나타난 에탄올의 경우를 보면, 비중이 0.78이므로 에탄올의 밀도는 0.78 g/cm^{3}이 된다.

표 3.2 대표적인 물질의 비중

물질(materials)	비중(specific gravity)
참나무 (Oak wood)	0.75
에탄올 (Ethanol)	0.78
물 (Water)	1
알루미늄 (Aluminium)	2.7
철 (Iron)	7.87
납 (Lead)	11.35
수은 (Mercury)	13.56
금 (Gold)	19.3

참조 Specific의 의미 (1)

이공학에서 specific은 여러 가지 의미로 사용된다.

먼저 specific의 사전적인 의미를 살펴보면 "1. 구체적인, 명확한, 분명한, 2. [주로 명사 앞에서] 특정한, 3. (격식) 특유의, 독특한"으로 표현된다. 그러나 이공학에서는 "1. (어느 특정 물질에 대한) 비교, 2. 특정한, 독특한"의 뜻으로 많이 이용된다. 그러므로 specific이란 표현이 있으면 항상 비교의 의미가 많으므로 비교의 기준물질이 무엇인지 생각해 봐야 한다. 비중(specific gravity)에서는 액체의 경우 1기압, 4℃ 상태의 물의 밀도가 기준이 된다.

비용(비체적, specific volume)은 단위 질량을 기준으로 할 때의 부피이다. 즉, 단위 질량당 부피로서 밀도의 역수로 표현할 수 있다. SI 단위는 밀도의 역수로서 m^3/kg이고 기호는 $\overline{V}$를 사용한다. 환경 분야에 흔하게 사용되지는 않는다.

$$\overline{V} = \frac{V}{m} = \frac{1}{\rho}$$

이상기체의 비용은 다음 식과 같이 표현할 수도 있다.

$$PV = nRT = (m/M)RT$$
$$\overline{V} = \frac{V}{m} = \frac{RT}{P} \times \frac{1}{M}$$

여기서, M은 분자량을 의미한다.

표 3.3 대표적인 물질의 밀도와 비용 (Wikipedia, 2015)

물질명(substance name)	밀도(density) [kg/m^3]	비용(specific volume) [m^3/kg]
공기 (air)	1.29	0.77
얼음 (ice)	916.7	0.00109
액체 물 (water)	1,000	0.00100
해수 (salt water)	1,030	0.00097
수은 (mercury)	13,546	0.00007
암모니아 기체 (ammonia)	0.769	1.30
이산화탄소 기체 (carbon dioxide)	1.977	0.506
염소 기체 (chlorine)	2.994	0.334
메탄 기체 (methane)	0.717	1.39
질소 기체 (nitrogen)	1.25	0.799

예제 3-10

비중이 1.1인 액체가 있다고 가정할 때 다음 질문에 답하시오.
(1) 이 액체의 밀도를 각각 g/cm^3, kg/m^3, lb/ft^3으로 나타내시오.
(2) 이 액체의 비용을 각각 cm^3/g, m^3/kg으로 나타내시오.

풀이 (1) $\mathrm{SG} = \dfrac{\rho_{\text{sample}}}{\rho_{1\,\text{atm},\,4℃,\,\mathrm{H_2O}}} = \dfrac{\rho_{\text{sample}}}{1\ \mathrm{g/cm^3}} = 1.1$

$\rho = 1.1 \times 1\ \mathrm{g/cm^3} = 1.1\ \mathrm{g/cm^3}$

또한, kg/m^3, lb/ft^3 단위로 나타내면 다음과 같다.

1.1 g	1 kg	$(100\ \mathrm{cm})^3$	
cm^3	1,000 g	$1\ m^3$	$= 1,100\ \mathrm{kg/m^3}$

1.1 g	1 lb	$(2.54\ \mathrm{cm})^3$	$(12\ \mathrm{in})^3$	
cm^3	454 g	$1\ in^3$	$(1\ ft)^3$	$= 68.61\ \mathrm{lb/ft^3}$

(2) 비용은 밀도의 역수로 표현된다.
$\rho = 1.1\ \mathrm{g/cm^3}$일 때, 비용은 $1/\rho = 1/1.1 = 0.91\ \mathrm{cm^3/g}$
$\rho = 1,100\ \mathrm{kg/m^3}$일 때, 비용은 $1/\rho = 1/1,100 = 9.09 \times 10^{-4}\ \mathrm{m^3/kg}$

3.5 점도(viscosity)

점도는 유체가 가지는 고유한 성질 중의 하나로서 끈적끈적한 정도를 나타내며, 전단응력이나 인장응력에 의한 변형에 대한 저항치로서 정의된다. 또한, 액체의 경우, 비공식적으로 점도는 액체의 두께라는 개념과 일치한다. 예를 들면, 꿀은 물에 비해 큰 두께를 가지고 있고 높은 점도를 나타낸다.

그림 3.1과 같이 평행한 2개의 판 사이에 유체가 존재한다고 가정하자.

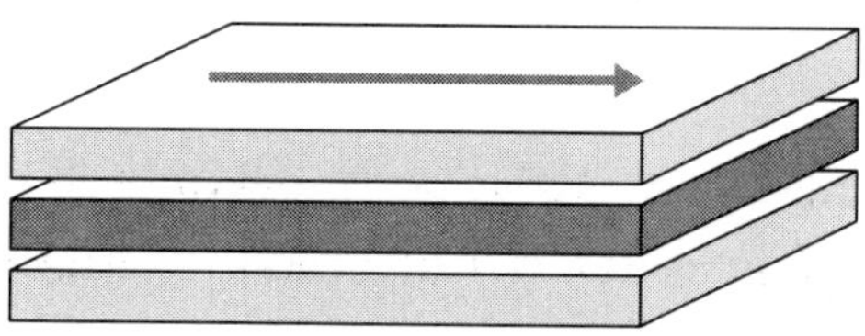

그림 3.1 전단응력

상부의 판을 움직이면 같은 방향으로 하부의 판이 움직인다. 이 때 상부의 판이 하부의 판을 움직이는 힘(마찰력, friction force)은 두 판의 접촉면적과 속도차이에 비례하고 거리에 반비례하는 것으로 나타난다. 그러므로 이 마찰력을 식으로 표현하면 다음과 같다.

$$F = \mu A \frac{dv}{dy}$$

이 식에서 단위를 비교해보면 다음과 같다.

F는 힘이므로 단위는 N 또는 kg · m/s^{2}이다. A는 m^{2}이고 dv/dy는 (m/s)/m이므로 1/s이다. 그러므로 $A \cdot dv/dy$의 단위는 m^2/s이다. 여기서 왼쪽 항과 오른쪽 항의 차원을 동일시하면 μ의 단위는 kg/m · s가 된다. 여기서, μ는 비례상수를 의미하며, 점도(viscosity), 역학점도(dynamic viscosity), 점성계수(viscosity coefficient), 절대점도(absolute viscosity)라고 한다.

또한, 전단응력(τ)은 단위 면적당의 마찰력으로 정의되고 다음 식과 같다.

$$\tau = \frac{F}{A} = \mu \frac{dv}{dy} \quad (\text{kg/m} \cdot \text{s}^2)$$

여기서, 전단응력의 정의는 다음에 나오는 압력의 단위와 동일하다. dv/dy의 단위가 1/s이므로 μ는 압력 단위에 s를 곱한 Pa · s의 단위가 이용되기도 한다.

> **참조**
>
> **전단응력(shear stress)**
>
> 전단응력은 어떤 재료의 면에 접하는 방향으로 작용하는 힘에 의한 응력이다. 그러므로 접선응력(tangential stress)으로도 불린다. 두부나 젤리를 놓고 윗부분에 손바닥을 댄 다음 옆으로 민다고 생각해 보면, 젤리의 옆면은 평행사변형으로 변형될 것이다. 이 때 주어지는 힘이 전단응력이고 변화가 전단응력에 의한 변형이다. 가위에 의해 종이를 자르는 것도 전단응력에 의한 변형이다.

점도의 SI 단위는 kg/m · s이고 기호는 μ를 사용한다. 그러나 CGS 단위를 많이 사용한다. 점도의 CGS 단위는 g/cm · s = poise(p, 포이즈)이다. 자주 사용되는 점도 단위는 다음과 같다.

1 p(poise) = 1 g/cm · s = 100 cp = 0.1 kg/m · s

1 cp(centipoise) = 0.01 g/cm · s = 0.000672 lb/ft · s

1 cp = 1 mPa · s

보편적으로 순수한 물 20℃의 점도를 약 1 cp로 본다.

아래 표 3.4를 보면 물과 같은 액체의 점도는 온도가 증가할수록 감소하는 것으로 나타난다.

표 3.4 온도에 따른 물의 점도 변화 (Wikipedia, 2015)

온도 (℃)	점도 (mPa·s=cp)
10	1.308
20	1.002
30	0.7978
40	0.6531
50	0.5471
60	0.4658
70	0.4044
80	0.3550
90	0.3150
100	0.2822

또한, 대표적인 기체의 점도, 다양한 유체의 점도 및 액체의 점도는 다음과 같다.

표 3.5를 보면 기체의 점도는 액체의 경우와 반대로 온도가 증가할수록 증가하는 경향이 있다.

표 3.5 여러 가지 기체의 점도(압력, 100 kPa) (Wikipedia, 2015)

기체	0℃에서의 점도 (μPa·s)	27℃에서의 점도 (μPa·s)
공기	17.4	18.6
수소	8.4	9.0
헬륨	-	20.0
아르곤	-	22.9
이산화탄소	-	15.0
메탄	-	11.2
에탄	-	9.5

표 3.6 다양한 유체의 점도 (Wikipedia, 2015)

유체	점도 (Pa·s)	점도 (cp)
피(37℃)	$(3 \sim 4) \times 10^{-3}$	3～4
초콜릿 시럽	10～25	10,000～25,000
꿀	2～10	2,000～10,000
케첩	50～100	50,000～100,000
녹은 유리	10～1,000	10,000～1,000,000
땅콩버터	≈250	≈250,000
쇼트닝	≈250	≈250,000

표 3.7 액체의 점도(온도, 25℃) (Wikipedia, 2015)

액체	점도 (Pa·s)	점도 (cp)
아세톤	3.06×10^{-4}	0.306
벤젠	6.04×10^{-4}	0.604
에탄올	1.074×10^{-3}	1.074
에틸렌글리콜	1.61×10^{-2}	16.1
글리세롤	1.2	1,200
수은	1.526×10^{-3}	1.526
메탄올	5.44×10^{-4}	0.544
올리브 오일	0.081	81
황산	2.42×10^{-2}	24.2
물	8.94×10^{-4}	0.894

동점도(動粘度, 운동점도, kinematic viscosity)는 모멘텀 확산계수라고도 불리며, 점성 유체의 점도(점성률) μ를 밀도 ρ로 나눈 것을 의미한다. 기호는 ν(nu, 누)를 사용한다.

$$\nu = \frac{\mu}{\rho} \ (\mathrm{m^2/s})$$

점도 μ의 단위를 kg/m·s로 간주하고 밀도 ρ의 단위를 $\mathrm{kg/m^3}$으로 간주하면, 동점도 ν의 단위는 $\mathrm{m^2/s}$가 된다. 동점도의 SI 단위는 $\mathrm{m^2/s}$이지만, CGS 단위의 Stokes(St)도 자주 사용된다. $1\ \mathrm{St} = 1\ \mathrm{cm^2/s} = 100\ \mathrm{cSt}$이다.

역학점도는 흐르는 유동상태에서 그 물질의 운동방향에 저항하는 끈끈한 정도를 절대적으로 나타내는 것에 비해, 동점도는 얼마나 유동성이 좋은 지를 나타내는 지표가 된다. 그러므로 동점도 값이 작을수록 잘 흐르는 유체라는 의미가 된다. 같은 점도(역학점도)에서 밀도가 큰 유체일수록 모멘텀이 크니 동점도는 작아져서 점성저항을 이기기가 쉽다는 뜻이 된다. 즉, 동점도가 작은 유체일수록 더 잘 이동되고 조절하기가 용이하다. 요약하면 역학점도는 클수록 저항성이 크고, 동점도는 작을수록 유동성이 크다는 것을 의미한다.

참조

Poise의 의미

프랑스 물리학자인 Jean Léonard Marie Poiseuille(프랑스, 1797~1869)의 이름 중 Poiseuille을 따서 점도 단위로 poise를 사용하게 되었다. 모세관에서의 피의 흐름과 같은 파이프 내 비난류성 흐름(laminar flow)에 적용할 수 있는 Poiseuille의 법칙(Hagen–Poiseuille 식이라고 불림)을 만들었다.

또한, 비중과 유사한 모양으로 표현되는 비점도가 있다.

비점도(상대점도, relative viscosity)는 고분자 용액 등의 점도를 표현하는 방법의 하나로서, 환경 분야에서는 거의 사용되지 않으며, 사용된 용매의 점도에 대한 용액의 점도의 비를 의미한다. 그러므로 비점도의 단위는 무차원이다.

예제 3-11

200 cSt의 동점도 값을 cm^2/s의 단위로 표시하시오.

풀이

200 cSt	1 St	1 cm^2/s	
	100 cSt	1 St	= 2 cm^2/s

예제 3-12

20℃에서 물의 절대점도를 1 cp라고 할 때, 이를 lb/ft · h단위로 전환하시오.

풀이

1 cp = 0.01 p = 0.01 g/cm · s

0.01 g	1 lb	2.54 cm	12 in	3,600 s	
cm · s	454 g	1 in	1 ft	1 h	= 2.42 lb/ft · h

예제 3-13

절대점도 값이 10 poise인 액체의 점도를 $g_f \cdot s/cm^2$으로 전환하시오.

풀이

$1\ g_f = 1\ g \times 980\ cm/s^2 = 980\ g \cdot cm/s^2$

그러므로 $1\ g_f \cdot s/cm^2 = 980\ g \cdot cm/s^2 \times s/cm^2 = 980\ g/cm \cdot s$

10 poise = 10 g/cm · s

$$\frac{10\ \text{p}}{} \left| \frac{1\ \text{g/cm}\cdot\text{s}}{1\ \text{p}} \right| \frac{1\ \text{g}_f\cdot\text{s/cm}^2}{980\ \text{g/cm}\cdot\text{s}} = 0.0102\ \text{g}_f\cdot\text{s/cm}^2$$

예제 3-14

비중이 0.91이고 점도가 0.081 Pa·s인 올리브 오일이 있다. 이 오일의 동점도를 m^2/s와 St(stokes) 단위로 계산하시오.

풀이 동점도 $\nu = \dfrac{\mu}{\rho}$이므로

0.081 Pa·s =

$$\frac{0.081\ \text{Pa}\cdot\text{s}}{} \left| \frac{1{,}000\ \text{mPa}\cdot\text{s}}{1\ \text{Pa}\cdot\text{s}} \right| \frac{1\ \text{cp}}{1\ \text{mPa}\cdot\text{s}} \left| \frac{0.01\ \text{g/cm}\cdot\text{s}}{1\ \text{cp}} \right. = 0.81\ \text{g/cm}\cdot\text{s}$$

$$\frac{0.81\ \text{g}}{\text{cm}\cdot\text{s}} \left| \frac{1\ \text{kg}}{1{,}000\ \text{g}} \right| \frac{100\ \text{cm}}{1\ \text{m}} = 0.081\ \text{kg/m}\cdot\text{s}$$

비중이 0.91이므로 밀도는 0.91 g/cm^3

$$\frac{0.91\ \text{g}}{\text{cm}^3} \left| \frac{1\ \text{kg}}{1{,}000\ \text{g}} \right| \frac{(100\ \text{cm})^3}{(1\ \text{m})^3} = 910\ \text{kg/m}^3$$

$$\nu = \frac{\mu}{\rho} = \frac{0.081\ \text{kg/m}\cdot\text{s}}{910\ \text{kg/m}^3} = 8.9\times10^{-5}\ \text{m}^2/\text{s}$$

1 St = 1 cm^2/s이므로

$$\frac{8.9\times10^{-5}\ \text{m}^2}{\text{s}} \left| \frac{(100\ \text{cm})^2}{(1\ \text{m})^2} \right. = 0.89\ \text{cm}^2/\text{s} = 0.89\ \text{St}$$

예제 3-15

바닥에 있는 한 쪽의 평판은 고정되어 있고, 한 쪽의 평판은 2 m/s의 속도로 움직이고 있으며, 판에 작용하는 전단응력은 $2.5\times10^{-2}\ g_f/cm^2$이었다. 두 판 사이의 간격이 0.5 cm이었다면 두 판 사이의 점도는 몇 poise인지 계산하시오.

풀이

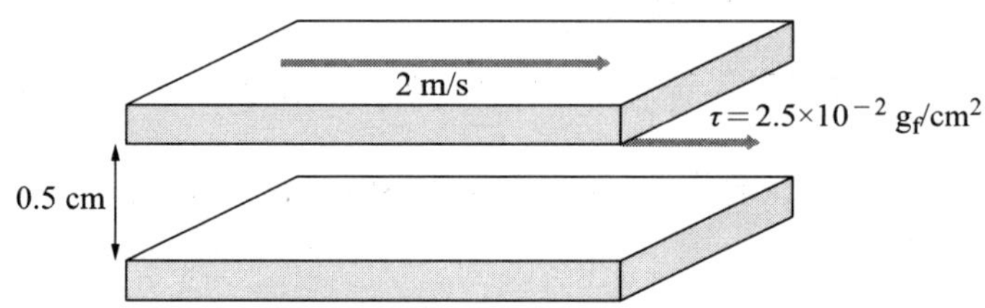

$\tau = \dfrac{F}{A} = \mu \dfrac{dv}{dy}$ 에서

$\mu = \tau \dfrac{dy}{dv}$ $\qquad \tau = 2.5\times10^{-2}\ \mathrm{g_f/cm^2},\ dy = 0.5\ \mathrm{cm},\ dv = 200\ \mathrm{cm/s}$

그러므로 $\mu = 6.25\times10^{-5}\ \mathrm{g_f\cdot s/cm^2}$

여기서 $\mathrm{g_f\cdot s/cm^2}$ 단위를 poise 단위로 환산하면 된다.

$1\ \mathrm{g_f} = 980\ \mathrm{g\cdot cm/s^2}$이므로 이를 대입하면 계산하면

$$\mu = (6.25\times10^{-5}) \times 980\ (\mathrm{g\cdot cm/s^2})\cdot \mathrm{s/cm^2} = 0.06125\ \mathrm{g/cm\cdot s}$$
$$= 0.06125\ \mathrm{poise}$$

예제 3-16

1기압, 20℃의 상태에서 CCl_4(carbon tetrachloride, 사염화탄소)가 두 평행한 판(2 m×0.8 m) 사이에 존재한다. 두 판 사이의 간격은 0.5 mm이고, 바닥판은 고정되어 있고 윗판은 v의 속도로 움직이고 있으며, 속도경사(dv/dy)는 5,000 $\mathrm{s^{-1}}$이다. 만약 CCl_4의 점도와 밀도가 각각 0.97 cp와 1,590 kg/m^{3}이라면, 전단응력은 얼마(psi)가 되는가?

풀이

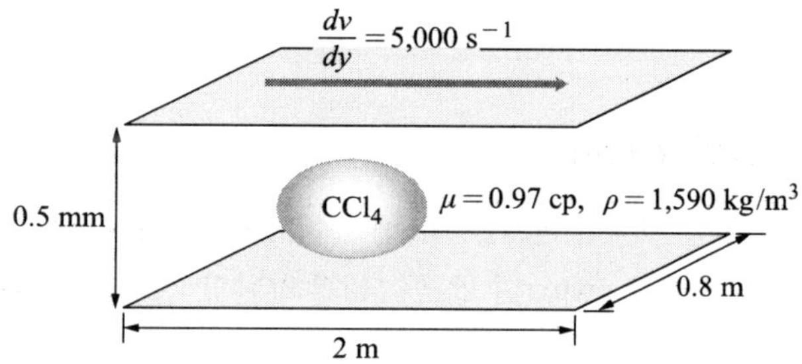

$\tau = \dfrac{F}{A} = \mu \dfrac{dv}{dy}$ 에서

$$\mu = \frac{0.97\ \mathrm{cp}}{} \times \frac{1\ \mathrm{p}}{100\ \mathrm{cp}} \times \frac{1\ \mathrm{g/cm\cdot s}}{1\ \mathrm{p}} \times \frac{1\ \mathrm{kg}}{1{,}000\ \mathrm{g}} \times \frac{100\ \mathrm{cm}}{1\ \mathrm{m}} = 0.00097\ \mathrm{kg/m\cdot s}$$

$\dfrac{dv}{dy} = 5{,}000\ \mathrm{s^{-1}}$

$$\tau = 0.00097\ \mathrm{kg/m\cdot s} \times 5{,}000\ \mathrm{s^{-1}} = 4.85\ \mathrm{kg/m\cdot s^2}$$

$$4.85\ \mathrm{kg/m\cdot s^2} = 4.85\ (\mathrm{kg\cdot m/s^2})/\mathrm{m^2} = 4.85\ \mathrm{N/m^2} = 4.85\ \mathrm{Pa}$$

$$\frac{4.85\ \mathrm{Pa}}{} \times \frac{1\ \mathrm{hPa}}{100\ \mathrm{Pa}} \times \frac{1\ \mathrm{atm}}{1{,}013\ \mathrm{hPa}} \times \frac{14.7\ \mathrm{psi}}{1\ \mathrm{atm}} = 7.038\times10^{-4}\ \mathrm{psi}$$

참조 속도경사(velocity gradient, 速度傾斜)란?

흐름에 수직 방향의 유속 변화율, 즉 $\frac{dv}{dy}$

참조 CCl_4

클로로포름과 비슷한 특유의 냄새가 나는 무색의 액체이다. 분자량 153.82, 녹는점 −22.86℃, 끓는점 76.679℃, 비중 1.542이다. 에탄올에서 석유에 이르는 많은 유기용매와 임의의 비율로 섞인다. 유지류(油脂類)의 용제나 분석시약으로 사용한다. 인화성이 없고 증기가 무거워서 예전에는 기름에 의한 화재의 소화제로 사용하였지만, 간과 신장에 유독한 포스젠을 생성한다는 것이 밝혀져 사용하지 않는다. 독성이 강하여 저농도 만성노출에서도 간장, 신장에 손상을 주며 오존층 파괴물질로 알려져 있다.

3.6 힘(force)과 무게(weight)

1. 힘 (force)

힘의 정의는 압력, 일, 에너지, 동력을 이해하기 위해 기초가 되는 중요한 유도량이다. 힘은 Newton의 운동 제2법칙(힘의 법칙)에 의해 다음과 같이 정의된다.

$$F = C \cdot m \cdot a$$

여기서, C는 비례상수, m은 질량(kg), a는 가속도(m/s^2)이다.

즉 힘은 질량과 가속도에 비례한다.

위 식에서 비례상수가 1이 되면, 다음 식과 같이 된다.

$$F = m \cdot a$$

힘의 SI 단위는 kg·m/s^2=N으로 사용하고, 기호는 F를 사용한다.

질량 1 kg의 물체가 1 m/s^{2}의 가속도를 가질 때 또는 1 kg의 물체가 1 m/s^{2}의 가속도를 갖게 하는 힘을 1 N(Newton)이라 한다.

$$1\ \text{N} = 1\ \text{kg} \cdot \text{m/s}^2$$

CGS 단위의 경우에는 질량 1 g의 물체가 1 cm/s^{2}의 가속도를 갖게 하는 힘을 1 dyne(dyn)이라 한다.

$$1\ \text{dyn} = 1\ \text{g} \cdot \text{cm/s}^2$$

$$1\ \text{N} = 10^5\ \text{dyn}$$

참조

Newton의 운동법칙

Newton의 제1법칙(관성법칙)

모든 물체는 관성을 갖는다. 관성은 질량(물체를 구성하는 물질의 양)에 관계된다. 물체의 질량이 크면 클수록 관성도 커진다.

Newton의 제2법칙(가속도의 관계)

가속도는 작용한 전체 힘에 비례하며 질량에 반비례한다.

$F = m \cdot a$

Newton의 제3법칙(작용과 반작용)

첫 번째 물체가 두 번째 물체에 힘을 작용하면 두 번째 물체 역시 첫 번째 물체에 크기가 같고 방향이 반대되는 힘을 작용한다.

2. 무게 (중력, weight)

표준중력장에서 질량을 가진 물체가 지구 중심부에 미치는 힘의 크기를 무게라 정의한다. 그러므로 무게는 질량(m)과 중력가속도(g)의 곱으로 표현된다. 힘의 정의에서 가속도 대신 중력가속도를 사용하면 무게가 된다. 그러므로 힘의 단위와 무게의 단위는 동일하다. 힘에서는 여러 종류의 가속도가 이용될 수 있지만, 무게에서는 중력가속도만 이용가능하다는 차이점이 있다.

$$F = m \cdot g$$

여기서, g는 중력가속도로서 9.8 m/s^{2}의 값을 가진다.

중력가속도는 물체가 존재하는 지구 내 위치에 따라 달라지므로, 물체의 무게는 지구 내 위치에 따라 달라진다. 그러므로 위도 45°의 해수면을 기준점으로 하며 이때의 중력가속도를 표준중력가속도(g_o = 9.80665 m/s^2 ≒ 9.8 m/s^2 또는 32.174 ft/s^2)라 한다. 그러므로 본 교재에서는 특별한 언급이 없는 경우, 표준중력가속도를 중력가속도로 대체하여 사용한다.

중력가속도를 SI 단위에서 FPS 단위로 전환하면 다음과 같다.

$$\frac{9.80665\ \text{m}}{\text{s}^2}\ \Big|\ \frac{100\ \text{cm}}{1\ \text{m}}\ \Big|\ \frac{1\ \text{in}}{2.54\ \text{cm}}\ \Big|\ \frac{1\ \text{ft}}{12\ \text{in}} = 32.174\ \text{ft/s}^2$$

질량 1 kg의 물체에 표준중력가속도(9.8 m/s^2)가 작용할 때의 무게를 1 kg$_f$라 정의한다.

$$1\ \text{kg}_f = 1\ \text{kg} \times 9.8\ \text{m/s}^2 = 9.8\ \text{kg}\cdot\text{m/s}^2 = 9.8\ \text{N}$$

$$1\ \text{g}_f = 1\ \text{g} \times 980\ \text{cm/s}^2 = 980\ \text{g}\cdot\text{cm/s}^2 = 980\ \text{dyn}$$

$$1\ \text{lb}_f = 1\ \text{lb}_m \times 32.174\ \text{ft/s}^2 = 32.174\ \text{lb}_m\cdot\text{ft/s}^2$$

여기서, 하첨자 f와 m은 각각 힘(force)과 질량(mass)을 의미한다. lb$_m$은 m을 생략하여 lb로 간단하게 표기하기도 한다.

참조

질량과 무게의 차이

정의의 차이

- 질량(mass) : 물체의 고유한 양
- 무게(weight) : 중력으로 인해 물체를 끌어당기는 힘(force)

단위의 차이

- 질량 : kg 혹은 g
- 무게 : N, kg$_f$, g$_f$

측정방법의 차이

- 질량 : 양팔 저울이나 윗접시 저울을 이용하여 질량을 측정한다. 물체의 고유한 양이므로 장소에 따라 변하지 않는다.
- 무게 : 용수철 저울이나 앉은뱅이 저울을 이용하여 중력의 힘의 크기를 알아낸다. 일반적으로 몸무게나 정육점에서 고기 무게를 측정하는 방법이다. 중력은 물체를 끌어당기는 힘이므로 중력이 다른 장소에는 무게 또한 변한다.

달의 중력은 지구 중력의 1/6배이며 목성의 중력은 지구 중력의 2.7배이므로 중력가속도가 각각 9.8 m/s^2×1/6 = 1.633 m/s^2, 9.8 m/s^2×2.7 = 26.46 m/s^{2}이 된다. 그러므로 60 kg의 사람이 지구에 있으면 무게는 60 kg$_f$, 달에 가면 10 kg$_f$이지만 목성에 가면 162 kg$_f$가 되고 중력이 없는 지구 궤도에 있는 우주 비행사들은 지구와 멀리 떨어져있어 지구 중력을 거의 받지 않으므로 몸무게는 0 kg$_f$이 된다. 하지만 그 사람의 질량은 지구에 있던 우주선에 있던 변함이 없다.

지구 60 kg$_f$　　　달 10 kg$_f$　　　목성 162 kg$_f$

몸무게가 60 kg이라고 하자.

몸무게 저울은 무게 60 kg_f = 588 N을 보여주지만 사람들이 이해하기 힘들므로 몸무게 저울 안에 N을 중력가속도를 나누어서 kg으로 변환해서 보여주는 것이다. 그러므로 우리가 일반적으로 말하는 몸무게 60 kg은 질량 60 kg 혹은 무게 60 kg_f가 맞다.

지구에서의 무게 = 60 kg × 9.8 m/s^2 = 588 N = 60 kg_f
달에서의 무게 = 60 kg × 1.622 m/s^2 = 97 N = 10 kg_f

중력환산계수를 이용하면 중력을 계산할 때 편리하다.

Newton의 운동 제2법칙은 다음과 같이 쓸 수 있다.

$$F = \frac{m \cdot g}{g_c}$$

여기서, g_c는 중력환산계수(gravitational conversion factor)이다.

$$g_c = \frac{m \cdot g}{F} = \frac{1\ \mathrm{kg} \cdot 9.8\ \mathrm{m/s^2}}{1\ \mathrm{kg_f}} = 9.8 \frac{\mathrm{kg \cdot m}}{\mathrm{kg_f \cdot s^2}} = 980 \frac{\mathrm{g \cdot cm}}{\mathrm{g_f \cdot s^2}} = 32.174 \frac{\mathrm{lb_m \cdot ft}}{\mathrm{lb_f \cdot s^2}} = 1$$

위 식에서 보는 바와 같이 중력환산계수의 값은 1이다. 그러므로 중력환산계수를 곱하거나 나누어도 전체적인 값에는 아무 영향이 없고 단순히 단위를 전환시켜 줄 따름이다. 중력환산계수를 나누어 주면 바로 kg_f 단위로 표시되고, 중력환산계수를 사용하지 않으면 N 단위로 표시할 수 있다.

표준중력장에서는 g/g_c는 다음과 같이 정의된다.

$$\frac{g}{g_c} = \frac{9.8\ \mathrm{m/s^2}}{9.8\ (\mathrm{kg \cdot m})/(\mathrm{kg_f \cdot s^2})} = 1 \frac{\mathrm{kg_f}}{\mathrm{kg}}$$

만약 중력가속도가 9.0 m/s^2인 곳에서 g/g_c는 다음과 같이 계산된다.

$$\frac{g}{g_c} = \frac{9.0\ \mathrm{m/s^2}}{9.8\ (\mathrm{kg \cdot m})/(\mathrm{kg_f \cdot s^2})} = 0.92 \frac{\mathrm{kg_f}}{\mathrm{kg}}$$

예제 3-17

질량 70 kg의 물체가 2 m/s²의 가속도를 갖도록 주어진 힘(N)은 얼마인지 계산하시오.

풀이 $F = m \cdot a$에서

$$F = 70\ \text{kg} \times 2\ \text{m/s}^2 = 140\ \text{kg} \cdot \text{m/s}^2 = 140\ \text{N}$$

비중량(specific weight)은 단위 부피를 기준으로 할 때의 중량이다. 즉, 단위 부피당 중량(무게 또는 힘)을 의미한다. SI 단위는 N/m^3이고 기호는 γ (gamma, 감마)를 사용한다. 지구에서 5℃ 물의 비중량은 9.807 kN/m^3 또는 62.43 lb_f/ft^3이다. 비중량의 정의를 보면 밀도와 비슷하게 보이나, 밀도와 달리 비중량은 중력가속도에 의존하여 위치에 따라 변할 수 있으므로 절대적인 값이 아니다. 비중량은 환경 분야에 자주 사용되지는 않는다.

$$\gamma = \frac{w}{V} = \frac{m \cdot g}{V} = \rho \cdot g$$

이를 중력환산계수를 이용하여 표현하면 다음과 같다.

$$\gamma = \frac{\rho \cdot g}{g_c}$$

예제 3-18

중력가속도 9.0 m/s²인 곳에서 4℃ 물의 비중량(kg_f/m^3, N/m^3)을 각각 계산하시오.

풀이 $\gamma = \dfrac{\rho \cdot g}{g_c}$에서

$$\frac{g}{g_c} = \frac{9.0\ \text{m/s}^2}{9.8\ (\text{kg} \cdot \text{m})/(\text{kg}_f \cdot \text{s}^2)} = 0.918\ \frac{\text{kg}_f}{\text{kg}}$$

4℃ 물의 밀도는 1 g/cm^3

$$\frac{1\ \text{g}}{\text{cm}^3} \left| \frac{1\ \text{kg}}{1{,}000\ \text{g}} \right| \frac{(100\ \text{cm})^3}{(1\ \text{m})^3} = 1{,}000\ \text{kg/m}^3$$

$$\gamma = 1{,}000\ \text{kg/m}^3 \times 0.918\ \text{kg}_f/\text{kg} = 918\ \text{kg}_f/\text{m}^3$$

또는 $\gamma = \rho \cdot g$에서

$$\gamma = 1{,}000\ \text{kg/m}^3 \times 9.0\ \text{m/s}^2 = 9{,}000\ (\text{kg} \cdot \text{m/s}^2)/\text{m}^3 = 9{,}000\ \text{N/m}^3$$

예제 3-19

공기를 함유하고 있는 풍선이 3 ft^3의 체적을 가지는 벽돌(밀도 = 150 lb/ft^3)에 붙어 있다. 이 벽돌을 물속에서 띄우려면 풍선의 크기는 몇 ft^3이 되어야 하는가? 단, 공기의 비중은 물이나 벽돌에 비해 상대적으로 적어 0이라고 가정한다.

풀이

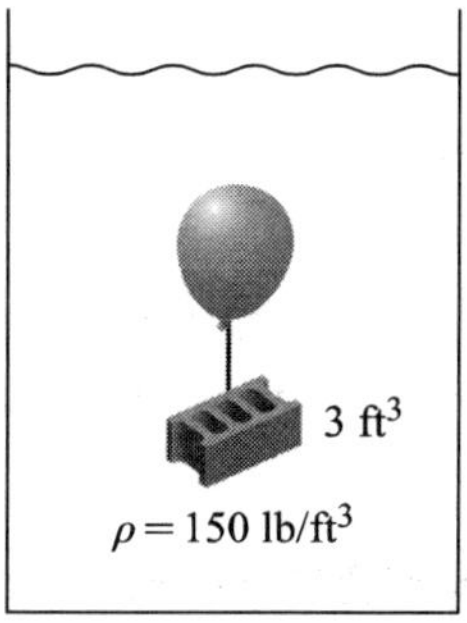

침잠된 물체의 부력은 치환된 유체의 부피에 비례한다(아르키메데스의 원리). 만약 풍선이 벽돌에 의해 물속에 가라앉는다면 부력은 다음과 같다.

$$F_B = (\rho_w - \rho_B)\, V_B \frac{g}{g_c}$$

여기서, F_B은 풍선에 의한 부력, ρ_w는 물의 밀도, ρ_B는 풍선의 밀도, V_B는 풍선의 체적이다.

물속에서 작용하는 벽돌의 중력은 다음과 같다.

$$F_C = (\rho_C - \rho_w)\, V_C \frac{g}{g_c}$$

여기서, F_C은 벽돌에 의한 중력, ρ_w는 물의 밀도, ρ_C는 벽돌의 밀도, V_C는 벽돌의 체적이다.

부력과 중력을 같은 크기라고 놓으면

$$F_B = F_C$$

$$(\rho_w - \rho_B)\, V_B \frac{g}{g_c} = (\rho_C - \rho_w)\, V_C \frac{g}{g_c}$$

공기의 비중이 0이므로, $\rho_B = 0$

$$(\rho_w)\, V_B = (\rho_C - \rho_w)\, V_C$$

$$V_B = \frac{(\rho_C - \rho_w)}{\rho_w} V_C$$

물의 밀도는

$$\rho_w = \frac{1\ \text{g}}{\text{cm}^3} \left| \frac{1\ \text{lb}}{454\ \text{g}} \right| \frac{(2.54\ \text{cm})^3}{(1\ \text{in})^3} \left| \frac{(12\ \text{in})^3}{(1\ \text{ft})^3} \right. = 62.37\ \text{lb/ft}^3$$

그러므로 풍선의 체적(V_B)은 다음과 같다.

$$V_B = \frac{(150-62.37)\ \text{lb/ft}^3}{62.37\ \text{lb/ft}^3} \left| \frac{3\ \text{ft}^3}{} \right. = 4.22\ \text{ft}^3$$

다음 표 3.8과 3.9는 각각 표준 해수면 대기압에서 측정한 물과 공기 비중량 값이다. 온도가 증가할수록 물과 공기의 비중량은 모두 감소하는 것을 알 수 있다.

표 3.8 물의 비중량 (Wikipedia, 2015)

온도(Temperature) [℃]	비중량(specific weight) [kN/m^3]
0	9.805
5	9.807
10	9.804
15	9.798
20	9.789
25	9.777
30	9.765
40	9.731
50	9.690
60	9.642
70	9.589
80	9.530
90	9.467
100	9.399

표 3.9 공기의 비중량 (Wikipedia, 2015)

온도(temperature) [℃]	비중량(specific weight) [N/m^3]
−40	14.86
−20	13.86
0	12.68
10	12.24
20	11.82

온도(temperature) [℃]	비중량(specific weight) [N/m^3]
30	11.43
40	11.06
60	10.4
80	9.81
100	9.28
200	7.33

3.7 압력(pressure)

압력은 환경 분야에서 비교적 많이 사용되는 유도량으로 중요하게 취급된다. 특히 상하수도 공학 중 유체의 이송에서 중요한 부분을 차지하고 있다.

압력은 단위 면적당 작용하는 힘으로 정의된다. 그러므로 압력의 단위는 힘의 단위를 면적의 단위로 나눈 것으로 표현된다. 압력의 SI 단위는 N/m^{2}이나, 같은 값으로 Pa(pascal)이 많이 이용된다. 기호는 pressure의 약어로 P를 사용한다.

$$1\ \mathrm{N/m^2} = 1\ \mathrm{Pa}$$

$$P = \frac{F}{A}$$

여기서, F는 힘, A는 힘이 주어지는 방향과 수직하는 단면적(cross sectional area)을 의미한다.

참조 **여러 가지 면적**

환경 분야에서 면적은 크게 단면적과 표면적으로 구분할 수 있다.

단면적(斷面積, cross sectional area)은 일반적으로 물체를 하나의 평면으로 절단하였을 때 그 절단부분인 단면의 면적이다. 보다 명확하게 설명하면 유체의 흐름에 수직하는 방향으로 절단하였을 때의 절단 단면을 의미한다.

표면적(表面的, surface area)은 입체 표면의 면적으로 다면체(多面體)·원기둥·원뿔 등의 표면적은 그 표면을 평면상에 펼친 도형(전개도)의 면적이다. 수면적(水面積, water surface area)은 표면적의 한 종류로 볼 수 있다. 물이 공기와 접하고 있는 면적으로 정의된다.

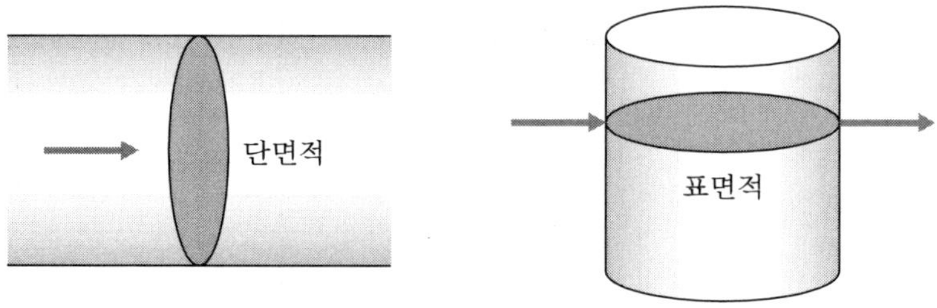

환경 분야에서 자주 접하게 되는 압력 단위는 다음과 같다.

표준 대기압 1 atm(기압)	= 760 mmHg(수은)
	= 760 Torr
	= 10.33 mH_2O
	= 1.033 kg_f/cm^2
	= 1.013 bar = 1,013 mbar
	= 1,013 hPa(hecto-pascal)
	= 14.7 psi (pound force per square inch, lb_f/in^2)

참조

압력 이야기

- atm은 atmosphere(대기)의 약어로서, 대기압의 기본 측정 단위로 사용된다.
  대기압(大氣壓)은 공기의 무게 때문에 생기는 지구 대기의 압력이다. 1 atm을 표준대기압으로 하고 이보다 낮으면 저기압, 이보다 높으면 고기압이라 한다. 이탈리아의 과학자 토리첼리(Evangelista Torricelli, 1608~1647)는 실험에서 수은(mercury)조에 약 1 cm^2의 단면적을 가진 1.2 m의 유리관을 세워서, 그 높이를 매일 관측하였는데, 관측할 때마다 수은주의 높이가 변화하는 것을 발견하였고, 수은주의 높이가 약 760 mm까지 상승하였을 때의 공기가 누르는 힘(압력)을 1기압이라고 한다. 이후, 이 실험을 통해서 얻어진 760 mm의 수은 기둥의 높이를 1기압의 표준으로 삼았다. 참고로, 수은의 비중은 13.6 정도이므로, 1의 비중을 가진 물과 비교한다면 760 mm 수은의 무게가 주는 압력은 10여 미터(760 mm×13.6 = 10,336 mm = 10.33 mH_2O) 정도의 물기둥의 무게가 주는 압력과 동일하다. 이것은 우리가 일상적으로 받는 1기압의 압력은 10 m 정도의 물기둥을 어깨에 이고 있는 상태에서 받는 압력과 매우 비슷하다는 뜻이다. 그러므로 만약 우리가 해수면 기준으로 수중 10 m의 물속에 들어간다면 대기 중의 1기압과 10 m 물속의 수중 압력(1기압)이 합쳐져서 약 2기압의 압력을 받게 된다.
- Torr의 단위는 1644년에 기압계 원리를 발견한 이탈리아의 과학자이자 수학자인 토리첼리(Evangelista Torricelli)의 이름을 따서 만들게 되었다. 토리첼리가 수은을 이용하여 실험하였으므로 수은 기둥의 단위와 Torr 단위가 같다. 즉, 1 atm = 760 mmHg = 760 Torr.

- Pa(pascal) 단위는 유체 및 기체의 힘과 압력의 상관관계를 연구한 프랑스 학자 파스칼(Blaise Pascal)의 이름을 따서 만들었으며, 대기압 측정에 쓰이는 중요 단위이다.
- 바(bar) 단위는 무게를 뜻하는 그리스어 βάρος(바로스)에서 유래하였다. 공식적인 기호는 "bar"이다. 한때 기호를 "b"로 쓴 적이 있으나 현재는 쓰이지 않는다. 바(bar)와 밀리바(mbar)는 1919년 네피어 쇼경에 의해 도입되었고, 1929년에 국제적으로 채택되었다. 대기압은 통상적으로 밀리바를 사용하여, 표준 해수면 압력을 1013.25 mbar로 정의한다. 밀리바(mbar)는 SI 단위계가 아닌데도 불구하고, 아직 기상학 분야에서 대기압을 기술하는 압력 단위로 사용되고 있다. 과거 우리나라 일기예보에서는 밀리바를 사용하였으나, 근래에는 국제적인 추세에 따라 hPa 단위를 사용하고 있다. 기압계를 나타내는 barometer도 bar(또는 baro)를 측정하는 기기라는 의미이다.

윗면이 열린 유리관 속의 액체 기둥 밑바닥의 압력(정압)은 다음과 같이 표시된다.

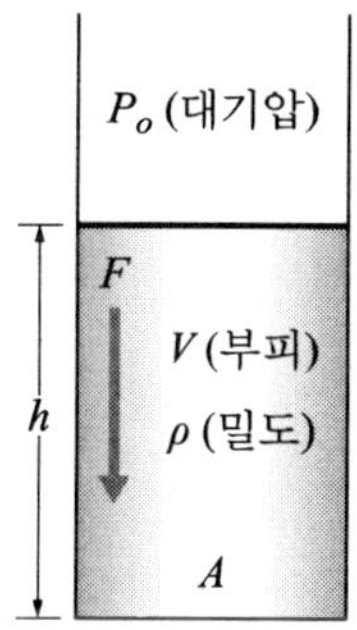

$$P = P_o + \frac{F}{A} = P_o + \frac{m \cdot g}{A}$$
$$= P_o + \frac{\rho \cdot V \cdot g}{A} = P_o + \frac{\rho \cdot A \cdot h \cdot g}{A}$$
$$= P_o + \rho \cdot g \cdot h$$

여기서, P_o는 대기압, F는 유리관 바닥면에 작용하는 힘, A는 원기둥의 단면적, ρ는 액체의 밀도, m은 액체의 질량, V는 액체 기둥의 부피, g는 중력가속도, h는 유리관 내 액체 기둥의 높이이다.

이 식을 중력환산계수를 이용하여 표시하면 다음과 같다.

$$P = P_o + \rho \cdot \frac{g}{g_c} \cdot h$$

이 식에서 만약 대기압 $P_o = 0$라면 또는 순수 액체만의 압력만을 계산하고자 한다면 다음 식과 같이 된다.

$$P = \rho \cdot \frac{g}{g_c} \cdot h = \gamma \cdot h$$

여기서, γ(gamma)는 비중량(힘/부피, kg_f/m^3)으로 다음과 같이 정의된다.

$$\gamma = \rho \cdot \frac{g}{g_c}$$

또한, 이 식은 다음과 같이 변환할 수 있다.

$$\frac{P}{\gamma} = h$$

위 식과 같이 압력을 액체의 길이 단위로 나타낼 수 있으며, 이를 두(頭, head, 물머리)라고 한다.

액체의 종류가 달라지면, 즉, 액체의 밀도가 변하면 액체 기둥의 높이가 달라진다. 만약 A라는 액체의 밀도가 ρ_A이고 그 때 액체 기둥의 높이가 h_A라고 할 때, 동일한 압력 하에서 B라는 액체로 바꾸면 그 액체의 밀도는 ρ_B가 되고 액체 기둥의 높이는 h_B로 변하게 된다. 그러므로 이 관계를 식으로 표현하면 다음과 같다.

$$P = P_o + \rho_A \cdot \frac{g}{g_c} \cdot h_A = P_o + \rho_B \cdot \frac{g}{g_c} \cdot h_B$$

$$\rho_A \cdot h_A = \rho_B \cdot h_B$$

이 식에서 어느 한 액체의 밀도와 액체 기둥의 높이(압력)를 알고 있는 상태에서 다른 액체의 밀도를 알면 손쉽게 그 액체 기둥의 높이를 계산할 수 있다.

1. 절대압과 게이지압

압력에는 절대압(력)과 게이지(계기)압(력)이 있다.

절대압은 완전진공을 0 기준점으로 잡은 압력이며, 게이지압과 대기압을 더한 것을 말한다. 게이지압은 주변 대기압을 0 기준점으로 잡은 압력이며, 측정 게이지(계기)에서 읽히는 압력으로 절대압에서 대기압을 뺀 것을 말한다. 통상적으로 자동차 타이어 압력이나 혈압은 게이지압으로 통용되고 대기압이나 높은 곳의 고도 압력은 절대압을 사용하는 경향이 있다.

그러므로 이를 정리하면 다음과 같다.

절대압 = 게이지압 + 대기압

게이지압 = 절대압 − 대기압

또한, 절대압이 대기압보다 낮을 때 그 차이를 진공압이라 한다. 진공압을 달리 표현하면 부압(負壓, negative pressure)이라고도 한다.

진공압 = 대기압 − 절대압

또한, 진공의 정도 즉 진공도는 다음과 같이 정의된다.

$$\text{진공도(\%)} = \frac{\text{대기압} - \text{절대압}}{\text{대기압}} \times 100 = \frac{\text{진공압}}{\text{대기압}} \times 100$$

예제 3-20

14.7 psi가 1.033 kg_f/cm^2와 동일함을 증명하시오.

풀이 14.7 psi = 14.7 lb_f/in^2

14.7 lb_f	454 g_f	1 kg_f	$(1\ in)^2$
in^2	1 lb_f	1,000 g_f	$(2.54\ cm)^2$

= 1.034 kg_f/cm^2

이는 약 1.033 kg_f/cm^2라고 할 수 있다.

예제 3-21

4℃ 물(비중 = 1)을 이용하여 압력을 측정하였더니 물기둥의 높이가 5 m이었다. 만약 동일한 조건에서 에탄올(비중 = 0.78)을 이용하여 압력을 측정하였다면, 이 에탄올 기둥의 높이(m)는?

풀이

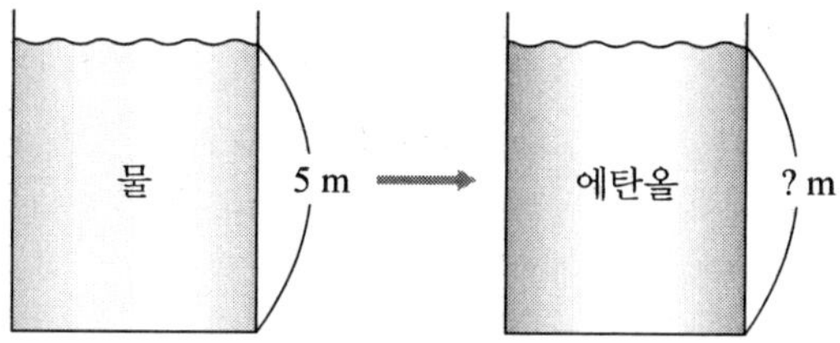

$$\rho_A \cdot h_A = \rho_B \cdot h_B$$

물의 비중이 1이므로 밀도는 1 g/cm^3이고, 에탄올의 비중이 0.78이므로 밀도는 0.78 g/cm^3이다. 밀도를 kg/m^3로 전환하여 계산하여야 하나, 비례식을 이용하므로 굳이 단위를 전환할 필요는 없다.

$$1\ g/cm^3 \times 5\ m = 0.78\ g/cm^3 \times h_B$$

$$h_B = 6.41\ m$$

예제 3-22

대기압이 1기압이고, 압축가스 용기에 설치된 압력계가 1.3 kg_f/cm^2를 가리켰다면 압축가스의 절대압력(mmHg)은?

풀이 대기압 1 atm = 760 mmHg

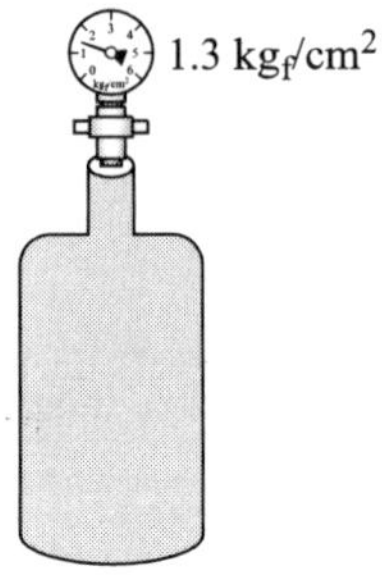

압축가스 압력

$$\frac{1.3\ \text{kg}_f/\text{cm}^2}{} \left| \frac{1\ \text{atm}}{1.033\ \text{kg}_f/\text{cm}^2} \right| \frac{760\ \text{mmHg}}{1\ \text{atm}} = 956.44\ \text{mmHg}$$

그러므로 절대압 = 대기압 + 게이지압

= 760 mmHg + 956.44 mmHg

= 1,716.44 mmHg

예제 3-23

공기가 덕트(duct) 안에서 10 cmH_2O 부압(진공압)으로 흐르고 있다. 대기압이 750 mmHg일 때, 이 공기의 절대압력(inHg)을 계산하시오.

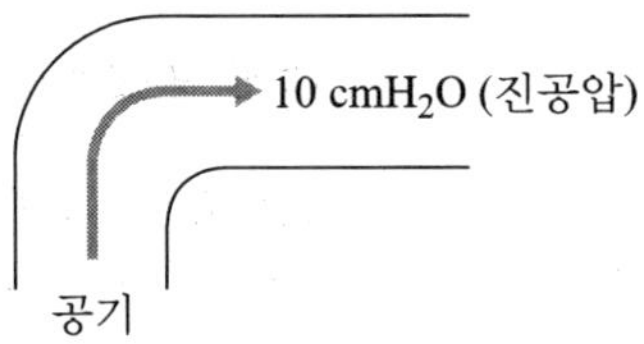

풀이 절대압 = 대기압 − 부압(진공압)

대기압 = 750 mmHg

부압(진공압)

$$\frac{10\ \text{cmH}_2\text{O}}{} \left| \frac{1\ \text{m}}{100\ \text{cm}} \right| \frac{1\ \text{atm}}{10.33\ \text{mH}_2\text{O}} \left| \frac{760\ \text{mmHg}}{1\ \text{atm}} \right. = 7.36\ \text{mmHg}$$

절대압 = 750 mmHg − 7.36 mmHg = 742.64 mmHg

$$\frac{742.64\ \text{mmHg}}{} \left| \frac{1\ \text{cm}}{10\ \text{mm}} \right| \frac{1\ \text{in}}{2.54\ \text{cm}} = 29.24\ \text{inHg}$$

예제 3-24

이론적으로는 사람이 50 m 이상 잠수하면 흉곽이 찌그러들어 죽는다고 한다. 만약, 다이버가 40 m 수심에서 작업을 한다면, 이 다이버가 받는 압력은 몇 kg_f/cm^2인가? 단, 해수의 밀도는 1,030 kg/m^3으로 한다.

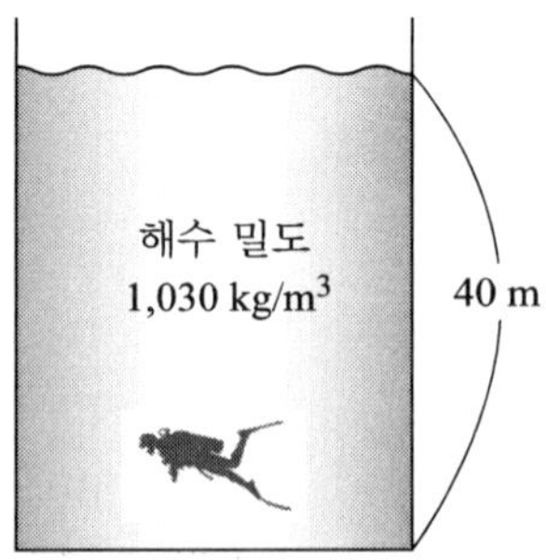

풀이 $P = P_o + \rho \cdot g \cdot h$에서

대기압 $P_o = 10.33\ mH_2O = 1.033\ kg_f/cm^2$

해수에 의한 압력 = 40 m 해수

이를 수압으로 전환하면

$$\rho_A \cdot h_A = \rho_B \cdot h_B$$

$$1{,}030\ \text{kg/m}^3 \times 40\ \text{m} = 1{,}000\ \text{kg/m}^3 \times h_B = 41.2\ \text{mH}_2\text{O}$$

41.2 mH_2O	1 atm	1.033 kg_f/cm^2
	10.33 mH_2O	1 atm

$= 4.12\ kg_f/cm^2$

다이버가 받는 압력 $= 1.033\ kg_f/cm^2 + 4.12\ kg_f/cm^2 = 5.153\ kg_f/cm^2$

참조

잠수병(Decompression Illness(DCI)/caisson disease, 潛水病) 이야기

깊은 바다 속은 수압이 매우 높기 때문에 호흡을 통해 몸속으로 들어간 공기 중의 질소기체가 체외로 잘 빠져나가지 못하고 혈액 속에 녹게 된다. 그러다 수면 위로 빠르게 올라오면 체내에 녹아 있던 질소기체가 갑작스럽게 기포를 만들면서 혈액 속을 돌아다니게 된다. 이것이 몸에 통증을 유발하게 되는데, 이러한 병을 잠수병이라 한다. 이러한 통증은 호흡기뿐 아니라 림프계, 근골격계 등에서도 나타난다. 질소기체는 이와 같이 잠수병을 유발하기 때문에 공기통에는 대부분 질소 대신 헬륨기체를 넣어 사용한다. 헬륨은 비활성기체로서 체내에서 불필요한 반응을 하지 않을 뿐만 아니라 질소에 비해 혈액에 대한 용해도가 매우 작기 때문에 잠수병을 일으킬 위험이 없기 때문이다. 그렇지만 대부분의 해녀들이 공기통을 사용하지 않고 일을 하고 있어 꾸준히 잠수병이 발생하고 있으며, 최근에는 스쿠버다이빙을 즐기는 사람들이 늘어 이로 인한 잠수병 환자가 급증하고 있다. 이를 예방하기 위해서는 물속에서 수면으로 올라올 때는 천천히 올라와야 한다.

예제 3-25

지름 2 m, 높이 4 m의 염산(HCl) 탱크에 염산이 50% 채워져 있을 때, 이 염산 탱크에 작용하는 염산의 무게(N)와 압력(kPa)을 구하시오. 단, 대기압은 740 mmHg이고 염산의 밀도는 1.18 g/cm³으로 가정한다.

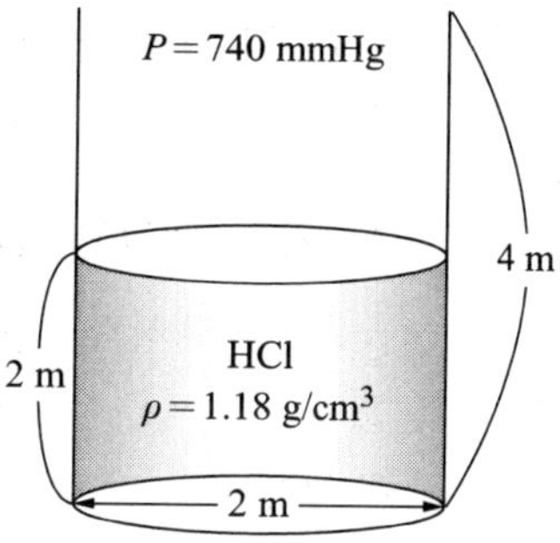

풀이 $P = P_o + \rho \cdot g \cdot h$에서

대기압은 740 mmHg이므로

740 mmHg	1 atm	1,013 hPa
	760 mmHg	1 atm

$= 986.34$ hPa

게이지압($\rho \cdot g \cdot h$)은 다음과 같다. 염산이 50% 채워져 있으므로 h는 $4/2 = 2$ m이다.

$$\frac{1.18\ \text{g}}{\text{cm}^3}\left|\frac{1\ \text{kg}}{1{,}000\ \text{g}}\right|\frac{(100\ \text{cm})^3}{(1\ \text{m})^3} \times \frac{9.8\ \text{m}}{\text{s}^2} \times 2\ \text{m} = 23{,}128\ \text{N/m}^2$$

$$\frac{23{,}128\ \text{N/m}^2}{}\left|\frac{1\ \text{Pa}}{1\ \text{N/m}^2}\right|\frac{1\ \text{hPa}}{100\ \text{Pa}} = 231.28\ \text{hPa}$$

그러므로 절대압력 $P = 986.34\ \text{hPa} + 231.28\ \text{hPa} = 1{,}217.62\ \text{hPa}$

$$\frac{1{,}217.62\ \text{hPa}}{}\left|\frac{100\ \text{Pa}}{1\ \text{hPa}}\right|\frac{1\ \text{kPa}}{1{,}000\ \text{Pa}} = 121.76\ \text{kPa}$$

염산의 무게는 염산의 게이지압에 염산 탱크 단면적(A)을 곱하면 된다.
염산 탱크의 단면적 A는

$$A = \frac{\pi \cdot D^2}{4} = \frac{\pi \cdot (2\ \text{m})^2}{4} = \pi\ \text{m}^2$$

여기서, D는 염산 탱크의 직경이다.
그러므로 염산의 무게는 다음과 같다.

$$23{,}128\ \text{N/m}^2 \times \pi\ \text{m}^2 = 72{,}658.75\ \text{N}$$

2. 압력의 측정

압력을 측정하기 위해서는 다양한 장치가 이용된다. 압력계는 보통 계량식(일정한 힘과 균형시키는 방식), 기계식(탄성변형을 이용하는 방식), 그리고 전기기계식 신호변환기 등 세 가지로 구분할 수 있다.

(1) 압력 계량식(Pressure standard)

액주계는 액체기둥을 이용하는 장치로서 밀도를 알고 있는 어떤 액체의 수직 변위를 읽어서 압력을 측정하는 장치이다. 이 장치는 일반적으로 투명한 재질의 U-튜브 형태로 제작된다.

① 마노미터(Manometer)

25～300 kPa의 측정 범위를 가지며, 물이나 수은, 다른 오일로 채워진 마노미터(manometer)는 작은 범위의 차압을 이용하여 측정에 이용한다. 작은 차압을 측정할 경우, 마노미터의 한 쪽은 가독성(reading)을 향상시키기 위하여 기울어져 있으며, 수은 마노미터는 높은 범위의 차압 및 절대압력 측정 장치로 사용된다.

② 피스톤 게이지(Piston gage), 압력 천칭(Pressure-balance), 시험계(Dead weight tester)

35 kPa ~ 1.4 GPa의 넓은 측정 범위를 나타내며, 마노미터의 측정 범위 이상의 압력을 측정하고자 할 때 사용된다. 수직 피스톤의 밑면에 작용하는 압력을 이용하며, 압력은 그 압력에 피스톤의 면적을 곱한 것과 같은 힘을 내고, 이 힘은 피스톤의 상부에 가해진 분동에 의하여 균형을 이룬다. 만약 그 분동의 질량, 중력가속도, 그리고 피스톤의 면적을 알고 있다면, 가해진 압력을 계산할 수 있다.

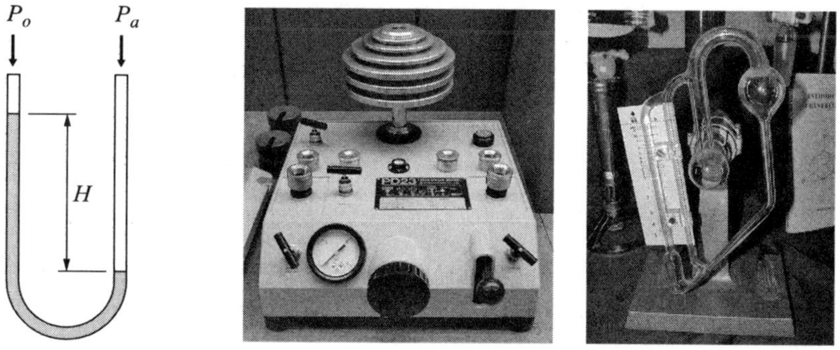

마노미터 (Manometer) | 시험계 (Dead weight tester) | 맥레오드 게이지 (McLeod gage)

그림 3.2 압력 계량식(pressure standard) 측정기

③ 맥레오드 게이지(McLeod gage)

연구실 등에서의 실험용으로 100 Pa 이하의 매우 낮은 절대압력을 측정할 때 이용되고 매우 비싸다.

(2) 기계식 게이지(Mechanical gage)

기계식 압력계는 압력 감지기를 지시부, 지침(pointer) 그리고 눈금과 연결되어 있다.

① 부르돈 관(Bourdon tube)

35 kPa ~ 700 MPa의 측정 범위를 가지며, 대기압 하에서의 게이지압을 측정할 때 많이 이용된다. 원형 또는 타원형 단면의 코일 금속관이 내장되어 있다.

② 아네로이드 게이지(Aneroid gage)

보통 100 kPa 이하의 낮은 범위의 압력을 측정할 때 이용되는 아주 민감한 기계식 게이지이다. 주름진 다이어프램(diaphragm, 격막 또는 탄성이 있는 얇은 막의 칸막이 판) 또는 캡슐(capsule)을 압력 감지기로 사용하며, 부르돈 관보다 더 잘 반응하고 가해진 압력에 크게 굴절되는 특징을 가진다.

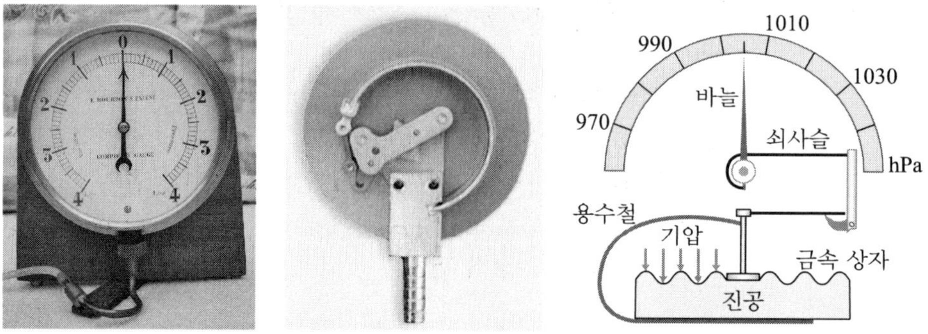

부르돈 관 부르돈 관 뒷면 아네로이드 기압계

그림 3.3 기계식 게이지

(3) 전기기계식 신호변환기(Electromechanical transducer)

기계식 압력계의 사용은 일반적으로 감지부의 신축성이 없는 특성, 지시부에서의 마찰, 지침과 눈금의 분해능(resolution)에 의하여 제한된다. 전자 기술을 이용하여 이러한 영향을 제거하거나 줄일 수 있다. 대부분의 기계식 압력계의 동적 반응은 감지기와 지시부에 의하여 제한되지만, 전기기계식 신호변환기의 동적 반응은 훨씬 더 빠르며 동압의 측정도 가능하다. 측정 압력이 10 kPa 이하로 떨어지면, 기계적으로 감지하기는 매우 어려우므로, 열전쌍(thermocouple)으로 알려진 열전도 게이지(thermal conductivity gage), 서미스터(thermistor), 피라니(pirani), 그리고 대류 게이지(convection gage)는 0.1 Pa 이하로 떨어진 압력을 측정하는 데 사용된다.

본 교재에서는 환경 분야에서 많이 이용되는 압력 계량식인 마노미터와 기계식인 부르돈 게이지에 대해서 알아보고자 한다.

(1) 부르돈 게이지(Bourdon gauge)

압력을 측정하기 위한 기계식 장치 중 대표적인 것이 부르돈 게이지이다. 이 게이지는 표준대기압만 미치고 있을 때 압력이 0이 되도록 설정되어 있고 압력이 올라가면 게이지 상의 압력 수치도 증가하게 되어 있다. 여러 가지 기체들의 봄베(bombe)나 고압증기 멸균기(autoclave) 등의 압력장치에 부르돈 게이지가 많이 적용되고 있다.

물질의 회수나 농축에 이용되는 감압증발기는 증발기 내부의 증발을 용이하게 유지하기 위하여 증발기 내부를 대기압 이하(감압)로 하는데, 감압이 될수록 게이지 상의 수치는 증가하여 진공도가 증가하는 것으로 되어 있다.

참조 **부르돈 게이지(Bourdon gauge)**

C 형태나 나선형 형태의 관이 압력을 받으면 곧게 펴지거나 둥근 형태로 돌아가는 원리를 이용한 게이지다. 유진 부르돈(Eugene Bourdon)이 1849년 프랑스에서 이 게이지에 대한 특허를 내었고, 이 게이지는 탁월한 민감성과 정확성으로 전 세계적으로 적용되었다. 1852년 Edward Ashcroft가 부르돈의 미국 특허권을 사서 게이지 주요 생산업체를 세웠다. 또한 1849년 독일인 Bernard Schaeffer가 다이어프램 압력 게이지에 대한 특허를 내었고, 이 특허는 부르돈 게이지와 함께 압력 측정의 신기원을 이룩하였다.

(2) 마노미터(Manometer, 액주형 압력계)

마노미터는 두 지점 사이의 압력차를 이용하여 압력을 측정하는 장치이다. 그림 3.4에 나타낸 U자 튜브형 마노미터는 2개의 투명관이 서로 연결되어 U자 모양을 형성하는 구조를 갖는다. 마노미터 내부에는 밀도를 알고 있는 마노미터 유체[A 유체, (수은, 오일 등)]가 채워져 있으며, 흐르는 유체(B 유체)와는 섞이지 않도록 되어 있다. 왼쪽 튜브에 측정하고자 하는 압력을 인가하고 오른쪽 튜브는 일반적으로 대기압에 노출되도록 개방하여 두면 왼쪽 튜브에 인가된 압력에 의하여 튜브 내의 액체를 밀어 올리게 되어 양쪽 튜브의 액체 기둥의 높이 차이를 이용해 기록된 압력눈금으로 읽어 압력을 측정한다.

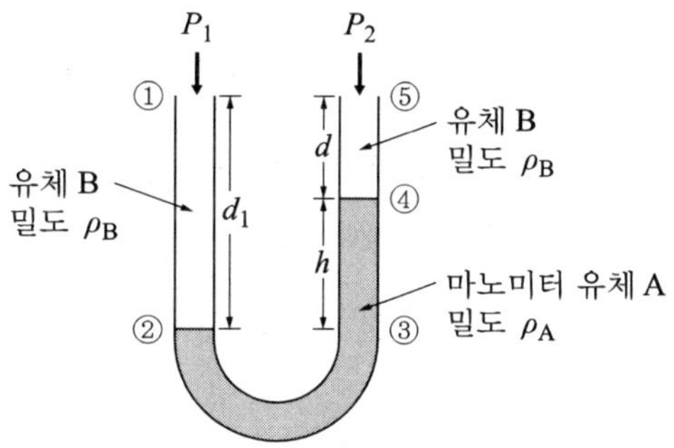

그림 3.4 U자관 마노미터

마노미터에 압력이 가해진 다음, 더 이상의 마노미터 게이지 상의 변화가 없는 평형 상태에 도달했다고 가정하면, 2지점과 3지점의 압력은 동일하다.

2지점의 압력 : $P_1 + \rho_B \cdot (d+h) \cdot g$

3지점의 압력 : $P_2 + \rho_B \cdot d \cdot g + \rho_A \cdot h \cdot g$

2지점의 압력 = 3지점의 압력

$$P_1 + \rho_B \cdot (d+h) \cdot g = P_2 + \rho_B \cdot d \cdot g + \rho_A \cdot h \cdot g$$

이 식을 정리하면 다음과 같다.

$$P_1 - P_2 = (\rho_A - \rho_B) \cdot g \cdot h$$

여기서, h는 U자관 내 액주(液柱) 높이 차이이다.

압력 차이($P_1 - P_2$)는 거리 d와 U자관의 굵기와는 무관하고, 두 유체의 밀도 차이와 유체간의 높이 차이에 비례한다.

만약 흐르는 유체가 기체라면, 액주에 비해 밀도가 매우 낮은 것으로 가정할 수 있다. 즉, $\rho_A \gg \rho_B$라면,

$$P_1 - P_2 = \rho_A \cdot g \cdot h$$

만약, P_2가 P_{atm}이면($P_2 = P_{\text{atm}}$), 즉 열린 마노미터라면 1지점의 계기(게이지)압은 h 값이다.

$$P_1(\text{절대압}) - P_2(\text{대기압}) = \rho_A \cdot g \cdot h(\text{게이지압})$$

만약, P_2가 진공이면($P_2 = 0$), 즉 닫힌 마노미터라면 h 값은 절대압력이 되며, 다음 식으로 정의된다.

$$P_1(\text{절대압}) = \rho_A \cdot g \cdot h$$

(3) 마노미터의 종류

다음 3가지 종류의 마노미터가 있다.

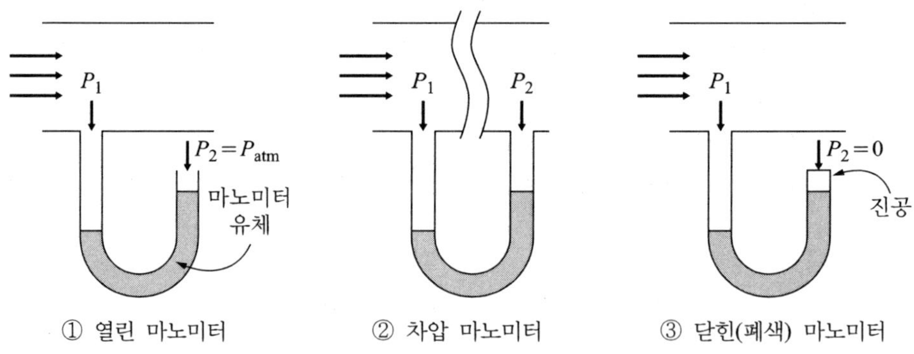

그림 3.5 마노미터의 종류

① 열린 마노미터(open end manometer)

그림 3.5①과 같이 U자관의 한쪽은 유체의 압력이 작용하고 다른 한쪽은 대기압이 작용한다. 그러므로 U자관의 액주 차이는 위의 식에서 언급한 바와 같이

상대압력인 게이지압력을 의미한다. 즉, 열린 마노미터는 게이지압력(계기압력)을 측정하는 데 사용된다.

$$P_1 - P_2(\text{대기압}) = \rho \cdot g \cdot h(\text{게이지압})$$

② **차압 마노미터(differential manometer)**

그림 3.5②와 같이 U자관의 양쪽에 유체의 압력이 작용한다. 그러므로 식에 의해 액주의 높이차는 측정지점의 압력 차이를 의미한다. 즉, 차압 마노미터는 측정지점의 압력 차이를 측정하는 데 이용되나, 절대압력이나 게이지압력을 측정하는 데 이용할 수는 없다.

$$P_1 - P_2 = \rho \cdot g \cdot h(\text{차압})$$

③ **닫힌(폐색) 마노미터(closed 또는 sealed end manometer)**

그림 3.5③과 같이 U자관의 한쪽은 유체의 압력이 작용하고 다른 한쪽은 밀폐되어 있다. 그러므로 U자관의 액주 차이 h는 위의 식에서 언급한 바와 같이 절대압력을 의미한다. 즉, 닫힌 마노미터는 절대압력을 측정하는 데 사용된다.

$$P_1 - P_2(P_2 = 0,\ \text{진공}) = \rho \cdot g \cdot h(\text{절대압})$$

오른쪽의 그림 3.6과 같이, 닫힌 마노미터의 한쪽 끝에 유체의 압력이 작용하는 것이 아니라 대기압이 작용하면 기압계가 된다. 그러므로 기압계는 닫힌 마노미터의 한 종류라고 할 수 있다.

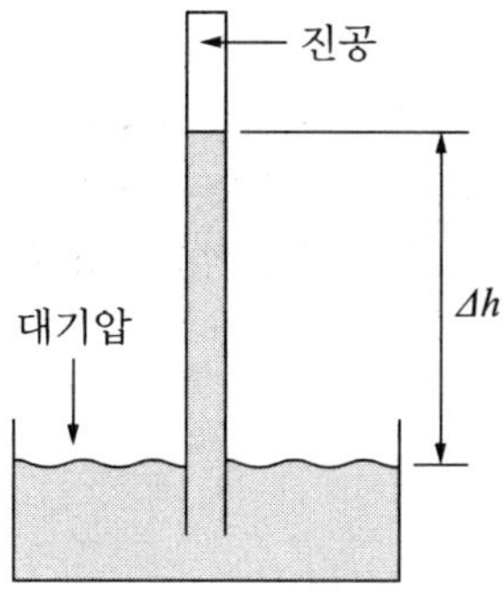

그림 3.6 기압계

예제 3-26

가압 부상장치 중 가압장치의 압력계가 40 psi를 가리키고 있고, 이 때 대기압은 30 inHg 이었다. 이 탱크의 절대압력(kg_f/cm^2)은?

풀이

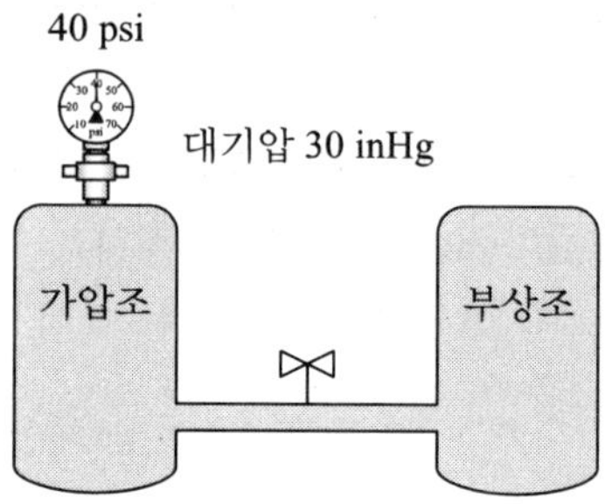

절대압 = 대기압 + 게이지압

게이지압

$$\frac{40\ \text{psi}}{} \left| \frac{1\ \text{atm}}{14.7\ \text{psi}} \right| \frac{1.033\ kg_f/cm^2}{1\ \text{atm}} = 2.81\ kg_f/cm^2$$

대기압

$$\frac{30\ \text{inHg}}{} \left| \frac{2.54\ \text{cm}}{1\ \text{in}} \right| \frac{10\ \text{mm}}{1\ \text{cm}} \left| \frac{1\ \text{atm}}{760\ \text{mmHg}} \right| \frac{1.033\ kg_f/cm^2}{1\ \text{atm}} = 1.04\ kg_f/cm^2$$

그러므로 절대압 $= 2.81\ kg_f/cm^2 + 1.04\ kg_f/cm^2 = 3.85\ kg_f/cm^2$

예제 3-27

상수관 내에서 차압 마노미터를 이용하여 두 지점의 압력차를 측정하고자 한다. 마노미터에 사용되는 유체의 비중이 1.1일 때, 마노미터의 눈금 차이는 2 cm이었다. 이 두 지점의 압력차(kg_f/cm^2)는 얼마인가? 단, 상수의 비중은 1로 가정한다.

풀이

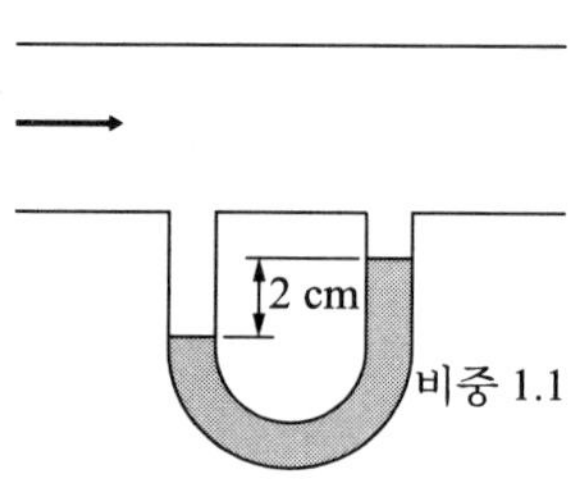

차압마노미터의 압력차

$$\Delta P = P_1 - P_2 = h \cdot (\rho_A - \rho_B) \cdot g$$

이 경우 압력의 단위로 kg_f/cm^2를 사용하는 경우 아래와 같이 중력환산계수를 사용하는 것이 편리하다.

$$\Delta P = P_1 - P_2 = h \cdot (\rho_A - \rho_B) \cdot \frac{g}{g_c}$$

마노미터 눈금차이 : 2 cm = 0.02 m

$$\begin{aligned}\Delta P &= h \cdot (\rho_A - \rho_B) \cdot \frac{g}{g_c} \\ &= 0.02\ \mathrm{m} \times (1{,}100\ \mathrm{kg/m^3} - 1{,}000\ \mathrm{kg/m^3}) \times \frac{9.8\ \mathrm{m/s^2}}{9.8\ \dfrac{\mathrm{kg \cdot m}}{1\ \mathrm{kg_f \cdot s^2}}} \\ &= 2\ \mathrm{kg_f/m^2}\end{aligned}$$

$2\ kg_f$	$(1\ m)^2$	
m^2	$(100\ cm)^2$	$= 2\times10^{-4}\ kg_f/cm^2$

예제 3-28

열린 수은 마노미터가 그림과 같이 탱크에 연결되어 있다. 탱크의 절대압(psi)은 얼마인가? 단, 대기압은 0.98 atm이다.

풀이

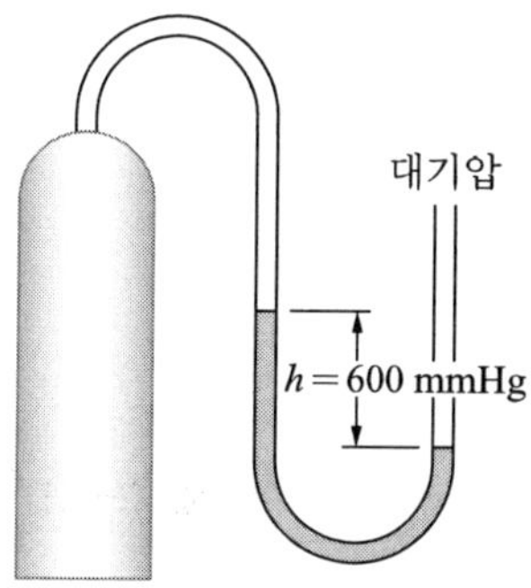

탱크 방향으로 액주가 쏠려 있으므로, 탱크의 압력이 대기압보다 낮다는 것을 알 수 있다.

그러므로 절대압 = 대기압 − 진공압

대기압 = 0.98 atm

0.98 atm	14.7 psi	
	1 atm	= 14.4 psi

진공압

600 mmHg	1 atm	14.7 psi	
	760 mmHg	1 atm	= 11.6 psi

절대압 = 14.4 psi − 11.6 psi = 2.8 psi

예제 3-29

3 in 높이의 수은(비중 = 13.6) 기둥이 대기에 노출되어 있다. 기둥 하부에서의 압력을 psi, inH_2O 단위로 계산하라. 단, 대기압은 14.7 psi이다.

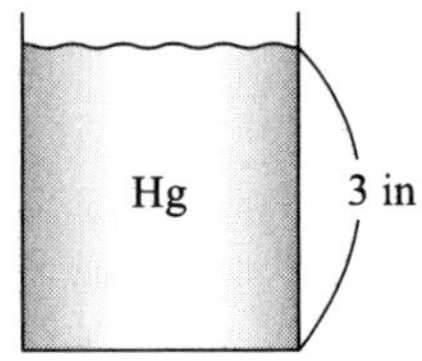

풀이

$$P = P_o + \rho \cdot \frac{g}{g_c} \cdot h$$

수은의 비중이 13.6이므로
밀도(ρ_{Hg})는 13.6 g/cm^3

$$\rho_{Hg} = \frac{13.6\ g}{cm^3}\left|\frac{1\ lb}{454\ g}\right|\frac{(2.54\ cm)^3}{(1\ in)^3}\left|\frac{(12\ in)^3}{(1\ ft)^3}\right. = 848.3\ lb/ft^3$$

바닥에서의 게이지압은

$$P = \rho_{Hg} \cdot \frac{g}{g_c} \cdot h$$

$$h = \frac{3\ in}{}\left|\frac{1\ ft}{12\ in}\right. = 0.25\ ft$$

$$P = (848.3\ lb/ft^3)\frac{32.174\ ft/s^2}{32.174\ \dfrac{lb_m \cdot ft}{lb_f \cdot s^2}}(0.25\ ft) = 212.1\ lb_f/ft^2$$

$$\frac{212.1\ lb_f}{ft^2}\left|\frac{(1\ ft)^2}{(12\ in)^2}\right. = 1.47\ lb_f/in^2 = 1.47\ psi$$

절대압력 = 1.47 psi + 14.7 psi = 16.17 psi

$$\frac{16.17\ psi}{}\left|\frac{1\ atm}{14.7\ psi}\right|\frac{10.33\ mH_2O}{1\ atm}\left|\frac{100\ cm}{1\ m}\right|\frac{1\ in}{2.54\ cm} = 447.4\ inH_2O$$

예제 3-30

원기둥 형태의 탱크(직경 20 ft, 높이 45 ft)가 있다. 9 ft의 높이는 물(비중 = 1)을 채우고 물 위로 36 ft 높이는 오일(비중 = 0.89)을 채웠고, 탱크 상부는 대기에 노출되어 있다고 할 때 다음을 계산하라.

(1) 오일의 밀도(kg/m^3)

(2) 오일 – 물 경계의 게이지압(psi)

(3) 탱크 하부에서의 게이지압(atm)과 작용하는 힘(lb_f)

풀이

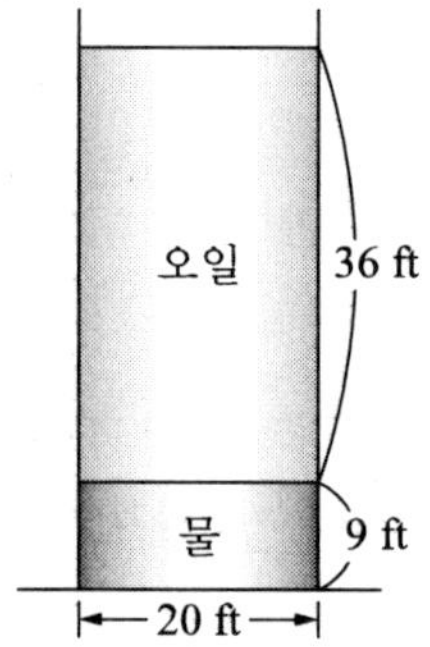

(1) 비중이 0.89이므로 밀도는 0.89 g/cm^3

ρ_{oil} =

0.89 g	1 kg	(100 cm)^3
cm^3	1,000 g	(1 m)^3

= 890 kg/m^3

(2) 오일 - 물 경계의 게이지압은 오일층만의 하부 압력을 구하면 된다.

$P = \rho \cdot g \cdot h$

h =

36 ft	12 in	2.54 cm	1 m
	1 ft	1 in	100 cm

= 10.97 m

P = (890 kg/m^3)(9.8 m/s^2)(10.97 m) = 95,680 N/m^2

N/m^{2}의 단위를 Pa단위로 전환한 다음 psi 단위로 바꿀 수도 있고, N/m^{2}의 단위를 직접 lb$_f$/in^2(psi)단위로 바꿀 수도 있다. 여기서는 2가지를 모두 제시해 보기로 하겠다.

95,680 N/m^2	1 Pa	1 hPa	1 atm	14.7 psi
	1 N/m^2	100 Pa	1,013 hPa	1 atm

= 13.88 psi

또는

95,680 N	1 kg$_f$	1,000 g$_f$	1 lb$_f$	(1 m)^2	(2.54 cm)^2
m^2	9.8 N	1 kg$_f$	454 g$_f$	(100 cm)^2	(1 in)^2

= 13.87 psi

어느 방법이나 오차 범위 내에서 비슷한 결과를 도출한다. 학생 여러분들은 어느 방법이든지 원활하게 활용할 수 있도록 숙달되도록 노력할 필요가 있다.

(3) 탱크 하부에서의 게이지압(psi)은 물의 게이지압과 오일의 게이지압을 더한 것과 같다.
물의 게이지압은 구하기 위해 먼저 물의 밀도를 구해야 한다. 물의 비중은 1이므로 밀도는 1 g/cm^{3}이다.

$$\rho_{H_2O} = \frac{1.0\ \mathrm{g}}{\mathrm{cm}^3}\ \Big|\ \frac{1\ \mathrm{kg}}{1{,}000\ \mathrm{g}}\ \Big|\ \frac{(100\ \mathrm{cm})^3}{(1\ \mathrm{m})^3} = 1{,}000\ \mathrm{kg/m^3}$$

$$h = \frac{9\ \mathrm{ft}}{}\ \Big|\ \frac{12\ \mathrm{in}}{1\ \mathrm{ft}}\ \Big|\ \frac{2.54\ \mathrm{cm}}{1\ \mathrm{in}}\ \Big|\ \frac{1\ \mathrm{m}}{100\ \mathrm{cm}} = 2.74\ \mathrm{m}$$

$$P = (1{,}000\ \mathrm{kg/m^3})(9.8\ \mathrm{m/s^2})(2.74\ \mathrm{m}) = 26{,}852\ \mathrm{N/m^2}$$

$$\frac{26{,}852\ \mathrm{N/m^2}}{}\ \Big|\ \frac{1\ \mathrm{Pa}}{1\ \mathrm{N/m^2}}\ \Big|\ \frac{1\ \mathrm{hPa}}{100\ \mathrm{Pa}}\ \Big|\ \frac{1\ \mathrm{atm}}{1{,}013\ \mathrm{hPa}}\ \Big|\ \frac{14.7\ \mathrm{psi}}{1\ \mathrm{atm}} = 3.90\ \mathrm{psi}$$

그러므로 물과 오일의 게이지압을 더하면,

$$P = 13.88\ \mathrm{psi} + 3.90\ \mathrm{psi} = 17.78\ \mathrm{psi}$$

$$\frac{17.78\ \mathrm{psi}}{}\ \Big|\ \frac{1\ \mathrm{atm}}{14.7\ \mathrm{psi}} = 1.21\ \mathrm{atm}$$

(탱크하부에 작용하는 힘) / (단면적) = (압력)이므로

(탱크하부에 작용하는 힘) = (단면적) × (압력)

단면적(A)은 ($\pi D^2/4$)에 의해 구할 수 있다.

직경이 20 ft이므로

$$\frac{20\ \mathrm{ft}}{}\ \Big|\ \frac{12\ \mathrm{in}}{1\ \mathrm{ft}}\ \Big|\ \frac{2.54\ \mathrm{cm}}{1\ \mathrm{in}}\ \Big|\ \frac{1\ \mathrm{m}}{100\ \mathrm{cm}} = 6.096\ \mathrm{m}$$

$$A = \frac{\pi}{}\ \Big|\ \frac{(6.096\ \mathrm{m})^2}{4} = 29.19\ \mathrm{m^2}$$

$$\text{힘} = (95{,}680\ \mathrm{N/m^2} + 26{,}852\ \mathrm{N/m^2}) \times (29.19\ \mathrm{m^2}) = 3{,}576{,}709\ \mathrm{N}$$

$$\frac{3{,}576{,}709\ \mathrm{N}}{}\ \Big|\ \frac{1\ \mathrm{kg_f}}{9.8\ \mathrm{N}}\ \Big|\ \frac{1{,}000\ \mathrm{g_f}}{1\ \mathrm{kg_f}}\ \Big|\ \frac{1\ \mathrm{lb_f}}{454\ \mathrm{g_f}} = 803{,}899\ \mathrm{lb_f}$$

3.8 일(work)과 에너지(energy)

1. 일 (work)

어떤 물체에 힘을 가하여 어느 거리를 이동하였을 때 일(work)을 하였다고 한다. 그러므로 일은 힘과 거리의 곱으로 계산된다. 만약, 어떤 물체에 힘을 가하였다고 하더라도 물체의 이동이 없었다면 이는 일을 한 것이 아니다. 일을 정의하는 식은 다음과 같다.

$$W = \int F \cdot dS$$

만약 일정한 힘이 가해졌다면, $W = F \cdot S$로 단순해진다. 여기서, W는 일(N · m), F는 힘(N), S는 이동한 거리(m)이다. 일의 SI 단위는 N · m = J(joule)이고, 표시 기호는 W(work)이다.

표 3.10 일의 단위 및 정의

단 위	정 의
1 J(Joule) = 1 N · m	1 N의 힘을 가하여 1 m의 거리를 이동시켰을 때 한 일
1 erg = 1 dyn · cm	1 dyn의 힘을 가하여 1 cm의 거리를 이동시켰을 때 한 일
1 kg_f · m	1 kg_f의 힘을 가하여 1 m의 거리를 이동시켰을 때 한 일
1 lb_f · ft	1 lb_f의 힘을 가하여 1 ft의 거리를 이동시켰을 때 한 일

예제 3-31

1 atm의 일정 압력 하에서 기체 부피가 0.1 m^3 팽창하였다면, 이 계가 한 일(kJ)은?

풀이

$$W = \int F dS = \int PA\, dS = \int P dV$$

에서 압력이 일정하므로

$$W = P \cdot \Delta V$$

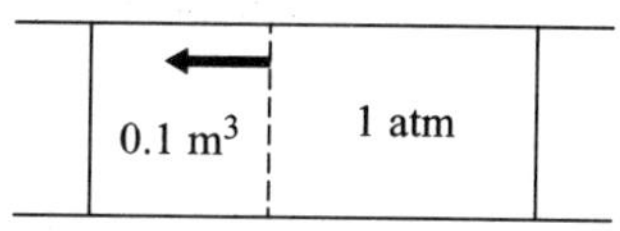

1 atm	1,013 hPa	100 Pa	1 N/m^2
	1 atm	1 hPa	1 Pa

$= 1.013 \times 10^5\ N/m^2$

$$W = 1.013 \times 10^5\ N/m^2 \times 0.1\ m^3$$
$$= 1.013 \times 10^4\ N \cdot m = 1.013 \times 10^4\ J = 10.13\ kJ$$

참조

Joule의 어원

Joule이라는 이름은 영국 물리학자 James Prescott Joule(1818～1889)의 이름 따서 명명되었다.

erg의 어원

1864년 Rudolf Clausius가 에너지, 일 및 열의 단위로 그리스어 말 (ἔργον) ergon을 제안하였다. 1873년 영국 물리학자 James Clerk Maxwell과 William Thomson은 에너지의 CGS 단위로 erg를 제안하였다.

2. 에너지 (energy)

일을 할 수 있는 능력으로 단위와 차원은 일과 동일하다. 에너지의 단위로 가장 많이 사용되는 것은 cal(calorie)이다. 1 cal는 일의 단위로 가장 많이 이용되는 J과 다음과 같은 관계를 가진다.

$$1\ \text{cal} = 4.186\ \text{J} \fallingdotseq 4.2\ \text{J}$$

참조

Energy의 어원

Energy라는 단어는 활동도라는 의미의 고대 그리스어 energeia(ἐνέργεια)에서 나왔으며, BC 4세기 Aristoteles에 의해 처음 사용되었다. 현대의 정의와는 달리, energeia는 정성적인 철학적 개념으로 행복과 즐거움과 같은 생각을 품기에 충분하다는 의미로 사용되었다. 17세기 들어 Gottfried Leibniz와 Isaac Newton에 의해 thermal energy와 kinetic energy라는 개념이 사용되기 시작하였다.

Calorie의 어원

Calorie라는 말은 1824년 Nicolas Clément에 의해 열의 단위로 처음 사용되었다. Calorie라는 말은 열을 의미하는 라틴어 "calor"에 기원한다.

에너지에는 여러 종류가 있는데, 높은 곳에 있는 물체에 대해서 기준 높이로부터의 높이차와 질량에 비례하는(중력에 의한) 위치에너지와 운동하는 물체 속도의 제곱과 질량에 비례하는 운동에너지가 있다.

중력에 의한 위치에너지 외에도 탄성체의 변형에 의해서 탄성체에 저장되는 탄성위치에너지와 전기력에 의한 위치에너지 등도 정의된다. 이러한 위치에너지와 운동에너지의 합을 역학적 에너지라고 한다. 그 밖에 자연계에는 여러 물리적 상태에 따라 그 크기가 결정되는 많은 에너지 형태가 있다. 열에너지, 화학에너지, 소리에너지, 빛에너지 등을 예로 들 수 있다.

(1) 운동에너지(kinetic energy, E_k)

질량 m을 가진 물체가 속도 v로 움직일 때, 다음과 같은 운동에너지가 발생한다고 정의한다.

$$E_k = \frac{1}{2}mv^2 \ (\text{N} \cdot \text{m})$$

여기서, E_k는 운동에너지(kinetic energy), m은 질량(mass), v는 속도(velocity)이다.

예제 3-32

2,000 lb 물의 유속이 8 ft/s에서 30 ft/s로 변화한다고 할 때, 물의 운동에너지 변화를 $\text{lb}_\text{f} \cdot \text{ft}$ 단위로 계산하고, 이러한 변화를 유발할 수 있는 최소 에너지를 계산하라.

풀이

$$E_k = \frac{1}{2}mv^2 \ (\text{N} \cdot \text{m})$$

$\text{lb}_\text{f} \cdot \text{ft}$ 단위로 표시하기 위해서는 중력환산계수를 사용하는 것이 편리하다.

$$E_k = \frac{1}{2}\frac{mv^2}{g_c}$$

유속이 8 ft/s일 때의 운동에너지

$$E_k = (1/2)(2{,}000\ \text{lb}_\text{m}) \frac{(8.0\ \text{ft/s})^2}{32.174 \dfrac{\text{lb}_\text{m} \cdot \text{ft}}{\text{lb}_\text{f} \cdot \text{s}^2}} = 1{,}989\ \text{lb}_\text{f} \cdot \text{ft}$$

유속이 30 ft/s일 때의 운동에너지

$$E_k = (1/2)(2{,}000\ \text{lb}_\text{m}) \frac{(30.0\ \text{ft/s})^2}{32.174 \dfrac{\text{lb}_\text{m} \cdot \text{ft}}{\text{lb}_\text{f} \cdot \text{s}^2}} = 27{,}973\ \text{lb}_\text{f} \cdot \text{ft}$$

운동에너지 변화, ΔE_k는

$$\Delta E_k = 27{,}973\ \text{lb}_\text{f} \cdot \text{ft} - 1{,}989\ \text{lb}_\text{f} \cdot \text{ft} = 25{,}984\ \text{lb}_\text{f} \cdot \text{ft}$$

최소한 25,984 $\text{lb}_\text{f} \cdot \text{ft}$의 에너지가 투입되어야 이러한 변화를 유발시킬 수 있다.

(2) 위치에너지(potential energy, E_p)

질량 m인 물체가 기준 높이보다 h 만큼의 높이에 있을 때, 이 물체의 위치에너지는 다음과 같이 정의한다.

$$E_p = mgh \ (\text{N} \cdot \text{m})$$

예제 3-33

질량 5 kg인 물체가 20 m의 높이에 있을 때, 이 물체의 위치에너지(cal)는? 단, 중력가속도는 980 cm/s^{2}으로 가정한다.

풀이

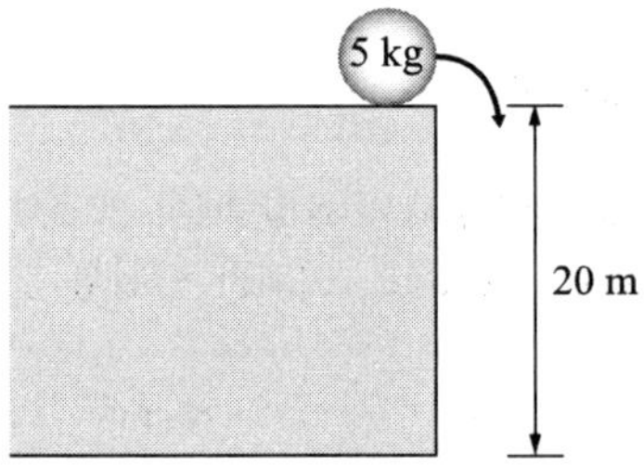

위치에너지 $E_p = mgh \ (\text{N} \cdot \text{m})$

중력가속도

$$\frac{980\ \text{cm}}{\text{s}^2} \times \frac{1\ \text{m}}{100\ \text{cm}} = 9.8\ \text{m/s}^2$$

$$E_p = (5\ \text{kg})(9.8\ \text{m/s}^2)(20\ \text{m}) = 980\ \text{kg} \cdot (\text{m/s}^2) \cdot \text{m} = 980\ \text{N} \cdot \text{m} = 980\ \text{J}$$

$$980\ \text{J} \times \frac{1\ \text{cal}}{4.2\ \text{J}} = 233.3\ \text{cal}$$

예제 3-34

2,000 lb의 물을 1,200 ft의 높이로 끌어 올리려고 한다. 위치에너지의 변화를 $\text{lb}_\text{f} \cdot \text{ft}$ 단위와 N·m 단위로 표시하시오.

풀이

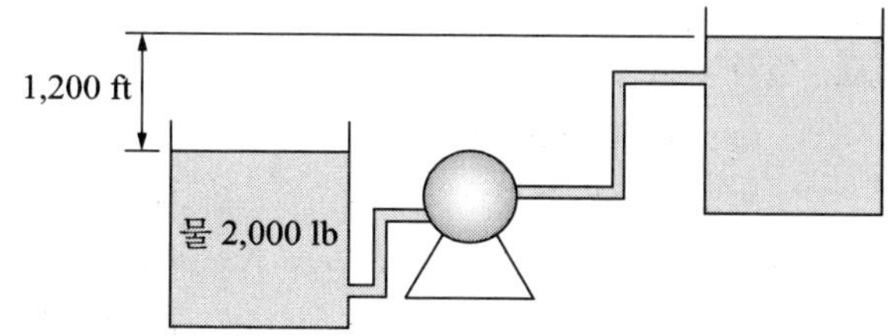

위치에너지 $E_p = mgh$

$lb_f \cdot ft$ 단위로 표시하기 위해서는 중력환산계수를 사용하는 것이 편리하다.

$$E_p = m\frac{g}{g_c}h$$

$g = 32.174\ ft/s^2$

$$E_p = (2{,}000\ lb)(1{,}200\ ft)\frac{(32.174\ ft/s^2)}{32.174\ \dfrac{lb_m \cdot ft}{lb_f \cdot s^2}} = 2.4\times10^6\ lb_f \cdot ft$$

$2.4\times10^6\ lb_f \cdot ft$	$454\ g_f$	$1\ kg_f$	9.8 N	12 in	2.54 cm	1 m	= 3.254×10^6 N · m
	$1\ lb_f$	$1{,}000\ g_f$	$1\ kg_f$	1 ft	1 in	100 cm	

3. 열량

열의 많고 적음을 나타내는 양이다. 열량의 단위는 칼로리(calorie)를 많이 사용한다. 1 cal은 1기압에서 물 1 g의 온도를 1℃만큼 올리는 데 필요한 열의 양으로 정의된다. cal 외에 Btu(british thermal unit) 단위가 많이 사용되는데, 1 Btu는 1기압에서 1 lb의 물을 1°F 올리는 데 필요한 열량으로 정의된다. 열량은 역학적 일과 같은 양으로 환산할 수 있으며, 물질계 내부의 에너지의 변화에 기여한다(열역학 제1법칙). 물질계의 온도변화나, 증발·응고 등 상태변화는 열량의 변화로 나타난다.

1 Btu = 252 cal

1 Btu =	1 lb	1°F	454 g	1℃	= 252 cal
			1 lb	9/5°F	

참조 **열역학 법칙**

열역학 제0법칙

열적 평형을 설명하는 법칙이다. 즉, 계(系)의 물체 A와 C가 열적 평형상태에 있고 B와 C가 열적 평형상태에 있으면, A와 B도 열적 평형상태에 있다는 법칙이다. 모든 물체는 온도라는 특성을 가지고 있으며 두 물체가 열적 평형상태에 있다면 둘의 온도는 같다는 사실을 설명하고 있다.

열역학 제1법칙

일반화된 에너지 보존법칙의 표현이다. 계의 내부에너지 변화는 계가 흡수한 열과 계가 한 일의 차이이므로 계의 내부에너지는 열의 형태로 더해지면 증가하고 계가 일을 하면 감소한다. 계가 열을 흡수하면 내부에너지는 증가하고 방출하면 내부에너지는 감소하고, 계가 일을 하면 내부에너지는 감소하고 계가 외부로부터 일을 받으면 내부에너지는 증가한다.

열역학 제2법칙

엔트로피의 법칙이라고도 하며, 에너지가 흐르는 방향을 설명하는 법칙이다. 고립계에서 총 엔트로피(무질서도)의 변화는 항상 증가하거나 일정하며 절대로 감소하지 않는다. 에너지 전달에는 방향이 있다는 것이다. 즉, 자연계에서 일어나는 모든 과정들은 가역과정이 아니라는 것이다. 에너지의 흐름은 엔트로피가 증가하는 방향으로 흐른다는 것이다.

열역학 제3법칙

절대영도에서의 엔트로피에 관한 법칙으로 네른스트의 열정리라고도 한다. 열역학과정에서의 엔트로피의 변화 ΔS는 절대온도 T가 0으로 접근할 때 일정한 값을 갖고, 그 계는 가장 낮은 상태의 에너지를 갖게 된다는 법칙이다. 이 법칙에 의하면 절대영도에서 열용량은 0이 된다.

예제 3-35

1 kcal의 열량을 일 단위인 $kg_f \cdot m$로 전환하시오.

풀이

1 kcal	1,000 cal	4.2 J	1 N · m	1 kg_f · m
	1 kcal	1 cal	1 J	9.8 N · m

= 428.57 kg_f · m

예제 3-36

0℃, 1기압에서 22.4 m^3의 가스를 정압 하에서 500 kcal의 엔탈피(enthalpy)를 가했을 때, 이 가스의 온도는 몇 ℃로 변화하는가? (단, 가스는 이상기체로 가정하고 정압 열용량은 5.0 kcal/kgmol · ℃이다.)

풀이

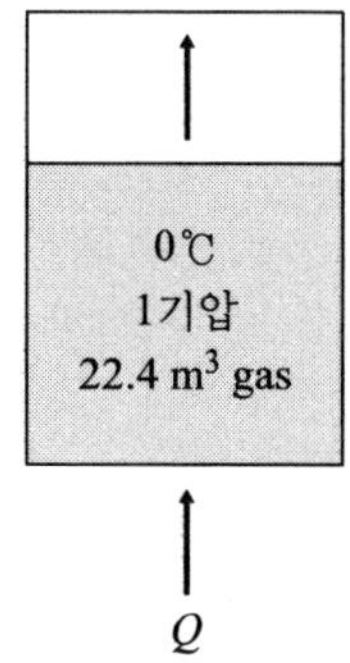

열용량 및 정압 열용량의 정확한 의미는 "7장 에너지 수지"에서 자세히 설명되어 있지만, 여기서는 정압 열용량 5.0 kcal/kgmol · ℃를 이용하여 몰 수와 열량을 알면 쉽게 온도를 계산할 수 있다.

$$Q_p = n \cdot C_p \cdot \Delta T$$

여기서, Q_p는 열량, n은 몰 수, C_p는 정압 열용량, ΔT는 온도 차이

$$\Delta T = \frac{Q_p}{n \cdot C_p}$$

22.4 m³	1 gmol	1,000 L	1 kgmol
	22.4 L	1 m³	1,000 gmol

= 1 kgmol

$$\Delta T = \frac{Q_p}{n \cdot C_p} = \frac{500\ \text{kcal}}{1\ \text{kgmol} \times 5.0\ \text{kcal/kgmol} \cdot ℃} = 100℃$$

기준온도가 0℃이므로

$$\Delta T = 100℃ = (T - 0℃)$$

$$\therefore\ T = 100℃$$

예제 3-37

열용량이 9.2 cal/℃인 금속막대가 있다. 만약 금속막대의 초기 온도가 15℃이고 184 cal의 에너지를 흡수하였다면, 이 금속막대의 최종 온도(℃)는?

풀이

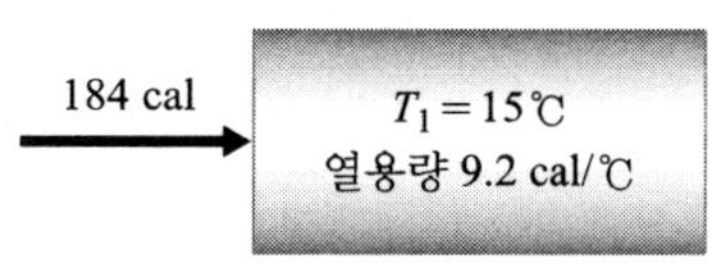

변화된 온도는 다음과 같다.

184 cal	℃
	9.2 cal

ΔT = 184 cal × ℃ / 9.2 cal = 20℃

그러므로 최종 온도는 15℃ + 20℃ = 35℃

예제 3-38

다음 질문에 답하시오.

(1) 10 g의 질량을 가진 물체가 정지된 상태에서 움직여 5초 이내에 2 cm/s의 속도로 가속화되었다. 이 경우의 힘(dyn)은 얼마인가?

(2) (1)번 질문에서 1초 이내에 그 속도에 도달하는 데는 얼마의 힘(dyn)이 필요한가?

(3) 10 g의 질량을 가진 물체를 3 dyn의 반대 방향의 힘을 이기고 1 m를 이동시키려면 얼마의 에너지(erg)가 필요한가?

(4) 지구표면에서 어떤 물체에 작용하는 힘이 대략 980 dyn/g이다. 마찰력과 같은 없어지는 힘은 무시하고, 1 lb 질량을 지구표면에서 1 ft 들어 올리는 데 필요한 에너지(cal)는?

풀이

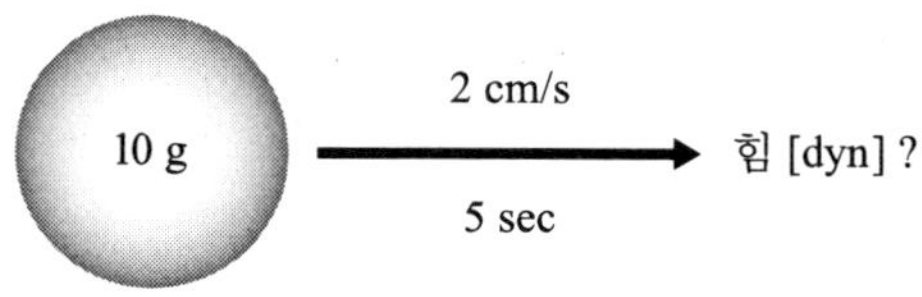

(1) Newton의 운동 제2법칙에 의해

$$F = m \cdot a$$

$$F = \frac{10\ \text{g} \quad 2\ \text{cm/s}}{5\ \text{s}} = 4\ \text{g}\cdot\text{cm/s}^2$$

$$4\ \text{g}\cdot\text{cm/s}^2 = 4\ \text{dyn}$$

(2)

$$F = \frac{10\ \text{g} \quad 2\ \text{cm/s}}{1\ \text{s}} = 20\ \text{g}\cdot\text{cm/s}^2$$

$$20\ \text{g}\cdot\text{cm/s}^2 = 20\ \text{dyn}$$

(3)

$$W = \frac{3\ \text{dyn} \quad 1\ \text{m} \quad 100\ \text{cm}}{1\ \text{m}} = 300\ \text{dyn}\cdot\text{cm}$$

$$300\ \text{dyn}\cdot\text{cm} = 300\ \text{erg}$$

(4)

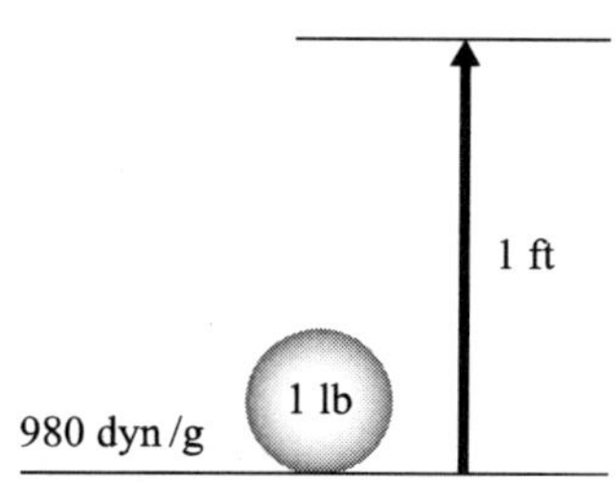

$$W = \frac{1\ \text{lb} \quad 980\ \text{dyn} \quad 1\ \text{ft} \quad 454\ \text{g} \quad 1\ \text{N} \quad 12\ \text{in} \quad 2.54\ \text{cm} \quad 1\ \text{m}}{\text{g} \quad 1\ \text{lb} \quad 10^5\ \text{dyn} \quad 1\ \text{ft} \quad 1\ \text{in} \quad 100\ \text{cm}} = 1.356\ \text{N}\cdot\text{m}$$

1.356 N · m = 1.356 J

1.356 J	1 cal	= 0.323 cal
	4.2 J	

4. 동력 (power)

단위 시간당 한 일을 동력 또는 일률이라 한다. 일의 양을 그 일을 행한 시간으로 나눈다는 의미이다. SI 난위는 1 W(watt) = 1 J/s이고 기호는 W를 사용한다.

1 W = 1 J/s

1 hp(horsepower, 말 1필이 낼 수 있는 동력) = 746 W

746 W = 746 J/s = 746 N · m/s

746 N · m	1 kg_f	= 76 kg_f · m/s
s	9.8 N	

76 kg_f · m	1,000 g_f	1 lb_f	100 cm	1 in	1 ft	= 549.2 lb_f · ft/s
s	1 kg_f	454 g_f	1 m	2.54 cm	12 in	

예제 3-39

이쁜이는 아침에 일어나 사과 200 g(57 kcal/100 g), 바나나 100 g(93 kcal/100 g), 토마토 300 g(14 kcal/100 g), 딸기 100 g(27 kcal/100 g)을 믹서기에 갈아서 섭취하였고, 쌀 200 g(372 kcal/100 g)을 이용하여 밥을 해 먹었다. 이쁜이가 먹은 음식의 에너지를 이용하여 30 W 전구를 켤 수 있다고 가정하면 몇 시간 동안 사용가능한가? (단, 음식의 열량이 빛 에너지로 전환할 때의 손실은 없는 것으로 가정한다.)

풀이

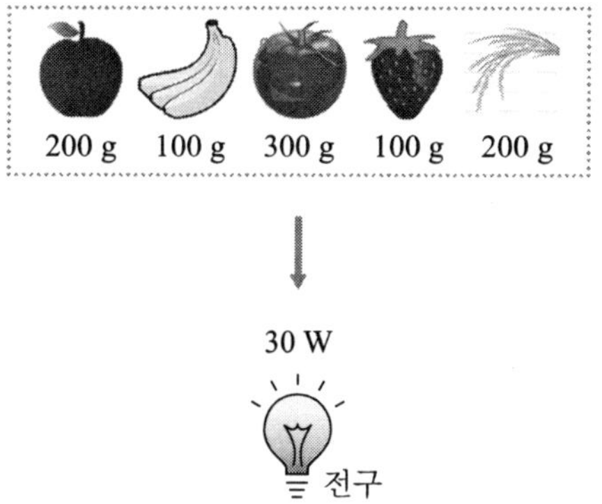

이쁜이가 섭취한 총 열량(에너지)
= 사과 200 g × 57 kcal/100 g + 바나나 100 g × 93 kcal/100 g + 토마토 300 g × 14 kcal/100 g + 딸기 100 g × 27 kcal/100 g + 쌀 200 g × 372 kcal/100 g = 1,020 kcal

1,020 kcal	1,000 cal	4.2 J	= 4,284,000 J
	1 kcal	1 cal	

1 W = 1 J/s이므로

4,284,000 J = 30 W × x sec
x = 142,800 sec

142,800 sec	1 hr	= 39.7 hr ≒ 40 hr
	3,600 sec	

Chapter 3 연습문제

01 10 bbl을 m^3으로 전환하시오.

02 표준 중력가속도를 ft/s^2으로 표시하시오.

03 황산의 밀도가 1.84 g/cm^3일 때, 이를 lb/ft^3 단위로 전환하시오.

04 비중이 1.1인 액체가 있다고 가정할 때 다음 질문에 답하시오.

(1) 만약 이 액체의 부피가 1 L일 때, 이 액체의 질량(kg)은?

(2) 만약 이 액체의 질량이 100 g일 때, 이 액체의 부피(L)는?

05 비중이 1.1인 액체의 동점도가 6 St일 때, 이 액체의 절대점도(poise)를 구하시오.

06 어떤 유체의 점도가 0.03 poise일 때, 이를 kg/m · s 단위로 전환하시오.

07 점성계수 1.5 cp를 $dyn \cdot s/cm^2$의 단위로 표시하시오.

08 중력가속도가 9.5 m/s^2인 곳에서 질량 70 kg의 남자 몸무게를 측정하였을 때 이 남자의 몸무게는 몇 kg_f인지 계산하시오.

09 수은 기둥으로 0.6 m인 압력을 물 기둥의 높이(in)로 환산하시오.

10 수두 8 m에 해당하는 압력을 kg_f/m^2 단위로 전환하시오.

11 600 mmHg를 kPa과 psi 단위로 전환하시오.

12 수은 마노메타(manometer)를 사용하여 물이 흐르는 관 내 두 지점의 압력차를 측정하였더니 2 mmHg였다. 이때의 압력차를 Pa로 표시하면?

13 감압증발장치의 압력이 50 kPa이었다면, 절대압(kPa)은? 이때, 대기압은 1 atm이라고 가정한다.

14 1 atm · L의 단위를 J 단위로 환산하라.

15 질량 5 kg의 물체가 10 m/s의 속도로 움직일 때, 이 물체의 운동에너지(cal)는?

16 1 kg 쇠구슬이 100 m 높이에서 낙하하였다. 만약 초기 쇠구슬의 운동이 없는 상태에서 낙하하였다면, 바닥에 닿기 직전의 운동에너지(N · m)와 속도(m/s)는?

17 연소로의 굴뚝가스로부터 18.7×10^6 Btu/h의 열이 방출되고 있다. 다음 조건을 이용하여 가스 흐름의 바깥 온도를 계산하시오.

- 가스의 평균 열용량, $C_p = 0.26$ Btu/lb · °F
- 가스의 질량유속, $\dot{m} = 72{,}000$ lb/h
- 유입 가스 온도, $T_1 = 1{,}200$°F

18 1시간에 200 kg의 물을 끌어 올리는 펌프(pump)가 한 일이 1,000 J/kg라고 할 때, 이 펌프의 이론적 동력은 몇 hp인가?

Chapter 4

혼합물의 조성과 농도

혼합물의 조성과 용액의 농도를 표시하는 방법에는 여러 가지가 있다.

혼합물 조성은 크게 분율과 백분율으로 구분할 수 있고, 백분율은 크게 중량 백분율, 부피 백분율, 무게 - 부피 백분율, 몰 백분율 등으로 표시할 수 있다.

용액의 농도 표시방법으로는 몰 농도, 규정 농도, 몰랄 농도 등이 있다.

분율(fraction)의 사전적인 뜻은 혼합물 중의 부분 또는 일부라는 의미로 사용된다. 즉, 여러 가지 물질이 혼합된 집단 중에서 관심을 가지는 물질의 비율을 의미한다. 그러므로 분율에는 몰을 기준으로 하면 몰 분율, 열량을 기준으로 하면 열량 분율, 부피를 기준으로 하면 부피 분율, 중량을 기준으로 하면 중량 분율 등 다양한 분율이 존재할 수 있다. 만약, 2성분 또는 다성분 계에 있어서 혼합물의 조성 표현법의 일종으로서, 제1성분, 제2성분…, 제i성분의 몰 수를 각각 n_1, n_2, …, n_i로 할 경우,

$$x_1 = \frac{n_1}{n_1 + n_2 + \cdots + n_i}, \quad x_2 = \frac{n_2}{n_1 + n_2 + \cdots + n_i},$$

$$\cdots\cdots, \quad x_i = \frac{n_i}{n_1 + n_2 + \cdots + n_i}$$

으로 정의되는 x_1, x_2, …, x_i를 각각의 성분에 대한 몰 분율이라 한다. 또한, 모든 분율의 합은 1이다.

$$x_1 + x_2 + \cdots + x_i = 1$$

쉽게 표현해서 그림 4.1과 같이 주머니 안에 네모 공이 3개, 세모 공이 2개, 둥근 공이 5개가 있다면, 전체 공의 개수는 10개이므로 네모 공의 개수 분율은 3/10 = 0.3, 세모 공의 개수 분율은 2/10 = 0.2, 둥근 공의 개수 분율은 5/10 = 0.5로 표현할 수 있다.

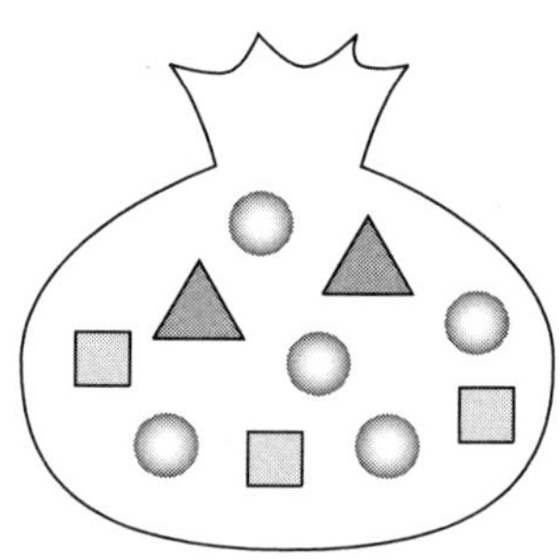

그림 4.1 분율의 예

백분율(percent)은 100의 부분이라는 의미로서, 다음 식과 같이 분율의 표현에 100을 곱한 것을 의미한다. 원 표현은 percentage이고, 기호는 %, 약어로는 "pct.", "pct", 가끔 "pc"가 사용되기도 한다.

분율과 백분율은 모두 무차원 수이다.

$$x_1(\%) = \frac{n_1}{n_1 + n_2 + \cdots + n_i} \times 100, \quad x_2(\%) = \frac{n_2}{n_1 + n_2 + \cdots + n_i} \times 100,$$

$$\cdots\cdots, \quad x_i(\%) = \frac{n_i}{n_1 + n_2 + \cdots + n_i} \times 100$$

참조
percent / per(~에 대하여, ~당) cent (1/100)
permilli / per(~에 대하여, ~당) milli (1/1,000)

4.1 중량 백분율(weight percent)

혼합물 내의 전체 중량(무게)에 대한 각 성분의 무게 분율에 100을 곱한 것으로, 혼합물의 조성에 대한 의미로 사용되거나, 용액의 농도에 대한 의미로는 용액(g)에 용해된 용질(g)의 비(ratio)에 100을 곱한 것으로 정의한다. 기호로는 weight%, wt%, w/w%(weight to weight %)가 사용된다.

$$\text{중량 백분율} = \frac{\text{용질(g)}}{\text{용액(g)}} \times 100$$

만약 혼합물 중에 제1성분, 제2성분, …, 제i성분의 중량을 각각 w_1, w_2, …, w_i로 할 경우, 제1성분에 대한 중량 백분율은 다음과 같이 정의된다.

$$w_1(\%) = \frac{w_1}{w_1 + w_2 + \cdots + w_i} \times 100 = \frac{w_1}{w_T} \times 100$$

여기서, w_T는 혼합물 중량의 총합이다. 무게 백분율의 합계는 100이다.

용액 농도의 의미로는 용액(solution)의 질량에 대한 용질(solute)의 질량의 비에 100을 곱한 것이다.

$$w_{\text{solute}}(\%) = \frac{w_{\text{solute}}}{w_{\text{solution}}} \times 100$$

여기서, w_{solute}는 용질의 질량(g), w_{solution}는 용액의 질량(g)이다.

예제 4-1

물속에 혼합물 중 칼슘(25 wt%), 마그네슘(40 wt%), 칼륨(35 wt%)이 용해되어 있을 때, 혼합물 중 칼슘의 질량이 10 mg이었다면, 마그네슘과 칼륨의 질량은?

풀이

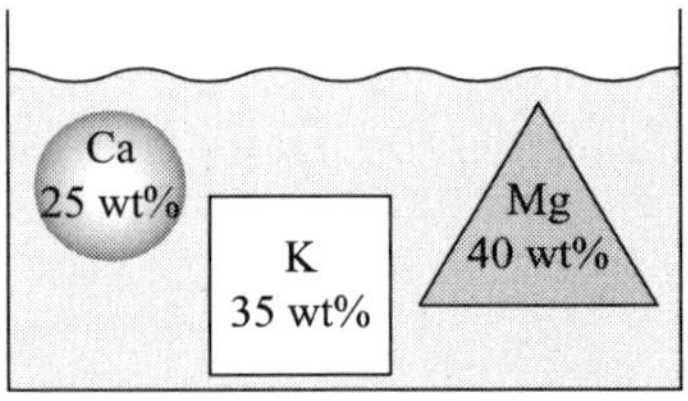

$$w_{Ca}\ \text{wt\%} = \frac{w_{Ca}}{w_T} \times 100$$

$$25\ \text{wt\%} = \frac{10\ \text{mg}}{w_T} \times 100$$

그러므로 $w_T = 40\ \text{mg}$

마그네슘의 질량은

$$40\ \text{wt\%} = \frac{w_{Mg}\ \text{mg}}{40\ \text{mg}} \times 100$$

$w_{Mg} = 16\ \text{mg}$

칼륨의 질량은

$$35\ \text{wt\%} = \frac{w_{K}\ \text{mg}}{40\ \text{mg}} \times 100$$

$w_{K} = 14\ \text{mg}$

예제 4-2

진한 염산 용액(HCl, 35 w/w%) 30 mL에 함유되어 있는 순수 염산 (HCl, 100 w/w%)의 질량(g)은 얼마인가? 단, 진한 염산의 밀도는 1.18 g/mL로 가정한다.

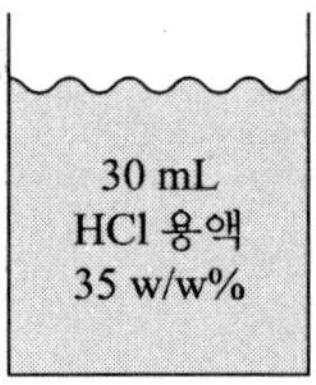

풀이 진한 염산 HCl 30 mL의 질량은

$$\frac{1.18\ \text{g 진한 염산 용액}}{\text{mL 진한 염산 용액}} \left| \frac{30\ \text{mL 진한 염산 용액}}{} \right. = 35.4\ \text{g 진한 염산 용액}$$

진한 염산(conc. HCl)의 농도가 35 wt%이므로 진한 염산 용액 35.4 g 중의 순수 염산의 질량은

$$\frac{35.4\ \text{g 진한 염산 용액}}{} \left| \frac{35\ \text{g 순수 염산}}{100\ \text{g 진한 염산 용액}} \right. = 12.39\ \text{g 순수 염산}$$

예제 4-3

밀도가 1.2 g/mL인 35 wt% 염산(HCl)이 있다. 120 g의 순수 염산이 포함되어 있는 용액의 부피(L)는?

풀이

120 g 염산	100 g 용액	1 mL 용액	1 L	
	35 g 염산	1.2 g 용액	1,000 mL	= 0.286 L 용액

여기서, 순수 염산과 염산 용액을 명확하게 구분하는 것이 중요하다. 가능한 계산 시 귀찮더라도 염산과 용액을 모두 기술하는 것이 혼동을 피할 수 있는 좋은 방법이다.

예제 4-4

밀도가 1.01 g/cm^{3}인 1.3 wt% NaCl 용액 2 L 안에는 몇 oz의 NaCl이 용해되어 있는가?

풀이

2 L 용액	1.01 g 용액	1,000 cm^3 용액	1.3 g NaCl	1 lb	16 oz	
	1 cm^3 용액	1 L 용액	100 g 용액	454 g	1 lb	= 0.93 oz NaCl

각 칸의 순서를 바꾸어도 계산의 결과에는 차이가 없으나, 반드시 순서를 지켜서 계산하는 것이 옳다. 각 칸마다 각각의 의미가 있도록 계산하여야 한다. 즉, 2번째 칸의 계산이 끝나면 용액의 질량이 계산되고, 3번째에서는 단위 환산, 4번째 칸에서는 용액 중의 NaCl 질량 계산, 5번째와 6번째는 단위 환산의 형태로 진행되고 있다.

참조

화합물의 표기 방식

물 분자식은 H_2O라고 쓰고, 산화마그네슘은 MgO라고 쓴다. 이것을 OH_2나 OMg라고 쓰면 안 될까?

무기화합물의 경우에는 보다 양성(+)인 원소를 앞에 쓰고, 보다 음성(−)인 원소를 뒤에 쓰는 것이 표기 약속이다. 양성과 음성이라는 것은 전자를 잃기 쉬운 정도를 말하는 것으로, 금속은 전자를 잃기 쉬우므로 양성이고, 비금속원소는 전자를 얻기 쉬워 음성이다. 금속원소는 비금속원소에 비해 양성이므로 MgO, CuS와 같이 표기한다. 비금속원소에서 수소가 산소나 황에 비해 양성이므로 H_2O, H_2S라고 표기한다. 이산화황의 경우, 황과 산소에서는 산소 쪽이 보다 음성이므로 SO_2라고 쓴다. 황산구리($CuSO_4$)와 같은 경우에는 Cu^{2+}와 SO_4^{2-}이므로 당연히 구리가 앞에 가고 SO_4^{2-}에서도 황이 산소에 비해 양성이므로 산소에 앞선다.

유기화합물은 탄소를 중심으로 한 화합물이므로 탄소를 먼저 쓴다. 예를 들면, CH_4, $C_6H_{12}O_6$ 등이다.

[참고] 요네야마 마사노부, 선생님을 난처하게 하는 과학 질문 94, 자음과 모음

예제 4-5

다음 화합물 중에서 각 성분(C, H, O, N 등)의 wt%를 구하시오.

(1) 설탕, $C_{12}H_{22}O_{11}$

(2) 아미노산 트립신, $C_9H_{11}NO_3$

풀이

(1) $C_{12}H_{22}O_{11}$의 분자량

$$M_C = (12\times12) = 144$$
$$M_H = (22\times1) = 22$$
$$M_O = (11\times16) = 176$$
$$M = (12\times12) + (22\times1) + (11\times16) = 342$$

C 42.11 wt%, H 6.43 wt%, O 51.46 wt%

(2) $C_9H_{11}NO_3$의 분자량

$$M_C = (9\times12) = 108$$
$$M_H = (11\times1) = 11$$
$$M_N = (1\times14) = 14$$
$$M_O = (3\times16) = 48$$
$$M = (9\times12) + (11\times1) + (1\times14) + (3\times16) = 181$$

C 59.67 wt%, H 6.08 wt%, N 7.73 wt%, O 26.52 wt%

예제 4-6

CO 가스와 CO_2 가스가 혼합된 가스 중에서 전체 탄소의 함량이 33.58%로 분석되었다. 혼합된 가스 중 CO 가스와 CO_2 가스 비율은?

풀이

각 가스의 분자량은 다음과 같다.

$$M_{CO} = (1\times12) + (1\times16) = 28$$
$$M_{CO_2} = (1\times12) + (2\times16) = 44$$

CO 중 C 함량은 12 g C/28 g CO = 0.429 g C/g CO

CO_2 중 C 함량은 12 g C/44 g CO_2 = 0.273 g C/g CO_2

CO와 CO_2 혼합물 중 C의 함량을 알고 있으므로, 혼합물의 질량을 1 g으로 가정하고 혼합물 중 CO의 질량을 x g이라고 하면 혼합물 중 CO_2의 질량은 $(1-x)$ g으로 정할 수 있다.

$$\frac{x\text{ g CO}}{\text{g 혼합물}}\left|\frac{0.429\text{ g C}}{\text{g CO}}\right. + \frac{(1-x)\text{ g CO}_2}{\text{g 혼합물}}\left|\frac{0.273\text{ g C}}{\text{g CO}_2}\right. = \frac{0.3358\text{ g C}}{\text{g 혼합물}}$$

$$0.429x + 0.273(1-x) = 0.3358$$

$x = 0.403, \qquad (1 - x) = 0.597$

그러므로 혼합된 가스 중 CO 가스와 CO_2 가스 비율은

$$\frac{0.403\ \text{g CO}}{\text{g 혼합물}} \times 100 = 40.3\ \text{wt\% CO}$$

$$\frac{0.597\ \text{g CO}_2}{\text{g 혼합물}} \times 100 = 59.7\ \text{wt\% CO}_2$$

예제 4-7

산소와 알루미늄의 화합물인 알루미나(alumina, aluminum oxide, Al_2O_3)를 분석해 보니 52.9%의 알루미늄을 함유하고 있었다. 16.5 g의 산소와 결합한 알루미늄의 질량은 얼마인가?

풀이

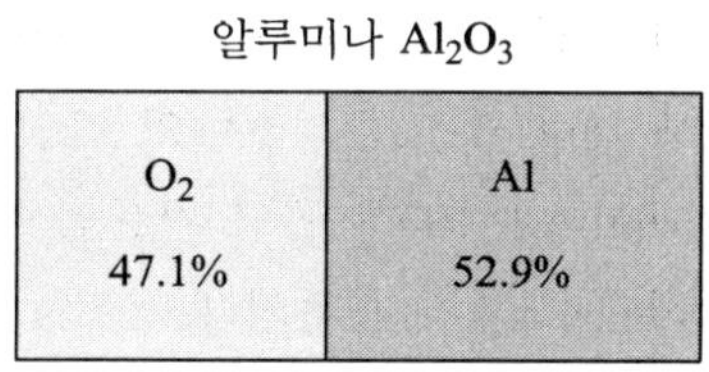

알루미나 중 산소의 함량은 $(100 - 52.9)\% = 47.1\%$
알루미나 중 알루미늄과 산소의 결합비율은 52.9% : 47.1%이다.
그러므로 16.5 g의 산소와 결합한 알루미늄의 질량은 다음과 같다.

$$16.5\ \text{g 산소} \times \frac{52.9\ \text{g 알루미늄}}{47.1\ \text{g 산소}} = 18.5\ \text{g 알루미늄}$$

예제 4-8

20 wt% NaOH 용액 100 g을 만들려고 한다. 이때 수산화나트륨(NaOH) 시약병을 보니 assay(순도) 96%로 되어 있었다. NaOH 몇 g을 얼마의 물에 녹여야 하는가?

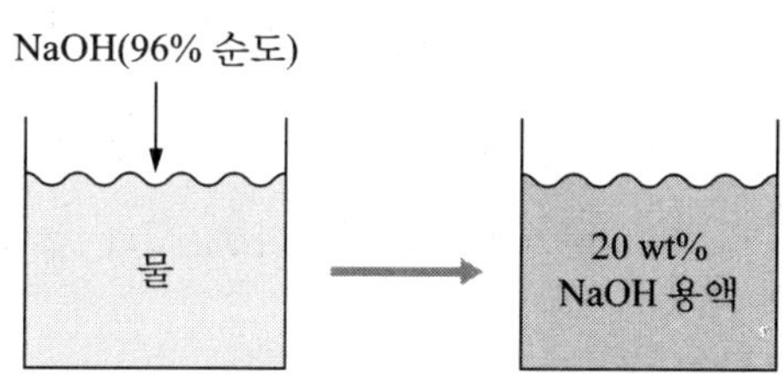

풀이 20 wt% NaOH 용액을 만들기 위해 필요한 NaOH의 양은 20 g으로 이것을 물에 녹여 용액의 질량을 100 g으로 만들면 20 wt% NaOH 용액이 된다. NaOH 20 g을 만들려면 계량해야 할 순도 96% NaOH 시약은

$$\frac{20\ \text{g NaOH} \mid 100\ \text{g 실 NaOH}}{\mid 96\ \text{g 순 NaOH}} = 20.833\ \text{g 실 NaOH}$$

이때 용액을 100 g으로 만들려면 사용할 물(물 1 g은 약 1 mL이다)은 100 g − 20.833 g = 79.167 g = 79.167 mL 물이다.
따라서 NaOH 시약 20.833 g을 취하여 물 79.167 mL에 녹이면 된다.

4.2 부피 백분율(volumetric percent)

혼합물 내의 전체 부피에 대한 각 성분의 부피에 100을 곱한 것으로 사용되거나, 용액의 농도에 대한 의미로는 용액의 단위 부피(mL 또는 L)에 용해된 용질의 부피(mL 또는 L) 비(ratio)에 100을 곱한 것으로 정의한다. 기호로는 volume%, vol%, v/v%(volume to volume %)가 사용된다.

$$\text{부피 백분율} = \frac{\text{용질(L)}}{\text{용액(L)}} \times 100$$

만약 혼합물 중에 제1성분, 제2성분, ⋯, 제i성분의 부피를 각각 V_1, V_2, ⋯, V_i로 할 경우, 제1성분에 대한 부피 백분율은 다음과 같이 정의된다.

$$V_1(\%) = \frac{V_1}{V_1 + V_2 + \cdots + V_i} \times 100 = \frac{V_1}{V_T} \times 100$$

여기서, V_T는 혼합물 부피의 총합이다. 부피 백분율의 합계는 100이다.

용액 농도의 의미로는 용액(solution)의 부피에 대한 용질(solute)의 부피의 비에 100을 곱한 것으로 다음 식과 같다.

$$V_{\text{solute}}(\%) = \frac{V_{\text{solute}}}{V_{\text{solution}}} \times 100$$

여기서, V_{solute}는 용질의 부피(L), V_{solution}는 용액의 부피(L)이다.

부피 백분율은 액체 혼합물보다는 기체 혼합물의 농도 표시에 사용된다. 기체의 경우 아무 표시없이 %로 표시되어 있으면 vol%를 나타내는 것으로 간주한다. 특히 질량은 온도와 압력에 따른 변화가 없으나, 부피는 온도나 압력에 따라 조성의 변화가 크므로 온도나 압력의 조건을 표시하는 것이 필요하다.

예제 4-9

40도 위스키 1잔(30 mL)과 4.7도 맥주 1잔(180 mL)을 섞은 혼합주의 도수는? 단, 맥주는 거품 때문에 약 85% 정도 채워서 넣고, 위스키는 90%를 채워서 넣는 것으로 가정한다.

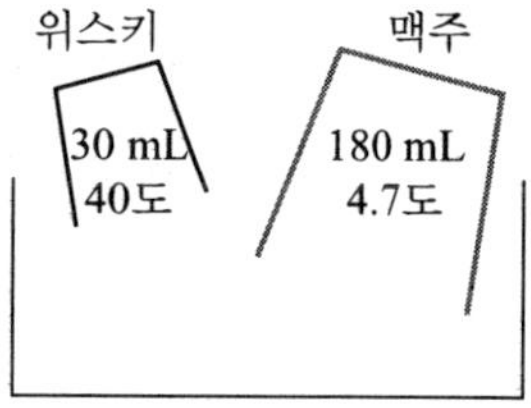

풀이 혼합주 용액의 총 부피

$= 30\text{ mL} \times 0.9 + 180\text{ mL} \times 0.85 = 180\text{ mL}$

다르게 표현하면

$$\frac{30\text{ mL 위스키 잔}}{} \left| \frac{90\text{ mL 위스키}}{100\text{ mL 위스키 잔}} \right. = 27\text{ mL 위스키}$$

$$\frac{180\text{ mL 맥주 잔}}{} \left| \frac{85\text{ mL 맥주}}{100\text{ mL 맥주 잔}} \right. = 153\text{ mL 맥주}$$

$$27\text{ mL 위스키} + 153\text{ mL 맥주} = 180\text{ mL 혼합주}$$

혼합주 중의 알코올의 양은

$$\frac{40\text{ mL 알코올}}{100\text{ mL 위스키}} \left| \frac{27\text{ mL 위스키}}{} \right. = 10.8\text{ mL 알코올}$$

$$\frac{4.7\text{ mL 알코올}}{100\text{ mL 맥주}} \left| \frac{153\text{ mL 맥주}}{} \right. = 7.2\text{ mL 알코올}$$

$$10.8\text{ mL 알코올} + 7.2\text{ mL 알코올} = 18\text{ mL 알코올}$$

따라서 혼합주의 알코올 vol%는

$$\frac{18\text{ mL 알코올}}{180\text{ mL 혼합주}} \times 100 = 10\text{ vol\% 혼합주}$$

즉, 혼합주의 도수는 약 10도이다.

4.3 무게-부피 백분율(weight per volume percent)

혼합물 내의 전체 부피에 대한 각 성분의 질량의 비(ratio)에 100을 곱한 것으로 사용되거나, 용액의 농도에 대한 의미로는 용액의 단위 부피(mL 또는 L)에 용해된 용질의 질량(mg 또는 g) 비(ratio)에 100을 곱한 것으로 정의한다. 기호로는 weight per volume%, w/v%(weight to volume %)가 사용되며, 혼합물의 조성을 나타내는 목적보다는 용액의 농도를 표시하기 위한 목적으로 수질 분야에서 수용액 중에 존재하는 물질의 질량을 나타낼 때 많이 사용된다.

$$\text{w/v\%} = \frac{w_{\text{solute}}}{V_{\text{solution}}} \times 100$$

w/v% 농도의 SI 단위는 kg/m^3으로 표시되며, 기호는 C(concentration)을 많이 사용한다. SI 단위 외 환경 분야에서 많이 사용되는 것은 mg/L, g/L, lb/ft^3 등이 있다. 표기상 대문자 "L"보다는 소문자 "l"을 표기하는 것이 올바른 표현이나, 소문자 "l"을 사용하면 알파벳 아이 "I"와 혼동을 일으킬 수 있어 대문자 "L"을 많이 사용한다. 굳이 소문자 "l"을 사용할 경우에는 필기체 "ℓ"를 사용하여 혼동을 피한다.

예제 4-10

15분간 미리 550℃로 태운 유리섬유 여과지(GF/C, glass fiber filter)를 이용하여 어떤 폐수시료 50 mL를 여과하였다. 여과 후 2시간 동안 건조하여 질량을 측정한 후 15분간 550℃로 태워 질량을 측정하여 다음과 같은 결과를 얻었다.

여과 전 미리 태운 후의 여과지의 질량 : 113.5 mg
여과 후 건조 후의 여과지의 질량 : 119.4 mg
여과 후 건조 후, 550℃로 태운 후의 여과지의 질량 : 115.3 mg

이와 같은 실험 결과로부터 FSS의 농도(mg/L)를 구하고, 휘발성분(VSS)의 w/w%를 구하시오.

풀이 (1)

$$\text{TSS} = \frac{(119.4-113.5)\text{ mg}}{50\text{ mL}}\left|\frac{1000\text{ mL}}{1\text{ L}}\right. = 118\text{ mg/L}$$

$$\text{VSS} = \frac{(119.4-115.3)\text{ mg}}{50\text{ mL}}\left|\frac{1000\text{ mL}}{1\text{ L}}\right. = 82\text{ mg/L}$$

$$\text{FSS} = \text{TSS} - \text{VSS} = 36\text{ mg/L}$$

(2) 휘발성분(VSS) (%)

$$\frac{VSS}{TSS} \times 100 = \frac{82\ mg/L}{118\ mg/L} \times 100 = 69.5\%$$

참조

고형물의 상호관계

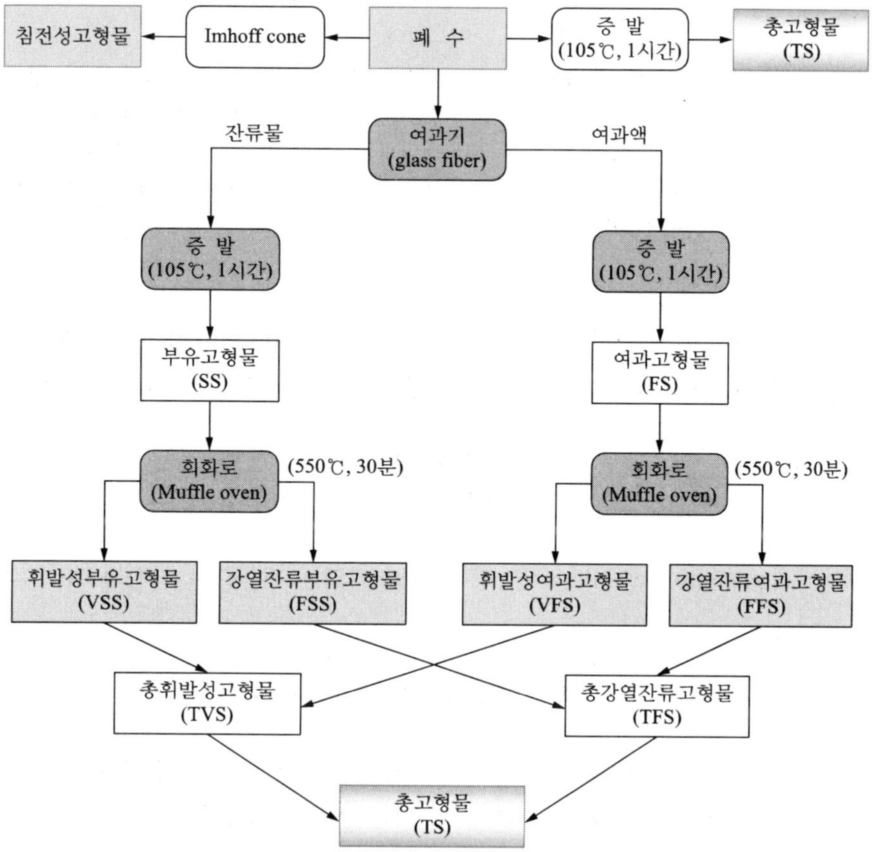

FFS : fixed filtrable solids(강열잔류여과고형물)
FS : filtrable solids(여과고형물)
FSS : fixed suspended solids(강열잔류부유고형물)
SS : suspended solids(부유고형물)
TS : total solids(총고형물)
TFS : total fixed solids(총강열잔류고형물)
TVS : total volatile solids(총휘발성고형물)
VFS : volatile filtrable solids(휘발성여과고형물)
VSS : volatile suspended solids(휘발성부유고형물)

[참고] 폐수처리공학, 김동민 외 9인, 동화기술, 23p.

참조 **밀도와 농도의 차이**

w/v% 농도 단위와 밀도의 단위가 동일하여 혼동하는 경우가 많은데 그 개념의 차이를 명확히 해 두는 것이 좋다. 밀도는 동일한 물질의 부피에 대한 동일 물질의 질량의 비를 의미하는 것으로 하나의 물질에서 질량과 부피의 비교가 발생한다. 그러나 농도의 경우에는 반드시 2개 이상의 물질이 혼합 또는 용해되어 있을 때 사용하는 것으로 2개 이상이 혼합된 또는 용해된 용액의 전체 부피 중 용해되어 있는 하나의 용질 또는 2개 이상의 용질 질량의 비로 정의된다.

예를 들어 소금물의 경우, 소금물 전체 부피에 대한 소금물 전체 질량의 비를 구하게 되면, 이는 비록 소금과 물이라는 2개의 물질이 혼합되어 있다하더라도 동일 물질(소금물)의 부피에 대한 동일 물질(소금물)의 질량에 대한 비가 되므로, 이 경우는 당연히 밀도가 된다. 그러나 소금물 부피에 대한 소금의 질량을 나타내는 것으로 표시하면 용질과 용액의 비로 동일하지 않으므로 이는 농도의 표현이 된다.

또한, 환경(대기) 분야에 많이 사용하는 ppm이나 ppb는 weight%와 유사한 개념으로 ppm(part per million)은 백만분의 1이라는 개념으로 다음과 같이 나타낼 수 있다.

$$1\ \text{ppm} = \frac{1\text{개(또는 g, mL) 성분}}{10^6\ \text{개(또는 g, mL) 혼합물}}$$

ppb(part per billion)은 십억분의 1이라는 개념으로 다음과 같이 나타낸다.

$$1\ \text{ppb} = \frac{1\text{개(또는 g, mL) 성분}}{10^9\text{개(또는 g, mL) 혼합물}}$$

그러므로 1 L의 소금물 용액 속에 소금 1 mg이 녹아있다고 가정하면, 이때의 농도는 1 mg/L로 표시할 수 있다. 그러나 만약 이 소금물의 밀도가 4℃ 물의 밀도와 동일하게 1 g/cm^{3}이라면 1 mg/L는 다음과 같이 ppm과 동일한 것으로 생각할 수도 있다.

$$\frac{1\ \text{mg 소금}}{1\ \text{L 소금물}} \left| \frac{1\ \text{cm}^3\ \text{소금물}}{1\ \text{g 소금물}} \right| \frac{1\ \text{mL}}{1\ \text{cm}^3} \left| \frac{1\ \text{L}}{1{,}000\ \text{mL}} \right| \frac{1\ \text{g}}{1{,}000\ \text{mg}} = \frac{1\ \text{mg 소금}}{10^6\ \text{mg 소금물}}$$

그러므로 다음과 같이 정리할 수 있다.

$$\frac{1\ \text{mg 소금}}{1\ \text{L 소금물}} = \frac{1\ \text{mg 소금}}{10^6\ \text{mg 소금물}} = \frac{1\ \text{소금}}{10^6\ \text{소금물}} = 1\ \text{ppm}$$

위의 예에서 큰 전제조건은 소금물의 밀도가 1 g/cm^{3}이라는 것을 만족시켜야 한다.

대부분의 수질 분야에서 농도가 아주 높지 않은 경우를 제외하고는 밀도가 1 g/cm^{3}에 가까우므로 1 ppm ≒ 1 mg/L의 관계가 성립한다고 볼 수 있다.

예제 4-11

당뇨병 검사를 위해 25.0 L의 혈청시료를 분석하여 혈청시료 속에 글루코오스 16.7 g가 함유되어 있는 것을 알았다. 글루코오스의 농도를 ppm으로 나타내시오. 단, 혈청시료의 밀도는 1 g/mL로 가정한다.

풀이

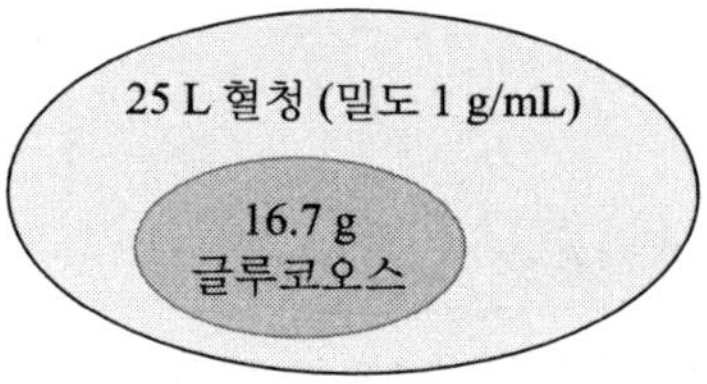

16.7 g 글루코오스	1 L 혈청	1 mL 혈청	1,000 g 혈청	1,000 mg 글루코오스
25 L 혈청시료	1,000 mL 혈청	1 g 혈청	1 kg 혈청	1 g 글루코오스

= 668 mg/kg = 668 ppm

4.4 몰 백분율(mol percent)

1. 물질량 (amount of substance), 몰 수

물질의 양을 나타내는 방법은 질량, 부피, 몰(mole) 수 등이 있다. 질량은 물질의 고유한 양을 나타내는 기본적인 크기 성질이며 핵반응을 제외하고는 반응 전후에도 항상 일정하게 유지된다. 부피는 물질의 많고 적음을 나타내는 크기 성질이며 측정이 간단하기 때문에 많이 사용하지만, 물리적, 화학적 변화에 의해 그 양이 변할 수 있다. 원자나 분자의 양을 다루는데 매우 편리한 것이 몰(mole) 수로 나타내는 물질량이다. 이 경우 물질량의 단위는 몰(mole, mol)이며 1몰의 정의는 정확하게 0.012 kg(12 g)의 탄소 동위원소 ^{12}C에 포함되어 있는 원자수와 같은 개수의 입자를 의미한다. 이 수를 아보가드로의 수(Avogadro's number)라 하며 현재 알려진 값은 대략 6.0221367×10^{23}이다.

gmol 단위는 물질의 전체질량(g)을 그 물질의 분자량으로 나눈 것으로 정의되며, 간단히 다음 식과 같이 나타낼 수 있다.

$$n_A = \frac{m_A}{M_A}$$

여기서, n_A는 몰 수, m_A는 A의 전체 질량, M_A는 A의 분자량(molecular weight)이다.

몰의 SI 단위는 mole이며, 기호는 mol이다. gmol은 mol로 표시한다.

kgmol은 kg 질량을 분자량으로 나눈 값이며, lbmol은 lb 질량을 분자량으로 나눈 값을 의미한다.

예제 4-12

수처리 공정에서 응집제로 많이 사용되는 염화제2철(ferric chloride, $FeCl_3$) 7.43 g을 생성하기 위해서 몇 g의 철과 염소가 각각 필요한가? (단, Fe와 Cl의 원자량은 각각 56과 35.5이다.)

풀이 $FeCl_3 \rightleftarrows Fe^{3+} + 3Cl^-$

$$\frac{7.43\ g\ FeCl_3}{} \bigg| \frac{1\ mol\ FeCl_3}{162.5\ g\ FeCl_3} \bigg| \frac{1\ mol\ Fe^{3+}}{1\ mol\ FeCl_3} \bigg| \frac{56\ g\ Fe^{3+}}{1\ mol\ Fe^{3+}} = 2.56\ g\ Fe^{3+}$$

그러므로 염소량은 $7.43\ g\ FeCl_3 - 2.56\ g\ Fe^{3+} = 4.87\ g\ Cl^-$

다른 방법으로 계산하면 다음과 같다.

$$\frac{7.43\ g\ FeCl_3}{} \bigg| \frac{1\ mol\ FeCl_3}{162.5\ g\ FeCl_3} \bigg| \frac{3\ mol\ Cl^-}{1\ mol\ FeCl_3} \bigg| \frac{35.5\ g\ Cl^-}{1\ mol\ Cl^-} = 4.87\ g\ Cl^-$$

참조 **제1철과 제2철**

철을 의미하는 ferrous나 ferric이라는 말의 어원은 ferrum("iron")이라는 라틴어에서 왔다. 제1철과 제2철의 차이에 대해 혼란스러워 하는 경우가 많은데, 정리해보면 다음 표와 같다.

	제1철	제2철
전하수	Fe^{2+} 또는 Fe(II)	Fe^{3+} 또는 Fe(III)
	2가철	3가철
영문명	Ferrous	Ferric
산화정도	환원된 상태	산화된 상태
예	염화 제일철, $FeCl_2$ Ferrous Chloride	염화 제이철, $FeCl_3$ Ferric Chloride

제2철은 산화성이 강한 환경에서 철금속 또는 제1철 이온(Fe^{2+})이 산화된 경우에 생긴다. 보일러 내면에 적갈색의 철이 다량으로 부착해 있는 상태로 많이 관찰되며, 흙이나 바닷가 모래가 붉게 또는 검게 보이는 것도 산화된 제2철이 많이 함유되어 있기 때문이다. 또한, 청송 주왕산 근처의 달기 약수와 같이 철분이 많이 함유된 물은 조금만 시간이 경과되면 산화되어 붉게 변하기 쉽다.

예제 4-13

10 g의 칼슘과 10 g의 황이 반응할 때, 몇 g의 황화칼슘(CaS)이 생성되는가? 단, Ca와 S의 원자량은 각각 40과 32이다.

풀이 $Ca^{2+} + S^{2-} \rightleftarrows CaS$

$$\frac{10\text{ g } Ca^{2+}}{} \left| \frac{1\text{ mol } Ca^{2+}}{40\text{ g } Ca^{2+}} \right. = 0.25\text{ mol } Ca^{2+}$$

$$\frac{10\text{ g } S^{2-}}{} \left| \frac{1\text{ mol } S^{2-}}{32\text{ g } S^{2-}} \right. = 0.31\text{ mol } S^{2-}$$

위 반응식에서 1 mol의 Ca^{2+}와 1 mol의 S^{2-}가 반응하여 1몰의 CaS가 생성되므로 2개의 반응물 중 과잉의 양은 반응에 관여하지 못한다. S^{2-}가 Ca^{2+}보다 몰 수가 크므로 과잉으로 작용하고 Ca^{2+}는 한계반응물로 작용한다.

$$\frac{0.25\text{ mol CaS}}{} \left| \frac{72\text{ g CaS}}{1\text{ mol CaS}} \right. = 18\text{ g CaS}$$

참조 **한계반응물(limiting reactant)**

한계반응물이란 반응에서 완전히 생성물로 전환되는 반응물을 의미한다. 한계반응물이 모두 소비되면 생성물은 더 이상 생성되지 않는다. 한계반응물이 생성물의 양을 제한하기 때문에 생성물의 최대 가능량을 계산하는데 한계반응물의 정보가 이용된다. 생성물의 몰 수는 항상 한계반응물의 몰 수에 의해 결정된다.

생물 분야에서도 이와 유사한 개념으로 제한인자(limiting factor)라는 것이 있다. 제한인자란 생물의 요구 조건을 가장 충족시키지 못하고 있는 인자이다. 생물의 여러 가지 현상은 pH, 광, 수분, 영양 물질, 대사 중간체, 효소, 금속 이온의 종류와 농도 등 여러 가지 인자의 영향을 받지만 이중 어떤 한 인자가 그 현상 전체를 규정할 경우 생장이 억제된다. 생물의 성장을 억제하는 부족한 인자를 제한인자라고 한다.

반응공학(reaction engineering)에도 이와 유사한 개념으로, 율속단계(rate limiting step)라는 것이 있다.

$$A \underset{①}{\overset{\text{fast}}{\longrightarrow}} B \underset{②}{\overset{\text{slow}}{\longrightarrow}} C \underset{③}{\overset{\text{fast}}{\longrightarrow}} D$$

A라는 물질에서 D라는 물질로 반응해 가는 단계에서 ①단계와 ③단계의 반응속도는 매우 빠르다하더라도 ②단계의 속도가 매우 느려 전체 반응속도는 느릴 수밖에 없다. 이와 같이 ②단계의 속도가 전체 반응속도를 좌지우지하게 되는데, 전체 반응의 속도를 지배하는 단계를 율속단계라고 한다. 이를 보면, 전체 반응속도를 지배하는 단계는 빠른 반응이 아니라 느린 반응이라는 것을 알 수 있다.

이러한 개념은 우리 사회에서도 많이 볼 수가 있다.

자격증 시험의 경우에도 성적이 아무리 좋아도 한 과목이 과락이 되면 모두 불합격이 된다. 그러므로 한 과목만 집중적으로 공부하는 것은 자격증 시험에는 큰 의미가 없다. 골고루 잘 하는 것이 필요하다.

교육적인 측면에서 보더라도, 전 교과목을 골고루 가르치고 배우는 것이 매우 중요하다.

부의 양극화 측면에서도 마찬가지이다. 우리 사회 전체가 잘 살고 행복하기 위해서는 소외되는 부분이 없도록 신경 쓰는 것이 매우 필요하다는 것을 알 수 있다. 한때 부의 낙수효과(trickle down effect)라는 말이 많이 회자되던 시절이 있었다. 이는 부유층의 투자·소비 증가가 저소득층의 소득 증대로까지 영향을 미쳐 전체 국가적인 경기부양효과로 나타나는 현상을 말하는 것으로, 전체적으로 잘사는 사람이 많으면 그 영향이 가난한 사람에게도 미친다는 뜻인데, 잘 사는 사람 위주의 정책을 펴면 가난한 사람도 잘 살 수 있다는 것이다. 그러나 이는 부의 양극화를 더 초래하는 정책이라고 판명되었다. 그러므로 2010년도 들어서는 가난한 사람을 잘살게 하는 복지 정책을 쓰는 것이 전체 사회가 발전하는 길이라는 개념이 확산되어 복지에 관심을 많이 기울이고 있는 것 같다.

모자란 과목에 더 신경을 쓰는 것이 자격증 시험에 도움이 되듯이 가난한 사람들에게 더 신경을 쓰는 것이 사회의 발전에 반드시 필요하다는 것을 한계반응물의 의미를 보면서 생각해 볼 수 있다.

우리 사회의 부족한 모습이 우리 사회의 참 모습이다.

예제 4-14

탄소, 수소, 산소의 원소로 구성된 유기화합물 7.49 g을 연소시키면, 14.96 g CO_2와 6.13 g H_2O가 생성된다. 이 유기화합물의 분자량을 176이라 할 때, 이 유기화합물의 분자식은?

풀이

유기화합물 (7.49 g, 분자량 176)

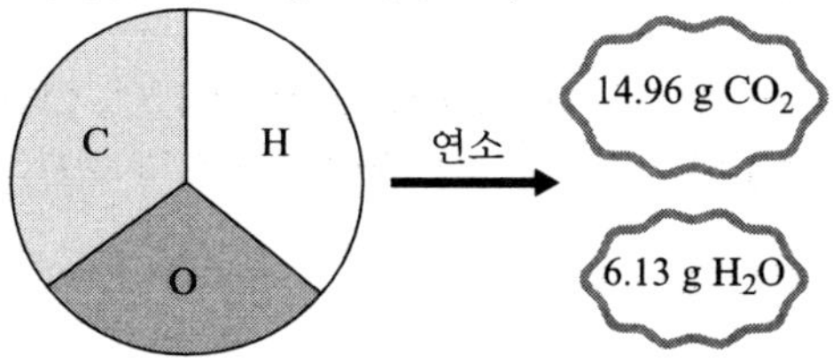

생성된 14.96 g CO_2로부터 탄소의 몰 수를 구한다.

$$\frac{14.96\ \text{g CO}_2}{} \left| \frac{1\ \text{mol CO}_2}{44\ \text{g CO}_2} \right| \frac{1\ \text{mol C}}{1\ \text{mol CO}_2} = 0.34\ \text{mol C}$$

생성된 6.13 g H_2O로부터 수소의 몰 수를 구한다.

$$\frac{6.13\ \text{g H}_2\text{O}}{} \left| \frac{1\ \text{mol H}_2\text{O}}{18\ \text{g H}_2\text{O}} \right| \frac{2\ \text{mol H}}{1\ \text{mol H}_2\text{O}} = 0.681\ \text{mol H}$$

또한, 생성된 원소의 질량으로 계산하면,

$$\frac{0.34\ \text{mol C}}{} \left| \frac{12\ \text{g C}}{1\ \text{mol C}} \right. = 4.08\ \text{g C}$$

$$\frac{0.681\ \text{mol H}}{} \left| \frac{1\ \text{g H}}{1\ \text{mol H}} \right. = 0.681\ \text{g H}$$

그러므로 생성된 산소의 질량은 처음 유기화합물의 질량에서 생성된 탄소와 수소의 질량을 빼면 구할 수 있다.

$$7.49\ \text{g} - 4.08\ \text{g C} - 0.681\ \text{g H} = 2.729\ \text{g O}$$

이를 산소 원자량으로 바꾸면

$$\frac{2.729\ \text{g O}}{} \left| \frac{1\ \text{mol O}}{16\ \text{g O}} \right. = 0.170\ \text{mol O}$$

경험식에 의해 C : H : O = 0.34 : 0.681 : 0.17 ≈ 2 : 4 : 1
그러므로 C_2H_4O 경험식이 만들어진다. 이를 유기화합물의 분자량과 비교해 보면

$$\text{176 g 유기화합물} \times \frac{1\ \text{mol}\ C_2H_4O}{44\ \text{g}\ C_2H_4O} = 4\ \text{mol}\ C_2H_4O$$

그러므로 원 식은 $4 \times (C_2H_4O) = C_8H_{16}O_4$

예제 4-15

7.74% H와 나머지가 C인 기체가 있다. 만약, 표준상태에서 이 기체 1 L의 질량이 1.16 g이라면, 이 기체 화합물의 분자량과 분자식은?

풀이

기체 (1.16 g/L)

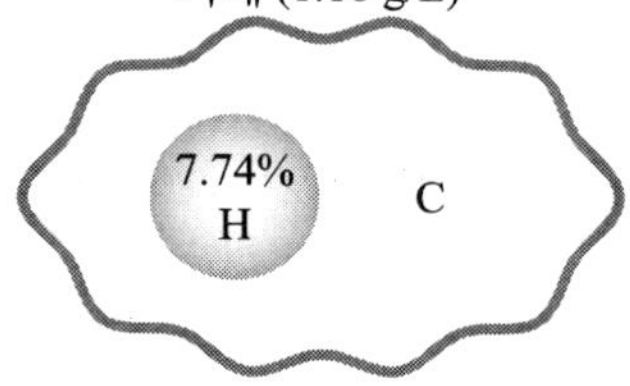

표준상태에서 기체 1 L의 질량이 1.16 g이므로

$$\frac{1.16\ \text{g gas}}{1\ \text{L gas}} \times \frac{22.4\ \text{L gas}}{1\ \text{mol gas}} = 26.0\ \text{g/mol}$$

$$\frac{26.0\ \text{g gas}}{1\ \text{mol gas}} \times \frac{7.74\ \text{g H}}{100\ \text{g gas}} \times \frac{1\ \text{mol H}}{1\ \text{g H}} = 2.00\ \text{mol H/mol gas}$$

$$\frac{26.0\ \text{g gas}}{1\ \text{mol gas}} \times \frac{92.26\ \text{g C}}{100\ \text{g gas}} \times \frac{1\ \text{mol C}}{12\ \text{g C}} = 2.00\ \text{mol C/mol gas}$$

C : H = 2 : 2이므로 분자식은 C_2H_2, 분자량은 26이다.

예제 4-16

표준상태에서 프로판(C_3H_8) 가스의 밀도를 계산하라.

풀이 C_3H_8의 분자량은 44

$$\frac{44\ \text{g}\ C_3H_8}{1\ \text{mol}\ C_3H_8} \times \frac{1\ \text{mol}\ C_3H_8}{22.4\ \text{L}} = 1.96\ \text{g/L}$$

이 예제를 보면, 표준상태 기체의 경우 분자식만 알면 손쉽게 밀도를 계산할 수 있다.

예제 4-17

수소화합물(HX) 중 X의 표준상태 22.4 L의 질량이 128 g이고, 화합물이 0.788 %의 수소를 포함하고 있다면, 이 X의 원자량은?

풀이

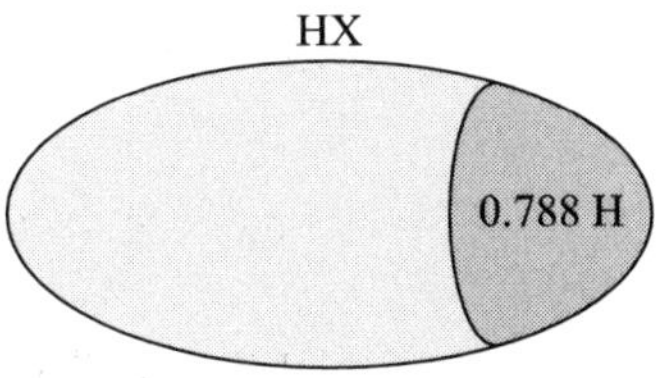

화합물중 수소 함량이 0.788%이므로 나머지 X는 99.212%
전체 화합물의 질량을 100 g으로 가정하면,

$$\frac{99.212\ \text{g X}}{0.788\ \text{g H}} \left| \frac{1\ \text{g H}}{1\ \text{mol H}} \right| \frac{1\ \text{mol H}}{1\ \text{mol X}} = 125.9\ \text{g X/mol X}$$

그러므로 X의 원자량은 125.9이다.

2. 몰 분율 (mol fraction), 몰 백분율 (mol percent)

몰 분율은 특정 성분의 물질량(몰 수)을 전체의 물질량(몰 수)으로 나눈 값을 의미한다.

$$\text{A의 몰 분율}(X_A) = \frac{\text{A의 몰 질량(몰 수, } n_A)}{\text{전체 몰 질량(몰 수, } n_T)}$$

몰 분율에 100을 곱하면 몰 백분율이 된다.

예제 4-18

물 속에 Ca^{2+}, Mg^{2+}, K^{+}가 각각 10 mg이 용해되어 있다고 할 때, 각 성분의 몰 분율과 몰 백분율은? 단, Ca, Mg, K의 원자량은 각각 40, 24, 39이다.

풀이

$$\frac{Ca^{2+}\ 10\ \text{mg}}{} \left| \frac{1\ \text{mmol}\ Ca^{2+}}{40\ \text{mg}\ Ca^{2+}} \right. = 0.25\ \text{mmol}\ Ca^{2+}$$

$$\frac{Mg^{2+}\ 10\ mg \mid 1\ mmol\ Mg^{2+}}{\quad\quad\quad \mid 24\ mg\ Mg^{2+}} = 0.42\ mmol\ Mg^{2+}$$

$$\frac{K^{+}\ 10\ mg \mid 1\ mmol\ K^{+}}{\quad\quad\quad \mid 39\ mg\ K^{+}} = 0.256\ mmol\ Ca^{2+}$$

전체 몰 수 $= 0.25 + 0.42 + 0.256 = 0.926\ mmol$

$$Ca^{2+}\ 몰\ 분율 = \frac{0.25\ mmol}{0.926\ mmol} = 0.27$$

$$Ca^{2+}\ 몰\ 백분율 = 0.27 \times 100 = 27\%$$

$$Mg^{2+}\ 몰\ 분율 = \frac{0.42\ mmol}{0.926\ mmol} = 0.45$$

$$Mg^{2+}\ 몰\ 백분율 = 0.45 \times 100 = 45\%$$

$$K^{+}\ 몰\ 분율 = \frac{0.256\ mmol}{0.926\ mmol} = 0.28$$

$$K^{+}\ 몰\ 백분율 = 0.28 \times 100 = 28\%$$

몰 분율의 합 $= 0.27 + 0.45 + 0.28 = 1.0$

몰 백분율의 합 $= 27\% + 45\% + 28\% = 100\%$

예제 4-19

다음과 같은 질량%의 조성을 가진 혼합가스가 있다. 이 혼합가스 중 각 성분의 몰 조성과 몰 분율은?

> O_2 16% (산소의 질량분율 $x_{O_2} = 0.16\ g\ O_2/g\ total$)
> CO 4%
> CO_2 17%
> N_2 63%

풀이 혼합물 100 g을 기준으로 하면

각 물질의 몰 수는

$$n_{O_2} = \frac{100\ g\ total\ gas \mid 0.16\ g\ O_2 \mid 1\ mol\ O_2}{\quad\quad\quad \mid 1\ g\ total \mid 32\ g\ O_2} = 0.500\ mol\ O_2$$

$$n_{CO} = \frac{100\ g\ total\ gas \mid 0.04\ g\ CO \mid 1\ mol\ CO}{\quad\quad\quad \mid 1\ g\ total \mid 28\ g\ CO} = 0.143\ mol\ CO$$

$$n_{CO_2} = \frac{100\ \text{g total gas}}{} \left| \frac{0.17\ \text{g}\ CO_2}{1\ \text{g total}} \right| \frac{1\ \text{mol}\ CO_2}{44\ \text{g}\ CO_2} = 0.386\ \text{mol}\ CO_2$$

$$n_{N_2} = \frac{100\ \text{g total gas}}{} \left| \frac{0.63\ \text{g}\ N_2}{1\ \text{g total}} \right| \frac{1\ \text{mol}\ N_2}{28\ \text{g}\ N_2} = 2.250\ \text{mol}\ N_2$$

$$n_t = n_{O_2} + n_{CO} + n_{CO_2} + n_{N_2} = 3.279\ \text{mol}$$

$$y_{O_2} = \frac{n_{O_2}}{n_t} = \frac{0.500\ \text{mol}}{3.279\ \text{mol}} = 0.152\ \frac{\text{mol}\ O_2}{\text{mol total}}$$

$$y_{CO} = \frac{n_{CO}}{n_t} = \frac{0.143\ \text{mol}}{3.279\ \text{mol}} = 0.044\ \frac{\text{mol CO}}{\text{mol total}}$$

$$y_{CO_2} = \frac{n_{CO_2}}{n_t} = \frac{0.386\ \text{mol}}{3.279\ \text{mol}} = 0.118\ \frac{\text{mol}\ CO_2}{\text{mol total}}$$

$$y_{N_2} = \frac{n_{N_2}}{n_t} = \frac{2.250\ \text{mol}}{3.279\ \text{mol}} = 0.686\ \frac{\text{mol}\ N_2}{\text{mol total}}$$

전체 $\sum y_i = 1.000$

3. 평균분자량 (平均分子量, average molecular weight, mean molecular weight)

어느 물질이 다양한 분자량을 가진 분자의 혼합물일 경우, 이 물질을 단일 분자로 이루어진 것으로 하여 구한 겉보기의 분자량을 말한다.

예를 들면, 석유 제품은 일반적으로 다수의 이성질체, 동족체 등의 혼합물로, 이들로부터 분리시킬 수 있는 소수의 화합물(헵탄, 벤젠 등)을 제외하면 조성의 단일성, 순수성을 기대하기가 어렵다. 따라서, 이들 분자량은 여러 종류의 탄화수소 분자의 분자량 평균값으로 나타낼 수밖에 없다.

또한, 공기와 같이 여러 성분이 혼합된 경우와 같이, 공기 분자량은 공기의 평균분자량을 말한다. 혼합물의 평균분자량은 각 성분의 질량의 합을 각 성분의 몰 수로 나눈 값을 의미하며, 다음 식과 같이 표현할 수 있다.

$$M_{avg} = \frac{m_A + m_B + m_C + \cdots}{n_A + n_B + n_C + \cdots} = \frac{m_A + m_B + m_C + \cdots}{\dfrac{m_A}{M_A} + \dfrac{m_B}{M_B} + \dfrac{m_C}{M_C} + \cdots}$$

여기서, n은 몰 수, m은 물질의 질량, M은 분자량이다.

예제 4-20

공기 1 lbmol의 평균분자량을 계산하시오. 단, 공기는 79 vol% 질소와 21 vol% 산소로 구성되었다고 가정한다.

풀 이 이상기체의 경우 vol%는 몰%와 같은 것으로 생각할 수 있다.

공기 1 lbmol은 다음과 같이 질소(N_2)와 산소(O_2) 몰 수로 나눈 다음 질량을 구할 수 있다.

1 lbmol 공기	0.79 lbmol 질소	28 lb 질소	= 22.12 lb 질소
	1 lbmol 공기	1 lbmol 질소	

1 lbmol 공기	0.21 lbmol 산소	32 lb 산소	= 6.72 lb 산소
	1 lbmol 공기	1 lbmol 산소	

공기 1 lbmol의 질량 = 22.12 lb 질소 + 6.72 lb 산소 = 28.84 lb 공기

공기의 평균분자량은 28.84 lb/lbmol = 28.84

공기의 평균분자량 28.84는 기억하고 있으면 편리하게 이용할 수 있다.

참조

공기의 밀도

표준상태*에서 이상기체(ideal gas, 理想氣體) 1 mol이 차지하고 있는 부피는 22.4 L이다. 그러므로 공기를 이상기체라고 생각하면 공기의 부피는 1 mol(gmol) = 22.4 L라고 할 수 있다. 밀도는 다음과 같이 정의된다.

$$\text{공기의 밀도} = \frac{\text{공기 1 gmol의 질량}}{\text{공기 1 gmol의 부피}} = \frac{28.84\text{ g}}{22.4\text{ L}} = 1.288\text{ g/L}$$

또는 일반적으로 밀도의 단위로 사용되는 g/cm^{3}로 표시하면 다음과 같다.

1.288 g	1 L	= 0.001288 g/cm^3
L	1,000 cm^3	

* 표준상태(standard state, normal condition, 標準狀態)의 정의는 다음 여러 분야에서 다르게 사용될 수 있으나, 본 교재에서는 화학용어사전을 따른다.

(1) 화학용어사전

열역학에서는 표준상태를 압력 1 atm(101.325 kPa)에 있는 상태를 취하는 것이 관례이다. 1 atm 대신에 100 kPa를 취하는 경향도 있다.

(2) 환경공학용어사전

표준상태 물질의 성질을 나타낼 때 기준이 되는 상태를 말하며, 주로 기체에 대해서 사용되고 일반적으로는 온도 0℃, 표준기압 하에서의 상태를 말한다.

(3) 기계공학용어사전

① 서로 다른 조건 하에서의 측정이나 테스트 결과를 동일 조건 하에서의 결과로서 비교할 수 있도록 하기 위하여 결정한 표준으로서 사용하는 측정 또는 테스트 조건.
② 계측기의 고유 오차를 정하기 위하여 규정한 각 영향량에 관한 조건.
③ 온도 20℃, 절대압력 760 mmHg, 상대 습도 65%의 공기의 상태.

4.5 몰 농도(molarity), 규정 농도(normality), 몰랄 농도(molality)

1. 몰 농도 (molarity)

분석화학을 비롯한 일반화학 실험에서 가장 많이 사용하는 농도이다.

용액(solution) 1 L에 용해된 용질(solute)의 mol 수(gmol 수)로 정의되며, SI 단위는 mol/L이며 사용되는 기호는 M이다. 그러므로 다음과 같은 식이 성립한다.

$$\text{몰 농도 } M = \frac{\text{용질의 gmol 수}}{\text{1 L 용액}} = \frac{\text{용질의 g 분자량}}{\text{1 L 용액}}$$

만약, 용액 1 L에 2 mol의 NaCl(분자량=58.5)을 포함하는 용액의 몰 농도는 2 mol/L=2 M NaCl 용액에 해당한다.

예제 4-21

강산화제 용액을 제조하기 위해 0.50 M의 $K_2Cr_2O_7$ 용액을 희석하여 0.100 M의 용액 500 mL를 만들려고 한다. 0.50 M 용액 몇 mL를 취하여 500 mL로 희석하여야 하는가?

풀이 희석 전후 농도는 변화하나 $K_2Cr_2O_7$ mol 또는 질량은 항상 일정하다.

희석법칙, $V_1M_1 = V_2M_2$

0.100 M $K_2Cr_2O_7$ 용액 500 mL에 존재하는 $K_2Cr_2O_7$ mol은

$$\frac{0.100 \text{ mol } K_2Cr_2O_7}{1 \text{ L 용액}} \times \frac{500 \text{ mL 용액}}{} \times \frac{1 \text{ L 용액}}{1{,}000 \text{ mL 용액}} = 0.05 \text{ mol } K_2Cr_2O_7$$

0.05 mol $K_2Cr_2O_7$에 해당하는 0.50 M $K_2Cr_2O_7$ 용액의 부피는

$$\frac{0.05 \text{ mol } K_2Cr_2O_7}{} \times \frac{1 \text{ L 용액}}{0.50 \text{ mol } K_2Cr_2O_7} \times \frac{1{,}000 \text{ mL 용액}}{1 \text{ L 용액}} = 100 \text{ mL 용액}$$

0.5 M 용액 100 mL를 취하여 500 mL로 희석하면, 0.1 M 용액이 된다.

예제 4-22

0.4 g의 NaOH를 증류수에 완전 용해시켜 1 L의 용액을 만들었을 때 이 용액의 pH는 얼마인가?

풀이

$$\frac{0.4 \text{ g NaOH}}{1 \text{ L 용액}} \times \frac{1 \text{ mol NaOH}}{40 \text{ g NaOH}} \times \frac{1 \text{ mol } OH^-}{1 \text{ mol NaOH}} = 0.01 \text{ mol } OH^-/L$$

$$pOH = -\log[OH^-] = -\log(10^{-2}) = 2$$

$$pH = 14 - pOH = 12$$

예제 4-23

0.5 M H_2SO_4 수용액이 1.25 m^3/min의 속도로 공정의 한 장치로 유입되고 있다. 이 용액의 비중이 1.03일 때, (1) H_2SO_4의 질량농도는 얼마(kg/m^3)이고, (2) H_2SO_4의 질량유속은 얼마(kg/s)이며, (3) H_2SO_4의 질량분율은 얼마인가?

풀이

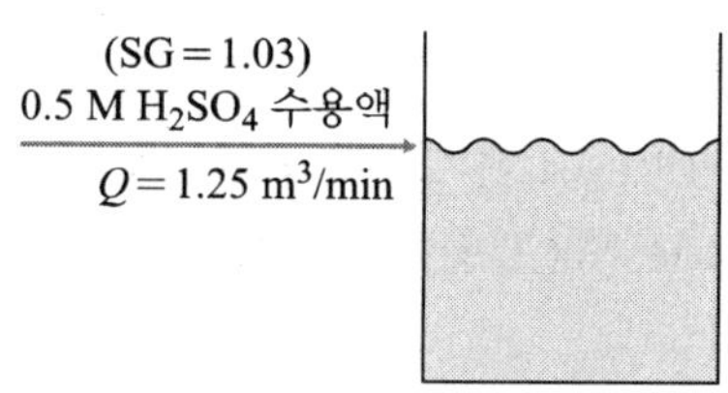

(1) $$\frac{0.50 \text{ mol } H_2SO_4}{1 \text{ L 용액}} \times \frac{98 \text{ g } H_2SO_4}{1 \text{ mol } H_2SO_4} \times \frac{1 \text{ kg } H_2SO_4}{1{,}000 \text{ g } H_2SO_4} \times \frac{1{,}000 \text{ L}}{1 \text{ m}^3}$$

$$= 49 \text{ kg } H_2SO_4/m^3 \text{ 용액}$$

(2) $$\frac{1.25 \text{ m}^3 \text{ 용액}}{1 \text{ min}} \times \frac{49 \text{ kg } H_2SO_4}{1 \text{ m}^3 \text{ 용액}} \times \frac{1 \text{ min}}{60 \text{ s}} = 1.02 \text{ kg } H_2SO_4/s$$

(3) H_2SO_4의 질량분율은 이미 알고 있는 H_2SO_4의 질량유속과 전체 질량유

속과의 비와 같으며, 그것은 부피유속과 용액의 밀도로부터 계산할 수 있다.

$$\rho_{\text{solution}} = \frac{1.03\ \text{g}}{\text{cm}^3}\left|\frac{1\ \text{kg}}{1{,}000\ \text{g}}\right|\frac{10^6\ \text{cm}^3}{1\ \text{m}^3} = 1{,}030\ \text{kg/m}^3$$

$$\frac{1.25\ \text{m}^3\ \text{용액}}{\text{min}}\left|\frac{1{,}030\ \text{kg}}{1\ \text{m}^3\ \text{용액}}\right|\frac{1\ \text{min}}{60\ \text{s}} = 21.46\ \text{kg 용액/s}$$

$$\frac{q_{H_2SO_4}}{Q_{\text{total}}} = \frac{1.02\ \text{kg}\ H_2SO_4/\text{s}}{21.46\ \text{kg 용액/s}} = 0.048\ \text{kg}\ H_2SO_4/\text{kg 용액}$$

이 예제와 같이 H_2SO_4와 H_2SO_4 용액을 구분하여 표기하여야만 혼동을 피할 수 있다.

예제 4-24

암모늄 이온(NH_4^+)은 생물학적 질산화 과정을 통해 아질산 이온(NO_2^-)과 질산 이온(NO_3^-)으로 전환된다. 만약 10 mg/L의 암모늄 이온이 전환된다면 암모늄 이온성 질소의 농도와 아질산 이온과 질산 이온의 농도 및 아질산 이온성 질소와 질산 이온성 질소의 농도는 어떻게 되는가? 질산화 반응은 아래와 같다.

$$NH_4^+ + 3/2\,O_2 \rightarrow 2H^+ + NO_2^- + H_2O$$

$$NO_2^- + 1/2\,O_2 \rightarrow NO_3^-$$

풀이 암모늄 이온성 질소의 경우

$$\frac{10\ \text{mg}\ NH_4^+}{1\ \text{L}}\left|\frac{1\ \text{mmol}\ NH_4^+}{18\ \text{mg}\ NH_4^+}\right|\frac{1\ \text{mmol}\ NH_4^+\text{-N}}{1\ \text{mmol}\ NH_4^+}\left|\frac{14\ \text{mg}\ NH_4^+\text{-N}}{1\ \text{mmol}\ NH_4^+\text{-N}}\right.$$

$= 7.78\ \text{mg}\ NH_4^+\text{-N/L}$

아질산 이온의 경우

$$\frac{10\ \text{mg}\ NH_4^+}{1\ \text{L}}\left|\frac{1\ \text{mmol}\ NH_4^+}{18\ \text{mg}\ NH_4^+}\right|\frac{1\ \text{mmol}\ NO_2^-}{1\ \text{mmol}\ NH_4^+}\left|\frac{46\ \text{mg}\ NO_2^-}{1\ \text{mmol}\ NO_2^-}\right.$$

$= 25.56\ \text{mg}\ NO_2^-\text{/L}$

아질산 이온성 질소의 경우

$$\frac{25.56\ \text{mg}\ NO_2^-}{1\ \text{L}}\left|\frac{1\ \text{mmol}\ NO_2^-}{46\ \text{mg}\ NO_2^-}\right|\frac{1\ \text{mmol}\ NO_2^-\text{-N}}{1\ \text{mmol}\ NO_2^-}\left|\frac{14\ \text{mg}\ NO_2^-\text{-N}}{1\ \text{mmol}\ NO_2^-\text{-N}}\right.$$

$= 7.78\ \text{mg}\ NO_2^-\text{-N/L}$

질산 이온의 경우

$25.56\ mg\ NO_2^-$	$1\ mmol\ NO_2^-$	$1\ mmol\ NO_3^-$	$62\ mg\ NO_3^-$
1 L	$46\ mg\ NO_2^-$	$1\ mmol\ NO_2^-$	$1\ mmol\ NO_3^-$

$= 34.45\ mg\ NO_3^-/L$

질산 이온성 질소의 경우

$34.45\ mg\ NO_3^-$	$1\ mmol\ NO_3^-$	$1\ mmol\ NO_3^-\text{-N}$	$14\ mg\ NO_3^-\text{-N}$
1 L	$62\ mg\ NO_3^-$	$1\ mmol\ NO_3^-$	$1\ mmol\ NO_3^-\text{-N}$

$= 7.78\ mg\ NO_3^-\text{-N/L}$

그러므로 암모늄 이온, 아질산 이온, 질산 이온의 농도는 모두 달라도, 질소의 농도, 즉 암모늄 이온성 질소, 아질산 이온성 질소 및 질산 이온성 질소의 농도는 모두 7.78 mg/L로 동일하다.

2. 규정 농도 (normality)

용액 1 L 속에 용해된 용질의 g 당량수를 규정 농도라고 정의하며, SI 단위는 eq/L 또는 g 당량/L이고, 기호는 N을 사용한다. 대부분 규정 농도를 어렵게 생각하는데, 그 이유는 g 분자량은 일정한 값을 나타내나 g 당량은 반응하는 물질에 따라 달라지기 때문이다. 즉, g 당량을 정확하게 구하기가 어렵기 때문이다.

$$\text{규정 농도 } N = \frac{\text{용질의 g 당량수(eq)}}{\text{1 L 용액}}$$

g 당량의 계산

보통 당량이라 하면 화학당량을 말하며, 화학반응에서 화학량론적으로 각 원소나 화합물에 할당된 일정한 물질량으로서 화학반응의 성질에 따라 결정된다. 당량은 화학반응에서 (해)당(하는) 양으로서, 세계 통화에서 환전을 하기 위한 기축통화인 달러를 생각하면 이해가 쉽다. 만약 우리나라 돈 1,200원이 1달러에 해당하다면 1달러와 1,200원은 같은 가치를 가지기 때문에 언제든지 교환가능하다. 그러므로 당량으로 같다는 것은 양의 가치가 같다는 의미로서 언제든지 교환가능하다는 뜻이다. 다만, 돈의 가치가 세계 시장 상황에 따라 조금 변화하듯이 당량도 화학반응의 종류에 따라 변화할 수 있으므로 이에 대한 규칙을 정확하게 이해하고 있어야 한다.

① 원자와 이온의 이온화

일반 원자 같은 경우에는 g 분자량을 원자가수로 나누면 g 당량이 된다.

$$g\ 당량 = \frac{g\ 분자량}{원자가수}$$

여기서, 원자가수는 원자가 결합할 수 있는 개수를 의미한다. 예를 들면, 산소는 2, 질소는 3이 된다.

일반적인 반응에서는 g 분자량을 이온화되는 양(+)이온이나 음(−)이온의 수를 나누면 g 당량이 된다.

$$g\ 당량 = \frac{g\ 분자량}{양(+)이온이나\ 음(-)이온의\ 수}$$

NaCl의 경우 (양이온 1, 음이온 1)

$$NaCl \rightleftarrows Na^{+} + Cl^{-}$$

NaCl의 1 g 분자량 = 58 g

NaCl의 1 g 당량 = 58 g/1 = 58 g

$CaCl_2$의 경우 (양이온 2, 음이온 2)

$$CaCl_2 \rightleftarrows Ca^{2+} + 2Cl^{-}$$

$CaCl_2$의 1 g 분자량 = 111 g

$CaCl_2$의 1 g 당량 = 111 g/2 = 55.5 g

$CaCO_3$의 경우 (양이온 2, 음이온 2)

$$CaCO_3 \rightleftarrows Ca^{2+} + CO_3^{2-}$$

$CaCO_3$의 1 g 분자량 = 100 g

$CaCO_3$의 1 g 당량 = 100 g/2 = 50 g

그러므로 1 gmol = 2 g eq 또는 1 mol = 2 eq

gmol = 질량 / g 분자량

g eq(equivalent) = g 당량수 = 질량 / g 당량

질량 = (gmol) × (g 분자량) = (g eq) × (g 당량)

= (g eq) × (g 분자량) / (양(+)이온이나 음(−)이온의 수)

gmol = g eq / (양(+)이온이나 음(−)이온의 수)
g eq = gmol × (양(+)이온이나 음(−)이온의 수)

만약 $CaCO_3$ 100 g을 g eq로 전환하면 다음과 같다.

$$\frac{100\text{ g }CaCO_3}{} \left|\frac{1\text{ gmol}}{100\text{ g}}\right| \frac{2\text{ g eq}}{1\text{ gmol}} = 2\text{ g eq }CaCO_3 = 2\text{ eq }CaCO_3$$

gmol을 mol으로 표기하는 것과 같이 g eq는 eq로 표기할 수 있다.

② 산·염기 반응

산·염기 반응에서는 g 분자량을 그 반응에서 내어놓거나 받아들이는 H^+나 OH^- 이온의 수로 나누면 g 당량이 된다.

$$\text{g 당량} = \frac{\text{g 분자량}}{H^+\text{나 }OH^-\text{ 이온의 수}}$$

HCl과 같은 강산이나 NaOH와 같은 강염기는 다음과 같이 각각 하나의 H^+를 내어 놓거나 받아들이는 성질이 강하므로 다음 평형 관계식으로 설명할 수 있다.

$$\underset{\text{산}}{HCl} + \underset{\text{염기}}{H_2O} \rightleftarrows (H_2O)H^+ + Cl^-$$

$$\underset{\text{염기}}{NaOH} + \underset{\text{산}}{H_2O} \rightleftarrows Na^+ + OH^- + H_2O$$

HCl의 1 g 분자량 = 36.5 g
HCl의 1 g 당량 = 36.5 g/1 = 36.5 g
NaOH의 1 g 분자량 = 40 g
NaOH의 1 g 당량 = 40 g/1 = 40 g

gmol = 질량 / g 분자량
g eq(equivalent) = 질량 / g 당량
질량 = (gmol) × (g 분자량) = (g eq) × (g 당량)
= (g eq) × (g 분자량) / (H^+나 OH^- 이온의 수)
gmol = g eq / (H^+나 OH^- 이온의 수)
g eq = gmol × (H^+나 OH^- 이온의 수)

만약, HCl 73 g이 있다고 가정하면 73 g/36.5 g = 2 gmol이 되고 2 g eq가 된다.

한편, 또 다른 강산인 H_2SO_4와 강한 염기인 $Ca(OH)_2$는 각각 두 개의 H^+를 내어 놓거나 받아들이는 성질이 강하므로 다음 평형 관계식으로 설명할 수 있다.

$$H_2SO_4 + H_2O \rightleftarrows 2H^+(H_2O) + SO_4^{2-}$$

산 염기

$$Ca(OH)_2 + 2H_2O \rightleftarrows Ca^{2+} + 2OH^- + 2H_2O$$

염기 산

H_2SO_4의 1 g 분자량 = 98 g

H_2SO_4의 1 g 당량 = 98 g/2 = 49 g

$Ca(OH)_2$의 1 g 분자량 = 74 g

$Ca(OH)_2$의 1 g 당량 = 74 g/2 = 37 g

만약, H_2SO_4(분자량 98) 196 g이 있다고 가정하면 196 g/98 g = 2 gmol이 되고 g eq = (gmol) × (H^+나 OH^- 이온의 수)이므로 2 gmol×2 = 4 g eq가 된다. 이를 다음과 같이 계산할 수 있다.

196 g H_2SO_4	1 gmol	2 g eq	= 4 g eq
	98 g	1 gmol	

③ 산화·환원 반응

산화·환원반응에서는 g 분자량을 그 반응에서 내어놓거나 받아들이는 전자의 수로 나누면 g 당량이 된다.

$$\text{g 당량} = \frac{\text{g 분자량}}{\text{전자의 수}}$$

산·염기 반응에서는 H^+나 OH^- 이온의 수가 물질에 따라 정해져 있으므로 g 당량의 계산이 용이한 것에 비해, 산화·환원반응의 경우에는 반응에 따라 전자의 수가 변화할 수 있으므로 다소 어려울 수 있고 반드시 반응을 꼼꼼히 따져 보아야 하는 어려움이 있다.

COD 측정에서 강 산화제로 사용되는 $KMnO_4$는 아래와 같이 쉽게 이온화되고, $KMnO_4$는 산성 용액에서 다음과 같은 반응들을 유발한다.

$$KMnO_4 \rightleftarrows K^+ + MnO_4^-$$

$$\underset{+7}{MnO_4^-} + 8H^+ + 5e^- \rightleftarrows \underset{+2}{Mn^{2+}} + 4H_2O$$

여기서, +7의 Mn은 5개의 전자를 받아 들여 +2의 Mn으로 환원된다.

$KMnO_4$의 1 g 분자량 = 158 g

$KMnO_4$의 1 g 당량 = 158 g/5 = 31.6 g

1 mol = 5 eq

$KMnO_4$는 알칼리성 용액에서 다음과 같은 반응들을 유발한다.

$$\underset{+7}{MnO_4^-} + 4H^+ + 3e^- \rightleftarrows \underset{+4}{MnO_2} + 2H_2O$$

여기서, +7의 Mn은 3개의 전자를 받아 들여 +4의 Mn으로 환원된다.

$KMnO_4$의 1 g 분자량 = 158 g

$KMnO_4$의 1 g 당량 = 158 g/3 = 52.7 g

1 mol = 3 eq

그러므로 $KMnO_4$의 경우 산성 반응의 경우 1 mol = 5 eq이며, 알칼리성 반응의 경우에는 1 mol = 3 eq으로 달라지므로 산성 반응인지 알칼리성 반응인지에 대한 세심한 주의가 필요하다.
COD 측정을 위한 또 다른 강 산화제인 $K_2Cr_2O_7$의 경우는 다음과 같다. $K_2Cr_2O_7$는 산성 용액에서 다음과 같은 반응들을 유발한다.

$$K_2Cr_2O_7 \rightleftarrows 2K^+ + Cr_2O_7^{2-}$$

$$\underset{+6}{Cr_2O_7^{2-}} + 14H^+ + 6e^- \rightleftarrows \underset{+3}{2Cr^{3+}} + 7H_2O$$

여기서, $Cr_2O_7^{2-}$ 전체를 봤을 때는 6개의 전자를 받아들이고, Cr 단독으로 보면 +6의 Cr은 3개의 전자를 받아들여 +3의 Cr으로 환원된다.

$K_2Cr_2O_7$의 1 g 분자량 = 294 g

$K_2Cr_2O_7$의 1 g 당량 = 294 g/6 = 49 g

1 mol = 6 eq

참조

당량(equivalent, 當量)

당량은 울라스톤(W. H. Wollaston, 1766~1828)에 의해서 만들어진 것으로 화학물체가 서로 결합하는 비를 표현하기 위해서였다. 산소를 표준치인 10으로 잡고, 원소와 화합물의 동일한 무게(당량)를 계산하였고, 이것을 화학계산을 하기 위해서 계산척에 새겨 넣었다.

예제 4-25

0.212 g의 Na_2CO_3를 물에 녹여 100 mL의 탄산나트륨(Na_2CO_3, MW = 106) 용액을 만들었다. Na_2CO_3가 2양성자 염기로 작용할 때의 이 탄산나트륨(Na_2CO_3) 용액의 노르말 농도는?

풀이

$$Na_2CO_3 \rightleftarrows 2Na^+ + CO_3^{2-}$$

2개의 양이온과 음이온을 가지므로, 1 mol = 2 eq

0.212 g Na_2CO_3	1,000 mL 용액	1 mol Na_2CO_3	2 eq Na_2CO_3
100 mL 용액	1 L 용액	106 g Na_2CO_3	1 mol Na_2CO_3

= 0.04 eq/L = 0.04 N Na_2CO_3 용액

예제 4-26

0.10 N NaOH 용액 조제에 사용되는 NaOH 시약의 순도(purity)가 96%일 때, 용액 1 L에 필요한 NaOH의 질량(g)은?

풀이

NaOH가 1개의 OH^-를 가지므로, 1 mol = 1 eq

0.1 eq NaOH	1 mol NaOH	40 g NaOH	실 100 g NaOH	1 L 용액
1 L 용액	1 eq NaOH	1 mol NaOH	순수 96 g NaOH	

= 4.167 g NaOH

예제 4-27

황산 0.02 M(mol/L) 50 mL를 중화하는데 필요한 0.1 N NaOH 용액의 양(mL)은?

풀이

황산(H_2SO_4)은 2개의 H^+를 내어 놓으므로, 1 mol = 2 eq

0.02 mol H_2SO_4	2 eq H_2SO_4	50 mL H_2SO_4	1 L H_2SO_4
1 L 용액	1 mol H_2SO_4		1,000 mL H_2SO_4

= 0.002 eq H_2SO_4

중화하려면 동일한 eq가 되어야 한다.

0.002 eq H_2SO_4	1 eq NaOH	1 L 용액	1,000 mL 용액
	1 eq H_2SO_4	0.1 eq NaOH	1 L 용액

= 20 mL NaOH 용액

예제 4-28

10 N NaOH 용액 500 mL의 NaOH 질량(g)을 구하라.

풀이 NaOH 용액에서 OH^-가 하나 있으므로, 1 mol = 1 eq

10 eq NaOH	1 mol NaOH	40 g NaOH	500 mL 용액	1 L 용액
1 L 용액	1 eq NaOH	1 mol NaOH		1,000 mL 용액

= 200 g NaOH

예제 4-29

pH 9.5의 물에 다음과 같은 조성의 성분이 있다. 이 물의 알칼리도를 mg/L $CaCO_3$와 *N* 농도로 계산하라.

ion	concentration (mg/L)
CO_3^{2-}	10
HCO_3^-	65

풀이 pH가 9.5이므로 $[H^+] = 10^{-9.5}$ M $= 10^{-9.5}$ mol/L

$[H^+]$ =

$10^{-9.5}$ mol H^+	1 eq H^+	1 eq $CaCO_3$	1 mol $CaCO_3$	100 g $CaCO_3$	1,000 mg $CaCO_3$
L	1 mol H^+	1 eq H^+	2 eq $CaCO_3$	1 mol $CaCO_3$	1 g $CaCO_3$

= 0.000016 mg/L as $CaCO_3$

위 식에서 1 eq H^+ = 1 eq $CaCO_3$이다. 이는 가치가 동일하므로 교환가능하다는 의미이다.

(1) OH^-에 대해 계산하면,

$[OH^-]$ =

$10^{-4.5}$ mol OH^-	1 eq OH^-	1 eq $CaCO_3$	1 mol $CaCO_3$	100 g $CaCO_3$	1,000 mg $CaCO_3$
L	1 mol OH^-	1 eq OH^-	2 eq $CaCO_3$	1 mol $CaCO_3$	1 g $CaCO_3$

= 1.6 mg/L as $CaCO_3$

HCO_3^-에 대해 계산하면,

$$[HCO_3^-] = \frac{65\ mg\ HCO_3^-}{L}\left|\frac{1\ mmol\ HCO_3^-}{61\ mg\ HCO_3^-}\right|\frac{1\ mol}{1{,}000\ mmol}\left|\frac{1\ eq\ HCO_3^-}{1\ mol\ HCO_3^-}\right|\frac{1\ eq\ CaCO_3}{1\ eq\ HCO_3^-}\left|\frac{1\ mol\ CaCO_3}{2\ eq\ CaCO_3}\right|\frac{100\ g\ CaCO_3}{1\ mol\ CaCO_3}\left|\frac{1{,}000\ mg\ CaCO_3}{1\ g\ CaCO_3}\right.$$

$$= 53\ mg/L\ \text{as}\ CaCO_3$$

CO_3^{2-}에 대해 계산하면,

$$[CO_3^{2-}] = \frac{10\ mg\ CO_3^{2-}}{L}\left|\frac{1\ mmol\ CO_3^{2-}}{60\ mg\ CO_3^{2-}}\right|\frac{1\ mol\ CO_3^{2-}}{1{,}000\ mmol}\left|\frac{2\ eq\ CO_3^{2-}}{1\ mol\ CO_3^{2-}}\right|\frac{1\ eq\ CaCO_3}{1\ eq\ CO_3^{2-}}\left|\frac{1\ mol\ CaCO_3}{2\ eq\ CaCO_3}\right|\frac{100\ g\ CaCO_3}{1\ mol\ CaCO_3}\left|\frac{1{,}000\ mg\ CaCO_3}{1\ g\ CaCO_3}\right.$$

$$= 16.7\ mg/L\ \text{as}\ CaCO_3$$

$$\begin{aligned}\text{Alkalinity} &= [HCO_3^-] + [CO_3^{2-}] + [OH^-] - [H^+] \\ &= 53\ mg/L + 16.7\ mg/L + 1.6\ mg/L - 0.000016\ mg/L(\text{무시}) \\ &= 71.3\ mg/L\ \text{as}\ CaCO_3\end{aligned}$$

위 식에서 $[H^+]$의 농도는 알칼리도를 감소시키는 요인이므로 (−) 값을 가지고, 농도가 매우 낮으므로 무시한다.

(2) OH^-에 대해 계산하면,

$$[OH^-] = \frac{10^{-4.5}\ mol\ OH^-}{L}\left|\frac{1\ eq\ OH^-}{1\ mol\ OH^-}\right. = 3.2\times10^{-5}\ N$$

HCO_3^-에 대해 계산하면,

$$[HCO_3^-] = \frac{65\ mg\ HCO_3^-}{L}\left|\frac{1\ mmol\ HCO_3^-}{61\ mg\ HCO_3^-}\right|\frac{1\ mol}{1{,}000\ mmol}\left|\frac{1\ eq}{1\ mol}\right. = 1.1\times10^{-3}\ N$$

CO_3^{2-}에 대해 계산하면,

$$[CO_3^{2-}] = \frac{10\ mg\ CO_3^{2-}}{L}\left|\frac{1\ mmol\ CO_3^{2-}}{60\ mg\ CO_3^{2-}}\right|\frac{1\ mol\ CO_3^{2-}}{1{,}000\ mmol}\left|\frac{2\ eq\ CO_3^{2-}}{1\ mol\ CO_3^{2-}}\right. = 3.3\times10^{-4}\ N$$

$$\begin{aligned}\text{Alkalinity} &= [HCO_3^-] + [CO_3^{2-}] + [OH^-] \\ &= 1.1\times10^{-3}\ N + 3.3\times10^{-4}\ N + 3.2\times10^{-5}\ N = 1.4\times10^{-3}\ N\end{aligned}$$

알칼리도는 환경 분야에서 자주 언급되므로, 정확한 계산방법을 이해하는 것이 중요하다.

참조 알칼리도(alkalinity)

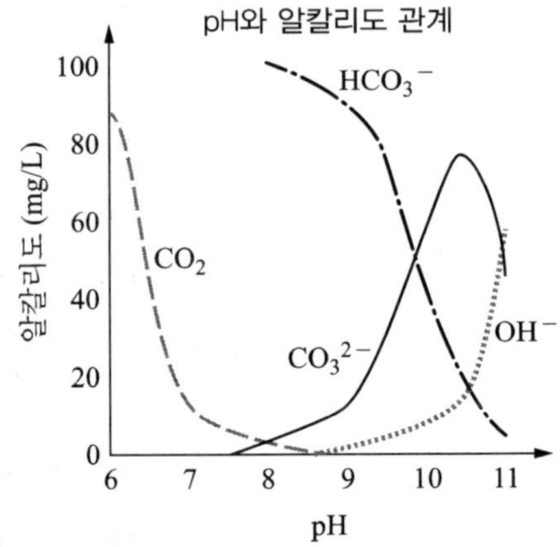

산을 중화시키는 능력을 나타내는 것으로, 수중에 존재하는 OH^-(수산화 이온), CO_3^{2-}(탄산 이온), HCO_3^-(중탄산 이온)의 양을 나타내는 것으로, 각각의 농도를 별도로 표현하면 복잡하므로 이를 일원화하여 $CaCO_3$의 양으로 환산하여 표시한다. 알칼리도를 나타내는 3가지 물질은 아래 반응식과 같이 쉽게 수중의 H^+를 제거하는 능력을 가지고 있다. 붕산이온, 인산이온, 규산이온도 알칼리도로 작용할 수 있으나, 자연계에 존재하는 양이 상대적으로 적어 그 영향을 무시할 수 있다. 알칼리도를 나타내는 물질 중 자연 상태에서 가장 많은 양을 차지하는 것은 HCO_3^-(중탄산 이온)이라고 할 수 있다. 그 이유는 (2)번 식에서 pH가 증가하면, 즉 OH^-의 양이 증가하면 Le Chatelier의 원리에 의해 반응은 왼쪽으로 진행하여 CO_3^{2-}(탄산 이온)이 많아지게 된다. 그러므로 pH가 높아질수록 CO_3^{2-}(탄산 이온), OH^-(수산화 이온) 순으로 많은 양을 차지하게 된다. 또한, 알칼리도가 높은 물은 산에 대해 완충(buffer)능력이 크다고도 할 수 있다.

$$OH^- + H^+ \rightleftarrows H_2O \quad (1)$$

$$CO_3^{2-} + H^+ \rightleftarrows HCO_3^- \quad (2)$$

$$HCO_3^- + H^+ \rightleftarrows H_2CO_3 \quad (3)$$

염기(base)와 알칼리(alkali)

염기는 브뢴스테드와 로우리의 정의에 의하면 염기는 양성자(H^+)를 받아들일 수 있는 물질이다. 그러므로 대체적으로 pH 7 이상의 상태를 의미한다. 알칼리는 수용액상(물)에서의 염기를 지칭하는 말로 이용된다.

예전에는 불에 볏짚과 같은 식물을 태우고 남은 재에 물을 붓고 재를 걸러서 잿물을 만들었다. 비누가 거의 없었던 시절에 잿물은 세정 및 표백 기능이 있어서 주로 빨래를 하는데 이용했었다. 영어로 재를 potash라 하는데, 이 단어는 탄산칼륨(K_2CO_3)의 별명으로 사용한다. 양잿물은 잿물에 서양의 의미를 담은 접두사 '양'을 붙인 것으로 수산화나트륨(NaOH) 수용액과 같은 의미로 통한다. 흰색 고체인 수산화나트륨을 물에 녹이면 pH가 7보다 훨씬 큰 염기성 용액을 만들 수 있다. 미끈거리는 특성이 있는 진한 농도의 수산화나트륨 용액은 피부에 상처를 입히고, 마시면 죽을 수 있는 독극물이다. 염기를 알칼리(alkali)라고도 부르는데, 아랍어인 알칼리(al qaliy)는 '태운 재'라는 의미를 지닌다.

참조 **염(salt)과 이온(ion)의 차이**

염이나 이온이라는 용어는 우리가 많이 사용하고 있는 것임에도 불구하고, 의외로 정확한 정의를 잘 모르는 학생들이 많은 것 같다.

먼저, 이온이란 전자를 잃거나 얻어서 전기를 띤 원자 또는 원자단이다. 양전하를 띤 이온을 양(+)이온, 음전하를 띤 이온을 음(−)이온이라 한다. 이에 비해 염(salt)은 이온을 띠고 있는 상태가 아니라 양이온과 음이온이 함께 결합된 상태이다.

보통 염이라고 하면 대부분 소금을 생각하는데, 일반적인 정의는 다음과 같다. 산과 염기가 반응을 일으킬 때 물과 함께 생성되는 물질로서 산의 음이온과 염기의 양이온으로 만들어지는 화합물로 아래 반응식에 의해 쉽게 설명될 수 있다.

HCl	+	$NaOH$	→	$NaCl$	+	H_2O
강산		강염기		염(salt)		물

H_2SO_4	+	$2NaOH$	→	Na_2SO_4	+	$2H_2O$
강산		강염기		염(salt)		물

강산과 강염기가 만나면 산의 H^+와 염기의 OH^-가 반응하면서 물을 만든다. 이때 산에서 H^+가 떨어져 나가고 만들어진 음이온과 염기에서 OH^-가 떨어져 나가면서 만들어진 양이온이 반응하여 염을 만든다. 즉 염은 산의 음이온과 염기의 양이온에 의해 만들어지는 화합물이다. 달리 표현하면 산의 H^+가 다른 양이온으로 치환된 물질, 혹은 염기의 OH^-가 다른 음이온으로 치환된 물질을 말한다. 우리가 일반적으로 볼 수 있는 염의 형태는 황산암모늄($(NH_4)_2SO_4$), 염화칼슘($CaCl_2$), 황산칼슘($CaSO_4$), 황산마그네슘($MgSO_4$), 염화칼륨(KCl) 등이 있다.

염은 보통 산성염, 염기성염, 정염 등으로 구분한다. 산성염은 다(多)양성자산의 수소이온(H^+) 일부가 금속이나 NH_4^+와 같은 양이온으로 치환되고, 나머지 H^+는 아직 남아 있는 상태의 염을 말한다. 염기성염은 염기의 수산화이온(OH^-)의 일부가 음이온으로 치환되고 나머지 OH^-는 아직 남아 있는 상태를 말한다. 정염은 산의 수소이온이나 염기성의 수산화이온이 모두 치환되어 남아 있는 수소이온이나 수산화이온이 없는 염을 말한다. 이때 주의할 것은 염의 종류가 염이 물에 녹았을 때의 pH를 알려주는 것은 아니라는 것이다. 즉, 산성염이라고 해서 물에 녹아 산성을 띠는 것은 아니고, 산성염이라고 하더라도 종류에 따라 물에 녹아 산성을 나타낼 수도 있고 아닐 수도 있다.

예제 4-30

25 mg/L의 Ca^{2+}와 15 mg/L의 Mg^{2+}을 함유하고 있는 물이 있다. 이 물의 경도를 mg/L $CaCO_3$와 N 농도로 계산하라.

풀이 (1) Ca^{2+}에 대해 계산하면,

$$[Ca^{2+}] = \frac{25\ mg\ Ca^{2+}}{L} \Big| \frac{1\ g\ Ca^{2+}}{1{,}000\ mg\ Ca^{2+}} \Big| \frac{1\ mol\ Ca^{2+}}{40\ g\ Ca^{2+}} \Big| \frac{2\ eq\ Ca^{2+}}{1\ mol\ Ca^{2+}} \Big| \frac{1\ eq\ CaCO_3}{1\ eq\ Ca^{2+}} \Big| \frac{1mol\ CaCO_3}{2\ eq\ CaCO_3} \Big| \frac{100\ g\ CaCO_3}{1\ mol\ CaCO_3} \Big| \frac{1{,}000\ mg\ CaCO_3}{1\ g\ CaCO_3}$$

$$= 62.5\ mg/L\ \text{as}\ CaCO_3$$

Mg^{2+}에 대해 계산하면,

$$[Mg^{2+}] = \frac{15\ mg\ Mg^{2+}}{L} \Big| \frac{1\ g\ Mg^{2+}}{1{,}000\ mg\ Mg^{2+}} \Big| \frac{1\ mol\ Mg^{2+}}{24.3\ g\ Mg^{2+}} \Big| \frac{2\ eq\ Mg^{2+}}{1\ mol\ Mg^{2+}} \Big| \frac{1\ eq\ CaCO_3}{1\ eq\ Mg^{2+}} \Big| \frac{1mol\ CaCO_3}{2\ eq\ CaCO_3} \Big| \frac{100\ g\ CaCO_3}{1\ mol\ CaCO_3} \Big| \frac{1{,}000\ mg\ CaCO_3}{1\ g\ CaCO_3}$$

$$= 61.7\ mg/L\ \text{as}\ CaCO_3$$

$$\text{Hardness} = [Ca^{2+}] + [Mg^{2+}] = 62.5 + 61.7 = 124.2\ mg/L\ \text{as}\ CaCO_3$$

(2) Ca^{2+}에 대해 계산하면,

$$[Ca^{2+}] = \frac{25\ mg\ Ca^{2+}}{L} \Big| \frac{1\ mmol\ Ca^{2+}}{40\ mg\ Ca^{2+}} \Big| \frac{1\ mol}{1{,}000\ mmol} \Big| \frac{2\ eq}{1\ mol} = 1.25 \times 10^{-3}\ N$$

Mg^{2+}에 대해 계산하면,

$$[Mg^{2+}] = \frac{15\ mg\ Mg^{2+}}{L} \Big| \frac{1\ mmol\ Mg^{2+}}{24.3\ mg\ Mg^{2+}} \Big| \frac{1\ mol}{1{,}000\ mmol} \Big| \frac{2\ eq}{1\ mol} = 1.23 \times 10^{-3}\ N$$

$$\text{Hardness} = [Ca^{2+}] + [Mg^{2+}]$$
$$= 1.25 \times 10^{-3}\ N + 1.23 \times 10^{-3}\ N = 2.48 \times 10^{-3}\ N$$

알칼리도와 마찬가지로 경도도 자주 언급되므로, 정확한 계산방법을 이해할 필요가 있다.

참조

경수와 연수에 관한 옛 이야기

옛날 독일의 어느 시골 마을에 살던 할머니 한 분이 두부를 만들고 있었다. 습관적으로 자기 집 우물물에 콩을 담가 놓았다가 물에 불린 콩을 두 손가락에 넣고 이기어 보아서 적당하다고 판단되면 맷돌에 갈았던 것이다. 그런데 하루는 사정이 있어 동네 다른 집 우물물을 얻어다 그 물 속에 콩을 담가 놓았다가 전과 같이 두 손가락으로 콩을 이기어 보았는데 자기 집 우물물에 담가 놓았을 때와는 달리 콩이 연해지지 않았다는 것을 알게 되었다.

이와 같은 일로 인해 물에 콩을 담갔을 때 콩이 연해진 물과 오히려 단단해진 감을 주는 물의 두 종류가 있다는 것을 알게 되었고, 전자를 연수(軟水, weiches Wasser, soft water), 후자를 경수(硬水, härtes Wasser, hard water)라고 구분하게 되었다. 그 후 화학의 발달에 따라 경수에는 칼슘, 마그네슘 등의 금속이온이 많이 녹아 있고, 연수에는 이들이 소량 녹아 있다는 것을 알게 되었다. 이들 금속이온의 함량을 경도(硬度, hardness)로 나타내게 되었다.

경도(hardness)

경도는 물속에 무기질(미네랄 이온)이 많이 녹아 있다는 것을 의미한다. 경도는 자연 상태에서 물이 칼슘과 마그네슘으로 구성된 석회암층과 백악(백색 연토질 석회암)을 통과함으로써 만들어진다.

경도는 물속에 존재하는 다가 양이온의 농도에 의해 결정되는데, 대개 +1가보다는 다가의 양이온이 복합체(complex)를 형성하기 쉬운 것으로 알려져 있으며, 자연 상태에서는 +2가의 양이온이 가장 많으며, 그중에서도 Ca^{2+}과 Mg^{2+}이 가장 많으므로 '경도'라고 하면 대부분 칼슘과 마그네슘의 이온을 의미한다. 또한, 알칼리도와 마찬가지로 칼슘과 마그네슘의 농도를 각각 측정하여 표시하면 복잡하므로 이를 일원화하여 $CaCO_3$의 양으로 환산하여 표시한다.

경도의 정도는 연수(0～60), 적당한 경수(61～120), 경수(121～180), 강한 경수(181 이상)로 분류한다. 빗물의 경우는 연수이나 빗물이 토양 및 암석과 접촉할 때 경도가 유발되며 대체로 경수는 표토가 두껍고 석회암층이 존재하는 지역에서 생성되고, 연수는 표토가 얇고 석회암층이 없는 지역에서 생긴다. 일반적으로 지표수는 지하수 보다는 연수이다. 경도를 유발하는 금속이온들은 물속에서 탄산염($CaCO_3$, $MgCO_3$ 등)이나 염화물($CaCl_2$, $MgCl_2$ 등) 형태로 존재하며 탄산염 형태의 경도는 끓이면 연화되어 일시경도라 하고 염화물 형태의 경도는 끓여도 연수화되지 않아 영구경도라 한다. 경수는 거품을 만드는데 상당량의 비누를 요구하며 보일러 용수로 사용 시 물때(scale)를 형성하여 피해를 유발한다.

예제 4-31

2.704 g의 2가 금속이 4.80 g의 산소와 결합되어 있다. 단위 금속 eq당 금속질량과 금속 몰당 금속질량을 구하고, 이 금속이 무엇인가 구하라.

풀이 금속과 산소는 같은 당량으로 결합한다.

2.704 g 금속	16 g O	1 mol O	1 eq O
4.8 g O	1 mol O	2 eq O	1 eq 금속

= 4.506 g 금속/eq 금속

2가 금속이므로, 1 mol = 2 eq

4.506 g 금속	2 eq 금속
eq 금속	1 mol 금속

= 9.012 g 금속/mol 금속

원자량이 9.012인 금속은 Be이다.

예제 4-32

2.72 g의 산화마그네슘(MgO) 중에 존재하는 Mg의 당량 수는? 또한 1몰의 황산알루미늄($Al_2(SO_4)_3$) 안에 존재하는 Al의 당량 수(eq)는?

풀이 Mg는 2가 금속이므로, 1 mol = 2 eq

2.72 g MgO	1 mol MgO	1 mol Mg	2 eq Mg	
	40.3 g MgO	1 mol MgO	1 mol Mg	= 0.135 eq Mg

마찬가지로, Al은 3가 금속이므로, 1 mol = 3 eq

1 mol $Al_2(SO_4)_3$	2 mol Al	3 eq Al	
	1 mol $Al_2(SO_4)_3$	1 mol Al	= 6 eq Al

예제 4-33

25 g NaOH, 15 g $Mg(OH)_2$, 5.5 g $Ba(OH)_2$를 각각 중화시키는 데 필요한 질산(HNO_3, nitric acid)의 당량 수(eq)는?

풀이 1 mol OH^- = 1 eq OH^-, 1 eq OH^- = 1 eq H^+, 1 eq H^+ = 1 eq HNO_3

25 g NaOH	1 mol NaOH	1 mol OH^-	1 eq OH^-	1 eq H^+	1 eq HNO_3
	40 g NaOH	1 mol NaOH	1 mol OH^-	1 eq OH^-	1 eq H^+

= 0.625 eq HNO_3

15 g $Mg(OH)_2$	1 mol $Mg(OH)_2$	2 mol OH^-	1 eq OH^-	1 eq H^+	1 eq HNO_3	
	58.32 g $Mg(OH)_2$	1 mol $Mg(OH)_2$	1 mol OH^-	1 eq OH^-	1 eq H^+	= 0.514 eq HNO_3

5.5 g $Ba(OH)_2$	1 mol $Ba(OH)_2$	2 mol OH^-	1 eq OH^-	1 eq H^+	1 eq HNO_3	
	171.35 g $Ba(OH)_2$	1 mol $Ba(OH)_2$	1 mol OH^-	1 eq OH^-	1 eq H^+	= 0.064 eq HNO_3

3. 몰랄 농도 (molality)

용매(solvent) 1 kg에 녹아 있는 용질(solute)의 몰(mol) 수로 정의되며, SI 단위는 gmol/kg이고 기호는 m으로 표시한다. 특히 몰 농도 M과 구별하여야 한다. 그러나 환경 실험이나 분석에서 몰랄 농도는 거의 사용되지 않으므로 중요도가 상대적으로 낮다.

$$1\ m(\text{molality}) = \frac{1\ \text{gmol}}{1\ \text{kg 또는 } 1{,}000\ \text{g 용매}}$$

예를 들어, 물 2 kg에 설탕 3몰이 녹아 있다면 설탕물의 몰랄 농도는 1.5 m(mol/kg, 몰랄 농도)이다. 몰 농도(molarity)와 몰랄 농도(molality)는 둘 다 몰 수를 나타내는 것은 같지만, 용액 1 L에 포함된 용질의 몰 수인 몰 농도(M)와는 구분하여 사용한다.

부피를 기준으로 하는 몰 농도와 달리 몰랄 농도는 질량을 기준으로 하므로 온도 변화에 영향을 받지 않는 장점이 있다. 따라서 용액의 농도에 따른 증기압력 내림, 끓는점 오름 또는 어는점 내림 등에 사용하며, 삼투압 측정에도 몰 농도와 함께 사용된다.

Chapter 4 연습문제

01 황산 5 g에 해당하는 진한 황산 용액(98%)의 부피(mL)는 얼마인가? 단, 진한 황산(98 wt%)의 밀도는 1.84 g/mL로 가정한다.

02 Na_2SO_4 중 Na가 차지하는 질량은 전체의 몇 %인가? 15 g Na_2SO_4 중에는 몇 g의 Na가 포함되어 있는가?

03 카페인($C_8H_{10}O_2N_4$)에서 각 성분(C, H, O, N 등)의 wt%를 구하시오.

04 $Na_2SO_4 \cdot 10H_2O$에서 수화된 물의 wt%는?

05 폐기물 중에 포함된 수분량을 측정하기 위하여 다음과 같은 실험을 수행하였다. 칭량병을 미리 105～110℃에서 1시간 건조시킨 후 데시케이터 안에서 30분 동안 방치 후 질량을 측정하니 255 g(W_1)이었다. 병에 시료를 달아 질량을 측정하니 280 g(W_2)이었다. 이를 다시 105～110℃의 건조기에서 4시간 동안 건조시킨 후 데시케이터에서 30분 동안 방냉한 다음 무게를 측정하였더니 272.55 g(W_3)이었다. 폐기물 중 수분의 함량(w/w%)은?

06 실험을 위해 에탄올(C_2H_5OH, 95 vol%, 92.5 wt%) 30 mL를 취했다. 순수한 에탄올의 질량(g)은 얼마가 되겠는가? 단, 에탄올의 밀도는 0.8112 g/mL이다.

07 18도(vol%) 소주 1병(360 mL)와 13도(vol%) 백세주 1병(330 mL)을 섞을 경우 혼합주의 도수는 얼마인가?

08 물 1 L 중에 용질이 1 mg 녹아 있는 시료의 ppm은? 단, 물의 밀도는 1 g/mL로 가정한다.

09 1.0 wt%는 몇 ppm인가?

10 NaCl 585 g을 gmol, kgmol, lbmol로 표시하라.

11 어느 화합물을 연소시킬 때, 6.00 g의 이산화탄소(carbon dioxide, CO_2)를 얻기 위해서는 52%의 C를 함유한 유기화합물 몇 g을 연소시켜야 하는가?

12 미지의 X성분이 산화되어 X_2O_7을 형성한다고 할 때, 만약 1.1675 g의 X가 1 g의 산소와 결합한다면, 이 X의 원소명은?

13 인과 염소의 화합물인 염화인(P_xCl_y) 기체의 질량이 6.13 g이었고 표준상태에서 부피가 500 cm^3이었다. 이 기체의 성분을 분석하였더니 4.75 g의 염소가 함유되어 있었다. 이 기체의 분자식과 분자량은? 단, P와 Cl의 원자량은 각각 31과 35.5이다.

14 1 dm^3의 에탄올(C_2H_5OH)을 1 dm^3의 물로 희석하였다. 온도는 20℃이며, 이 온도에서 에탄올 및 물의 밀도는 각각 0.789 g/cm^3과 0.998 g/cm^3이다. 이 혼합액의 조성을 중량 분율과 몰 분율로 나타내어라.

15 A 성분을 15 wt%($x_A = 0.15$), B 성분을 20 mol%($y_B = 0.20$) 포함하고 있는 용액이 있다.

(1) 이 용액 175 kg 속에 있는 A의 질량은?

(2) 이 용액이 53 lb/hr의 속도로 흐를 때 A의 질량유속은?

(3) 분당 1,000 mol 용액이 흐른다면 B의 몰 유속은?

(4) B 성분이 초당 28 kmol의 몰 유속으로 흐를 때 이 용액의 전체 몰 유속은?

(5) 300 lb의 A를 포함하고 있는 용액의 질량은?

16 다음과 같은 경우 공기의 평균분자량을 계산하라.

(1) 공기의 몰조성 : 79% N_2, 21% O_2

(2) 공기의 질량조성 : 76.7% N_2, 23.3% O_2

17 용액 200 mL 속에 NaOH(MW = 40)가 6.00 g 녹아 있는 용액의 몰 농도는?

18 0.10 M H_2SO_4 용액 500 mL를 제조하기 위해 필요한 H_2SO_4 시약의 양은? 단, H_2SO_4 시약의 순도(purity)는 94%이고 밀도(density)는 1.831 g/cm^{3}이다.

19 0.2 N 황산 수용액 100 cm^3 중의 H_2SO_4의 g은 얼마인가?

20 2 L의 0.1 N H_3PO_4 용액 중 산(H_3PO_4)의 질량(g)을 구하라.

21 2.43 g Mg, 12.60 g Al, 13.00 g K, 12.00 g C, 2.00 g Ca의 당량수(eq)는?

Chapter 5

물리량의 상관관계

5.1 이상기체법칙(Ideal gas law)
5.2 아보가드로의 법칙(Avogadro's law)
5.3 돌턴의 법칙(Dalton's law)
5.4 그레이엄의 법칙(Graham's law)
5.5 실효속도(Root mean square speed)

5.1 이상기체법칙(Ideal gas law)

이상기체(ideal gas, 理想氣體)란 이상기체법칙을 따르는 기체로, 구성분자들이 모두 동일하며 분자의 부피가 0이고 분자간 상호작용이 없는 가상적인 기체이다. 실제의 기체들은 충분히 낮은 압력과 높은 온도에서는 이상기체와 거의 유사한 성질을 나타낸다.

이상기체는 임의 온도와 압력 아래에서 다음 가정들로부터 유도되는 관계를 따른다.

1. 어떤 한 기체는 많은 동일한 분자들로 구성된다. '많다'라는 표현은 개개의 분자들의 경로를 추적할 수 없다는 것을 의미한다.
2. 분자들은 뉴턴의 운동법칙을 따른다.
3. 분자 자체만의 총 부피는 기체 전체가 차지하는 부피 중에서 무시할 수 있을 만큼 작은 부분이다. 즉, 분자 자체의 부피는 무시한다.
4. 모든 분자의 운동은 무작위적(random)이다. 즉, 각각의 분자들은 각각의 운동방향과 속력을 가지고 운동한다.
5. 분자들은 서로 상호작용하지 않으며, 분자와 용기 벽면의 충돌은 완전탄성충돌이라 가정한다.

이러한 가정 하에서는 기체의 상태변화를 기술하는 것이 비교적 간단하다. 그래서 열역학에서는 실제기체를 대상으로 이상적인 고찰을 하는 경우가 많다. 그러나 실제기체는 구성분자의 부피가 0이 아니고, 분자끼리 상호작용을 하므로 위 이상기체의 가정과는 다르게 움직인다. 하지만 압력이 충분히 낮고 온도가 높은 경우에는 실제기체도 이상기체와 비슷한 현상을 나타낸다. 특히, 연소 공기와 회화로 연료 가스는 이상기체 법칙에 매우 잘 맞는 경향이 있다.

이상기체는 아래의 이상기체법칙을 따른다.

$$PV = nRT$$

여기서, P는 압력, V는 부피, n은 기체의 몰 수, R은 이상기체상수로서 8.3145 J/mol·K, T는 절대온도이다.

이상기체법칙은 Boyle의 법칙과 Charles의 법칙을 통합한 것으로 설명할 수 있다.

Boyle의 법칙 : $PV=$일정 ($T=$일정)

$$P_1V_1 = P_2V_2 = \text{일정}$$

Charles의 법칙 : $V/T=$일정 ($P=$일정)

$$\frac{V_1}{T_1} = \frac{V_2}{T_2} = \text{일정}$$

Boyle–Charles의 법칙 : $PV/T = \text{일정}$

$$\frac{P_1 V_1}{T_1} = \frac{P_2 V_2}{T_2} = \text{일정} = nR$$

이를 일반화 하면 다음과 같다.

$PV = nRT$ (이상기체법칙 또는 이상기체의 상태방정식)

여기서, n은 기체의 mol 수, R은 이상기체상수

표 5.1 이상기체상수 R의 다양한 값 (Kunz, 2009)

압력 P	열량, 에너지, 일	부피 V	절대온도 T	mol 수 n	이상기체상수 R
atm		L	K	gmol	0.08205 (L · atm) / (gmol · K)
atm		ft^3	°R	lbmol	0.7302 (ft^3 · atm) / (lbmol · °R)
kPa		m^3	K	kgmol	8.315 (m^3 · kPa) / (kgmol · K)
psi		ft^3	°R	lbmol	10.731 (ft^3 · psi) / (lbmol · °R)
atm		cm^3	K	gmol	82.06 (cm^3 · atm) / (gmol · K)
psi		in^3	°R	lbmol	18,540 (in^3 · psi) / (lbmol · °R)
mmHg		cm^3	K	gmol	62,360 (cm^3 · mmHg) / (gmol · K)
	Btu		°R	lbmol	1.986 (Btu) / (lbmol)(°R)
	cal		K	gmol	1.986 (cal) / (gmol)(K)
	J		K	gmol	8.314 (J) / (gmol)(K)

이상기체의 상태방정식에서 R의 차원은 다음과 같이 정리할 수 있다.

$$R = \frac{PV}{nT} = \frac{(\text{힘/길이}^2)(\text{길이}^3)}{(\text{몰 수})(\text{절대온도})} = \frac{(\text{힘})(\text{길이})}{(\text{몰 수})(\text{절대온도})} = \frac{(\text{일})}{(\text{몰 수})(\text{절대온도})}$$

대표적으로 많이 사용되는 이상기체상수를 구해보면 다음과 같다. 표준상태(0℃, 1 atm)에서 1 gmol의 이상기체가 차지하는 부피는 22.4 L이므로

$P = 1$ atm　　　　$T = 0$℃ $= 273$ K

$V = 22.4$ L　　　　$n = 1$ gmol

$$R = \frac{PV}{nT} = \frac{(1\ \text{atm})(22.4\ \text{L})}{(1\ \text{gmol})(273\ \text{K})} = 0.08205\ (\text{L}\cdot\text{atm})/(\text{gmol}\cdot\text{K})$$

이상기체상수의 값 중 몇 가지를 기억하고 있으면 사용하는데 편리하지만, 필요에 따라 위 방법과 같이 손쉽게 구할 수도 있다.

5.2 아보가드로의 법칙(Avogadro's law)

같은 온도와 압력 하에서 모든 기체는 같은 부피 속에 같은 수의 분자가 있다는 법칙으로, 표준상태(0℃, 1기압)를 가정하면 다음과 같은 관계가 성립한다.

$$\frac{V}{n} = \frac{RT}{P} = 22.4\ \text{L/mol}$$

5.3 돌턴의 법칙(Dalton's law)

돌턴의 법칙은 부분압력의 법칙으로 부르기도 하는데, 용기 내에 기체 A, B, C, ⋯ 가 존재할 때 각각의 기체들이 차지하는 부분압력은 각각의 기체만 있을 때의 압력과 같으며, 용기 내의 전체 압력은 각 기체의 부분압력의 합이다.

만약 기체가 이상기체라면, 기체 i의 부분압은 다음과 같다.

$$P_i = \frac{n_i RT}{V_i}$$

여기서, n_i는 기체 i의 몰 수이다.

기체들의 전체 몰 수(n)는 단순히 부분 몰 수(n_i)의 합이므로 부분압의 합은 다음과 같이 표현된다.

$$\sum_i P_i = \left[\frac{\left(\sum_i n_i\right)RT}{V}\right] = \frac{nRT}{V} = P$$

여기서, P_i는 부분압력 또는 부분압이고 P는 전체 압력 또는 전압을 의미한다.

몰 분율은 혼합물에서 임의의 성분 i의 몰 수를 혼합물 내의 분자의 전체 몰 수로 나눈 값으로 정의하며, 몰 분율을 모두 더하면 당연히 1이 되어야 하며, 몰 분율을 정의함으로써 부분압력은 다음과 같이 표현될 수 있다.

$$X_i = n_i/n, \qquad n = \sum_i n_i$$

여기서, X_i는 몰 분율, n_i는 부분 몰, n은 전체 몰을 의미한다.

$$P_i = X_i P$$

5.4 그레이엄의 법칙(Graham's law)

기체 분자는 높은 속도로 움직이며, 이 기체 분자의 평균 운동에너지는 $1/2m\bar{v}^2$으로 나타난다. 여기서 $\bar{v}$는 평균속도이다.

기체 분자의 평균 운동에너지는 온도에 비례하므로 다음과 같은 관계를 가진다.

$$\frac{1}{2}m\bar{v}^2 = \frac{3}{2}kT$$

여기서, k는 Boltzmann 상수로서 다음과 같이 정의된다.

$$k \equiv R/N_o = 1.381\times10^{-16}\ \text{erg/molecules}\cdot\text{K}$$

1.987 cal	4.2 J	1 N · m	10^7 dyn · cm	1 erg	1 mol
K · gmol	1 cal	1 J	1 N · m	1 dyn · cm	6.023×10^{23} molecules

$$\fallingdotseq 1.381\times10^{-16}\ \text{erg/molecules}\cdot\text{K}$$

여기서, R은 이상기체상수, N_o는 분자 수를 나타낸다.

5.5 실효속도(Root mean square speed)

실효속도 $c \equiv (\overline{v}^2)^{1/2}$는 다음과 같다.

$$c = (3kT/m)^{1/2}$$

그러므로 위 식에서 실효속도 c는 기체 질량 m 및 분자량 M과 다음과 같은 관계를 가진다.

$$\frac{c_1}{c_2} = \left(\frac{m_2}{m_1}\right)^{1/2} = \left(\frac{M_2}{M_1}\right)^{1/2}$$

평균속도 $\overline{v}$는 실효속도 c와 동일하지는 않으나, 모든 기체에서 $c = 1.085\,\overline{v}$의 관계를 가진다.

확산은 어떤 분자들이 공간으로 퍼져 나가는 현상으로서, 확산속도는 분자량이 작을수록 빠르며 작은 구멍을 통해 분자가 분출하는 분출속도와 같다. 이를 수식으로 표현하면 다음과 같다.

$$\frac{t_1}{t_2} = \left(\frac{M_1}{M_2}\right)^{1/2}$$

여기서, t는 작은 구멍을 통해 분자가 분출할 때 소요되는 시간이다. 위 식은 Graham 식의 한 형태로서, 두 기체간의 확산속도에 대한 관계는 다음 식과 같다.

$$\frac{v_1}{v_2} = \left(\frac{M_2}{M_1}\right)^{1/2}$$

참조 **실효치(Root Mean Square, RMS치, 實效値)**

정현파(소음 및 진동 분야), 교류 전압 및 교류 전류의 최대치인 $1/\sqrt{2}$의 값.

실효치란 의미 그대로 실제로 효과가 있는 값을 의미하며, RMS치란 최대치(피크치)의 Root Mean Square(제곱평균 제곱근)로서, 만약 피크치가 a라면

RMS치 $= \sqrt{\dfrac{a^2}{2}} = \dfrac{a}{\sqrt{2}}$으로 표현된다.

예제 5-1

절대온도 350 K와 300 mmHg의 압력에서 0.1 mol의 NO 기체가 차지하는 부피(L)는?

풀이

350 K (T)	300 mmHg (P)
0.1 mol NO gas (n)	부피(L) (V) ?

이상기체의 상태방정식, $PV = nRT$

이 경우 주어진 조건에 근접하는 이상기체상수를 구하는 것이 중요하다.

$R = 0.08205$ (L · atm)/(mol · K) $\qquad T = 350$ K

$n = 0.1$ mol

$$P = \frac{300\ \text{mmHg}}{\ } \bigg| \frac{1\ \text{atm}}{760\ \text{mmHg}} = 0.395\ \text{atm}$$

그러므로

$$V = \frac{nRT}{P} = \frac{(0.1\ \text{mol})[0.08205\ (\text{L}\cdot\text{atm})/(\text{mol}\cdot\text{K})](350\ \text{K})}{(0.395\ \text{atm})}$$

$$= 7.27\ \text{L}$$

예제 5-2

2.46 g의 질량을 가지는 미지의 기체가 35℃와 800 Torr의 조건에서 차지하는 부피가 820 cm^{3}일 때, 이 기체의 분자량은?

풀이

2.46 g gas	35℃ (T)
800 Torr (P)	820 cm^3 (V)
분자량 ?	

$P = 800$ Torr $\qquad P = \frac{800\ \text{Torr}}{\ } \bigg| \frac{1\ \text{atm}}{760\ \text{torr}} = 1.0526\ \text{atm}$

$V = 820\ \text{cm}^3 = 820$ mL $\qquad R = 82.05$ (mL · atm)/(mol · K)

$T = 35℃ = 308$ K

$$n = \frac{PV}{RT} = \frac{(1.0526\ \text{atm})(820\ \text{mL})}{[82.05\ (\text{mL}\cdot\text{atm})/(\text{mol}\cdot\text{K})](308\ \text{K})} = 0.0342\ \text{mol}$$

그러므로 분자량은 2.46 g / 0.0342 mol = 71.93 g/mol

예제 5-3

유리 전구가 98.5℃와 742 Torr의 조건에서 휘발성 기체로 가득 차 있다. 이 조건에서 유리 전구를 가득 채우고 있는 기체의 질량은 0.417 g이었다. 이 전구의 내부가 실온에서 물(밀도, 0.998 g/cm^3)로 채워져 있다고 가정했을 때, 물의 질량은 110 g이었다. 이 기체의 분자량은?

풀이

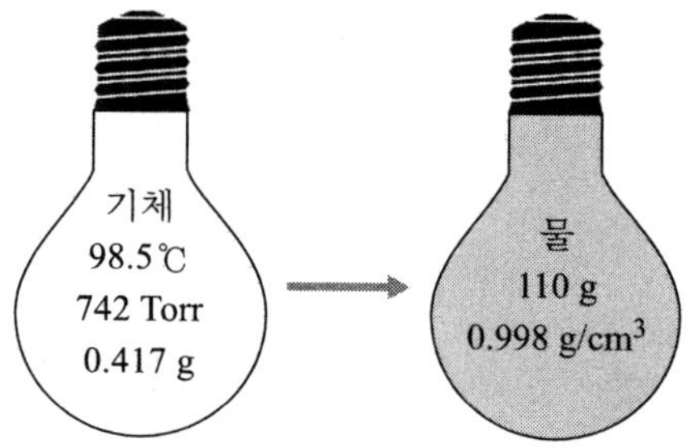

유리 전구의 내부 부피는 내부에 차있는 물의 부피와 동일하다.

$$\frac{110\text{ g water} \mid 1\text{ cm}^3}{\mid 0.998\text{ g}} = 110.22\text{ cm}^3$$

이상기체의 상태방정식에 의해 이 기체의 몰 수를 계산할 수 있다.

$P = 742$ Torr $\qquad P = \dfrac{742\text{ Torr} \mid 1\text{ atm}}{\mid 760\text{ Torr}} = 0.9763\text{ atm}$

$R = 82.05\text{ (mL}\cdot\text{atm)/(mol}\cdot\text{K)}$ $\qquad T = 98.5℃ = 371.5$ K

$$n = \frac{PV}{RT} = \frac{(0.9763\text{ atm})(110.22\text{ mL})}{[82.05\text{ (mL}\cdot\text{atm)/(mol}\cdot\text{K)}](371.5\text{ K})} = 3.53\times10^{-3}\text{ mol}$$

그러므로 분자량은 $0.417\text{ g} / 3.53\times10^{-3}\text{ mol} = 118.13\text{ g/mol}$

예제 5-4

질소산화물을 분석해보니 27℃와 0.982 atm의 조건에서, 215 mL의 부피로 측정되었고 질량은 0.925 g이었다. 전체 기체 질량에 대한 질소의 비율은 25.9%일 때, 이 기체의 분자량과 분자식을 구하라.

풀이

27℃ (T) $\qquad$ 0.982 atm (P)
215 mL 증기 (V) $\qquad$ 0.925 g (m)
분자량, 분자식 ?

$$\frac{\text{질소 질량}}{\text{전체 기체 질량}} = 0.259$$

이상기체의 상태방정식에 의해 이 기체의 몰 수를 계산할 수 있다.

$P = 0.982$ atm　　　　　　　　　　$R = 82.05$ (mL · atm)/(mol · K)

$T = 27℃ = 300$ K

$$n = \frac{PV}{RT} = \frac{(0.982 \text{ atm})(215 \text{ mL})}{[82.05 \text{ (mL} \cdot \text{atm)/(mol} \cdot \text{K)}](300 \text{ K})} = 8.578 \times 10^{-3} \text{ mol}$$

그러므로 분자량은 $0.925 \text{ g} / 8.578 \times 10^{-3} \text{ mol} = 107.83 \text{ g/mol}$

그러므로 각각 질소와 산소의 몰당 질량은

107.83 g	25.9 g N	1 mol N	
mol	100 g 증기	14 g N	= 2 mol N/mol 증기

107.83 g	74.1 g O	1 mol O	
mol	100 g 증기	16 g O	= 5 mol O/mol 증기

증기 1몰 안에 2개의 질소원자와 5개의 산소원자가 존재한다.

그러므로 N_2O_5 (정확한 분자량은 108 g/mol)

예제 5-5

황산구리($CuSO_4$) 수화물 293.1 g을 가열하여 물을 수증기의 형태로 완전히 제거하였다. 이 수증기를 250℃와 1 atm의 조건에서 포집하였다. 가열한 후 황산구리 시료의 질량은 219.0 g이었다. 실험 조건에서 포집된 수증기의 부피(L)는? 또한, 사용된 황산구리 수화물의 분자량과 분자식은?

풀이

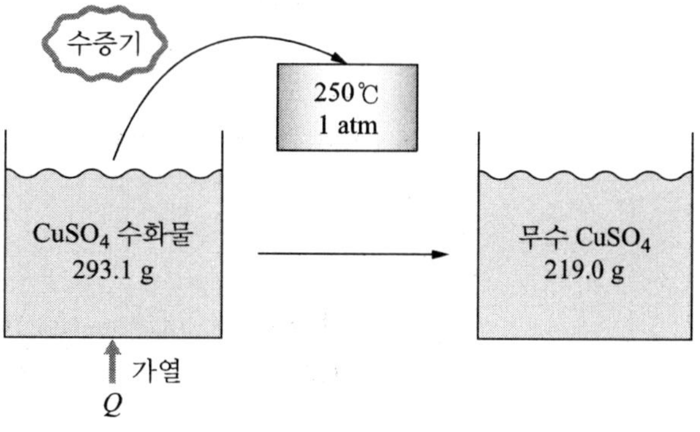

가열 후 시료는 무수 황산구리로 전환된다. 무수 황산구리의 몰 수는

219.0 g $CuSO_4$	1 mol $CuSO_4$	
	159.5 g $CuSO_4$	= 1.373 mol $CuSO_4$

증발된 수증기의 질량과 몰 수는

$$293.1\ \text{g 수화물} - 219.0\ \text{g}\ CuSO_4 = 74.1\ \text{g}\ H_2O$$

$$\frac{74.1\ \text{g}\ H_2O \mid 1\ \text{mol}\ H_2O}{\mid 18\ \text{g}\ H_2O} = 4.12\ \text{mol}\ H_2O$$

물과 황산구리의 몰 비는

$$\frac{4.12\ \text{mol}\ H_2O}{1.373\ \text{mol}\ CuSO_4} = 3\ \text{mol}\ H_2O/\text{mol}\ CuSO_4$$

물의 mol 수가 황산구리의 mol 수보다 3배 정도 많다.
그러므로 수화물의 분자식은 $CuSO_4 \cdot 3H_2O$이고 분자량은 213.5 g/mol이다.

$P = 1.0\ \text{atm}$
$R = 0.08205\ (\text{L} \cdot \text{atm})/(\text{mol} \cdot \text{K})$
$T = 250℃ = 523\ \text{K}$

$$V = \frac{nRT}{P} = \frac{(4.12\ \text{mol}\ H_2O)[0.08205\ (\text{L} \cdot \text{atm})/(\text{mol} \cdot \text{K})](523\ \text{K})}{1.0\ \text{atm}} = 176.8\ \text{L}$$

예제 5-6

10℃와 820 mmHg의 조건에서 286 cm^3의 부피를 차지하는 기체의 압력을 500 mmHg로 낮추고 온도는 30℃로 올렸을 때 부피는 어떻게 변화하는가?

풀이

10℃ (T_1) 820 mmHg (P_1) 286 cm^3 (V_1)	→	30℃ (T_2) 500 mmHg (P_2) ? cm^3 (V_2)

Boyle-Charles의 법칙에 의해

$$\frac{P_1 V_1}{T_1} = \frac{P_2 V_2}{T_2}$$

$$V_2 = \frac{P_1 V_1 T_2}{T_1 P_2} = \frac{(820\ \text{mmHg})(286\ \text{cm}^3)(303\ \text{K})}{(283\ \text{K})(500\ \text{mmHg})} = 502\ \text{cm}^3$$

예제 5-7

압축된 헬륨(He) 기체로 가득 찬 강철 실린더의 바깥 부피는 10 ft^3이고 빈 실린더의 질량은 180 lb이었다. 이 실린더를 개방하여 실린더 안에 있는 기체를 800 mmHg의 압력에서 50 ft^3의 저장탱크에 저장하였다. 강철의 밀도는 7.8 g/cm^3이었다. Boyle의 법칙을 가정할 때, 초기 실린더 안에서의 기체 압력(atm)은 얼마인가?

풀이

10 ft^3 (V) ? atm (P_1)	→	50 ft^3 (V_2) 800 mmHg (P_2)

$$P_1 V_1 = P_2 V_2$$

P_1을 구하고자 하는 문제인데, $P_2 = 800$ mmHg, $V_2 = 50$ ft^3

여기서 V_1이 정확하게 제시되지 않고 있다.

V_1은 실린더 전체 부피에서 강철만의 순수 부피를 빼면 구할 수 있다.

순수 강철이 차지하는 부피는 질량과 밀도의 비에 의해 구할 수 있다.

$$\text{부피} = \frac{\text{질량}}{\text{밀도}} = \frac{180\ \text{lb}}{} \left| \frac{\text{cm}^3}{7.8\ \text{g}} \right| \frac{454\ \text{g}}{1\ \text{lb}} \left| \frac{(1\ \text{in})^3}{(2.54\ \text{cm})^3} \right| \frac{(1\ \text{ft})^3}{(12\ \text{in})^3} = 0.37\ \text{ft}^3$$

그러므로 실린더 내부의 면적, 즉 기체의 부피는

$$10\ \text{ft}^3 - 0.37\ \text{ft}^3 = 9.63\ \text{ft}^3$$

$$P_1 = \frac{P_2 V_2}{V_1} = \frac{(800\ \text{mmHg})(50\ \text{ft}^3)}{(9.63\ \text{ft}^3)} = 4{,}154\ \text{mmHg}$$

$$\frac{4{,}154\ \text{mmHg}}{} \left| \frac{1\ \text{atm}}{760\ \text{mmHg}} \right. = 5.47\ \text{atm}$$

예제 5-8

1.5 g의 기체 시료가 25℃와 700 mmHg 조건 하에서 1 L 용기에 가득 차 있다. 이 용기를 가열하여 내부 온도를 150℃로 가열하면서 용기의 마개를 열어서 압력은 700 mmHg로 일정하게 유지하였다. 새로운 조건에서 용기 내에 남아있는 기체의 질량(g)은?

풀이

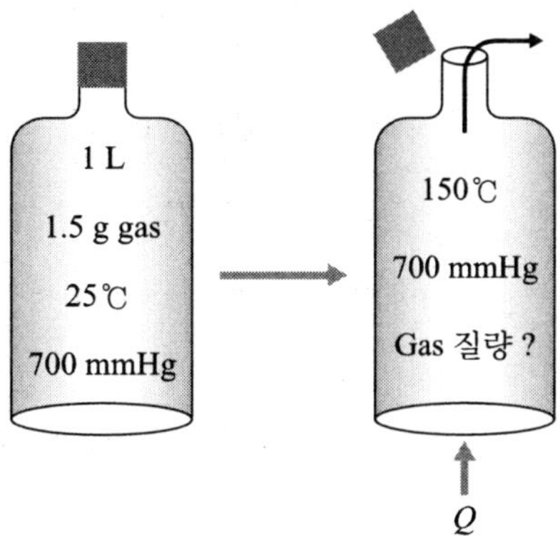

초기 조건에는 기체가 1 L를 유지하고 있으나, 가열하면 압력은 일정하므로 부피가 팽창한다. 팽창된 부피의 일부는 용기 바깥으로 배출되므로 질량은 감소할 것이다.

압력이 고정된 상태이므로 Charles의 법칙을 적용할 수 있다.

$$\frac{V_1}{T_1} = \frac{V_2}{T_2}$$

$T_1 = 25℃ = 298\ \text{K}$　　　　$V_1 = 1\ \text{L}$

$T_2 = 150℃ = 423\ \text{K}$　　　　$V_2 = ?\ \text{L}$

$$V_2 = \frac{T_2 V_1}{T_1} = \frac{(423\ \text{K})(1\ \text{L})}{(298\ \text{K})} = 1.419\ \text{L}$$

용기에 남아있는 기체는 1 L이므로, 그 질량은

$$1.5\ \text{g} \times \frac{1\ \text{L}}{1.419\ \text{L}} = 1.057\ \text{g}$$

예제 5-9

전압 2.5 atm과 온도 27℃ 조건에서 0.4 mol He 기체가 5 L 용기 내에서 Ne 기체와 혼합되어 있을 때, He와 Ne의 부분압은 얼마인가? 용기 내 Ne의 몰 수는?

풀이

27℃ (T)	전압 2.5 atm (P)	5 L 용기 (V)
(He + Ne) gas	0.4 mol He gas	? mol Ne gas (n)

He의 부분압은

$$P_{\text{He}} = \frac{n_{\text{He}}RT}{V} = \frac{(0.4\ \text{mol})[0.08205\ (\text{L}\cdot\text{atm})/(\text{mol}\cdot\text{K})](300\text{K})}{(5\ \text{L})} = 1.969\ \text{atm}$$

Ne의 부분압은 Dalton의 법칙에 의해 다음과 같다.

$$P_{\text{Ne}} = P - P_{\text{He}} = 2.5\ \text{atm} - 1.969\ \text{atm} = 0.531\ \text{atm}$$

용기 내 존재하는 Ne의 몰 수는

$$n_{\text{Ne}} = \frac{P_{\text{Ne}}V}{RT} = \frac{(0.531\ \text{atm})(5\ \text{L})}{[0.08205\ (\text{L}\cdot\text{atm})/(\text{mol}\cdot\text{K})](300\ \text{K})} = 0.108\ \text{mol}$$

예제 5-10

0.50 L Xe 기체가 용기 내 물 위에 포집되어 있고 기압계는 757.2 mmHg였을 때, 포집되어 있는 Xe의 몰 수는? 단, Xe 기체가 물에 의해 포화되어 있다고 가정하고, 물의 증기압은 35℃에서 42.2 mmHg이다.

풀이

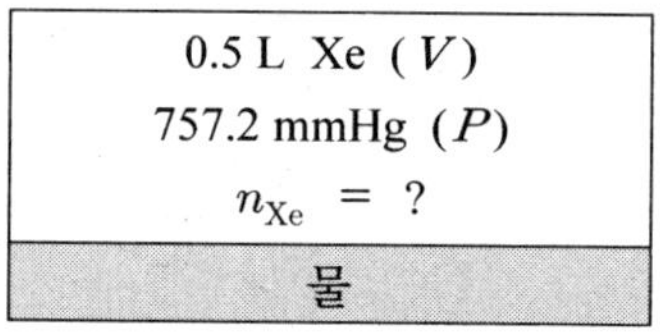

Xe 기체의 부분압은 Dalton의 법칙에 의해 다음과 같다.

$$P_{Xe} = P - P_{water} = 757.2\ \text{mmHg} - 42.2\ \text{mmHg} = 715.0\ \text{mmHg}$$

$$\frac{715\ \text{mmHg} \mid 1\ \text{atm}}{\mid 760\ \text{mmHg}} = 0.941\ \text{atm}$$

용기내 존재하는 Xe의 몰 수는

$$n_{Xe} = \frac{P_{Xe}V}{RT} = \frac{(0.941\ \text{atm})(0.5\ \text{L})}{[0.08205\ (\text{L}\cdot\text{atm})/(\text{mol}\cdot\text{K})](308\ \text{K})} = 0.0186\ \text{mol}$$

참조 **수증기압(water vapor pressure, 水蒸氣壓)**

주전자에 물을 넣고 끓이면 주전자 뚜껑이 들썩이게 되는데 원인은 주전자 안의 수증기압이 높아졌기 때문이다. 수은이 담긴 U자 형태의 유리관을 연결한 밀폐된 용기 속에 물을 반쯤 넣어 두면 용기 속 수증기량이 증가한다. 수증기량이 많아지면 압력도 증가하는데 이때의 압력을 수증기압이라 한다. 수증기압이 증가하면 수평이었던 U자관의 수은주는 반대쪽으로 밀려올라가고, 이 수은주의 높이로 수증기압을 측정한다. 수증기압의 단위는 기압의 단위인 hPa을 쓴다.

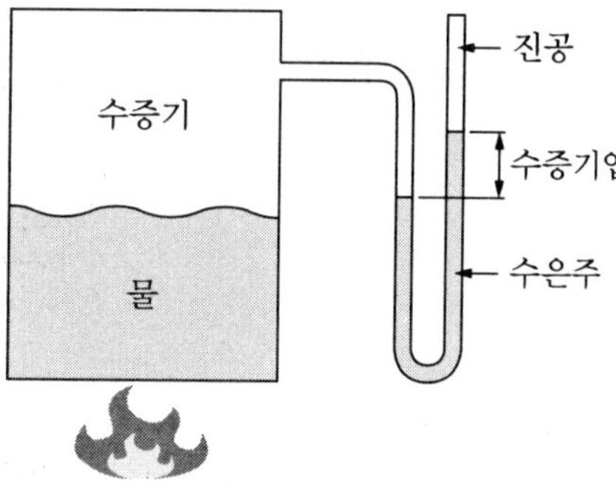

예제 5-11

작은 오리피스(orifice)를 통과하는 데 320 s가 소요되는 분자량 30의 기체가 있다. 동일한 조건에서 동일한 오리피스(orifice)를 통과하는 데 1,020 s가 소요되는 기체가 있다면, 이 기체의 분자량은 얼마인가?

풀이

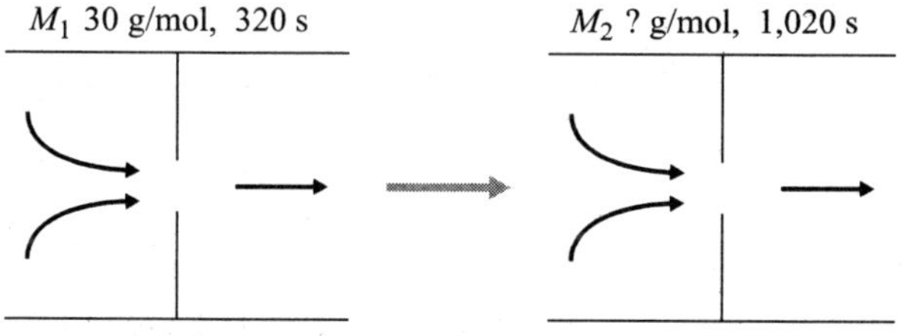

Graham의 법칙에 의하면 오리피스 통과하는 시간은 분자량과 다음의 관계를 가진다. 미지 기체의 분자량은

$$M_2 = M_1\left(\frac{t_2}{t_1}\right)^2$$

$$= \frac{30\ \text{g}}{\text{mol}}\left|\frac{(1{,}020\ \text{s})^2}{(320\ \text{s})^2}\right. = 305\ \text{g/mol}$$

예제 5-12

어떤 체적의 염소(Cl_2) 가스가 작은 구멍의 오리피스를 통과하는 데 97.5 s가 걸렸다. 동일한 체적의 수증기가 동일한 조건에서 동일한 오리피스를 통과하는 데 몇 초(s)가 걸리는가?

풀이

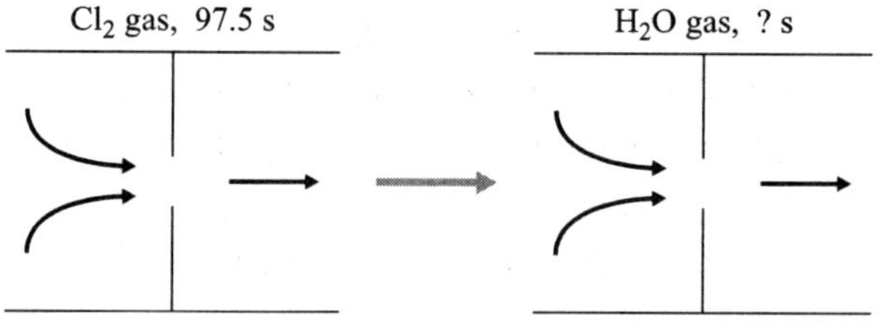

Graham의 법칙에 의하면

$$t_{H_2O} = t_{Cl_2}\left(\frac{M_{H_2O}}{M_{Cl_2}}\right)^{1/2}$$

염소(Cl_2) 분자량 71 g/mol, 수증기(물, H_2O) 분자량 18 g/mol

$$t_{H_2O} = \frac{97.5\ \text{s} \mid (18\ \text{g/mol})^{1/2}}{\mid (71\ \text{g/mol})^{1/2}} = 49.1\ \text{s}$$

예제 5-13

길이 1,000 ft의 관의 시작 부분에 동일한 체적의 산소와 수소가 있다. 분자량이 적은 수소가 먼저 끝 부분에 도달하게 되는데, 수소가 끝 부분에 도달했을 때 산소가 도달하는 지점의 위치는?

풀이

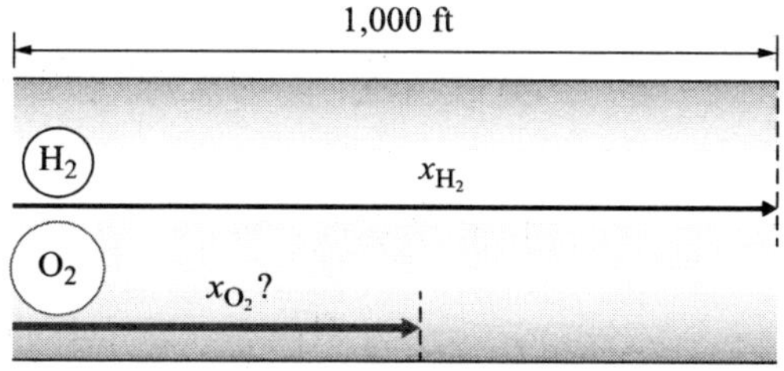

Graham 식으로서, 두 기체간의 확산속도에 대한 관계는 다음 식과 같다.

$$\frac{v_1}{v_2} = \frac{x_1}{x_2} = \left(\frac{M_2}{M_1}\right)^{1/2}$$

여기서, v는 속도, x는 거리, M은 분자량이다.
Graham 식의 한 형태로서, 두 기체간의 확산속도에 대한 관계는 다음 식과 같다.

$$x_{O_2} = x_{H_2}\left(\frac{M_{H_2}}{M_{O_2}}\right)^{1/2}$$

$$x_{O_2} = \frac{1{,}000\ \text{ft} \mid (2\ \text{g/mol})^{1/2}}{\mid (32\ \text{g/mol})^{1/2}} = 250\ \text{ft}$$

예제 5-14

27℃ 조건에서 10 L 용기 내에 H_2 0.3 mol, N_2 0.7 mol, CO_2 0.1 mol의 기체들이 혼합되어 있다. 이 기체들의 전압과 H_2의 부분압을 구하라.

풀이

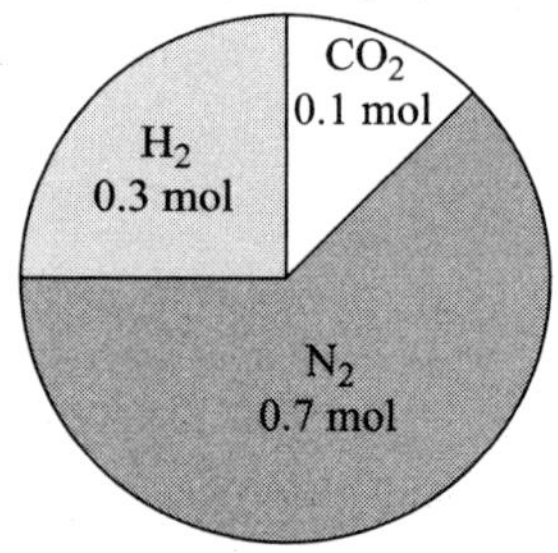

Dalton의 법칙에 의해 전체 몰 수는 $0.3+0.7+0.1=1.1$ mol이다.

$$P = \frac{nRT}{V} = \frac{(1.1\ \text{mol})[0.08205\ (\text{L}\cdot\text{atm})/(\text{mol}\cdot\text{K})](300\ \text{K})}{(10\ \text{L})} = 2.71\ \text{atm}$$

H_2의 부분압은

$$P_{H_2} = \frac{n_{H_2}RT}{V} = \frac{(0.3\ \text{mol})[0.08205\ (\text{L}\cdot\text{atm})/(\text{mol}\cdot\text{K})](300\ \text{K})}{(10\ \text{L})} = 0.74\ \text{atm}$$

또는, Dalton의 분압법칙에 의하면, 부분압과 부분 몰 수와의 관계에 의해 쉽게 계산할 수도 있다.

$$P_{H_2} = P\frac{n_{H_2}}{n} = \frac{(2.71\ \text{atm})(0.3\ \text{mol})}{(1.1\ \text{mol})} = 0.74\ \text{atm}$$

참조 **Dalton의 분압법칙**

Dalton의 분압법칙은 혼합 기체의 부피, 압력, 몰 수 등에 관한 법칙으로 1801년 J. Dalton에 의해 발표되었다.

(1) 압력 및 온도가 같은 기체를 같은 온도와 압력 하에서 혼합하면, 이 혼합물의 부피는 각 성분 기체의 부피의 합과 같다.

$$V = V_1 + V_2 + V_3 + \cdots + V_i$$

(2) 이때 혼합 기체 내에서 각 성분 기체가 가지는 압력, 즉 분압의 합은 혼합 기체가 나타내는 압력(전압)과 같다.

$$P = P_1 + P_2 + P_3 + \cdots + P_i$$

(3) 각 성분의 분압의 비는 각 성분의 몰 분율의 비와 같다.

$$\frac{P_1}{P}=\frac{n_1}{n},\quad \frac{P_2}{P}=\frac{n_2}{n},\quad \frac{P_3}{P}=\frac{n_3}{n},\quad \cdots,\quad \frac{P_i}{P}=\frac{n_i}{n}$$

여기서, n은 전체 몰 수로서 $n=n_1+n_2+n_3+\cdots+n_i$이다. P는 전압, P_1, P_2, P_3, …, P_i는 제1, 제2, 제3, …, 제i종의 분압을 나타내고, n_1, n_2, n_3, …, n_i는 제1, 제2, 제3, …, 제i종의 몰 수를 나타낸다.

이 법칙은 엄밀하게는 이상기체에 대해서만 적용되고, 실제기체에서는 조금 벗어나는 것으로 알려져 있다.

예제 5-15

한 용기 내 압력이 640 mmHg로서 400 mL의 기체를 함유하고 있으며, 이 용기는 780 mmHg에서 1,000 mL의 기체를 가진 용기와 연결되어 있다. 용기간의 밸브를 열어서 기체들을 혼합시켰다. 온도가 일정하게 유지된다면, 최종압력은 얼마인가?

풀이

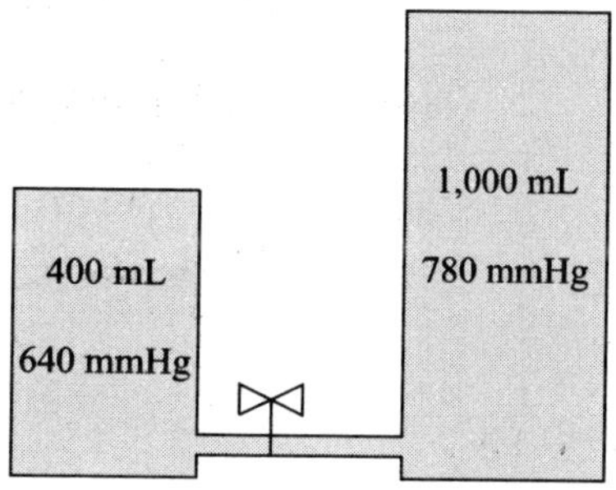

밸브를 연 후 최종 부피는

$$V_2 = 400\text{ mL} + 1{,}000\text{ mL} = 1{,}400\text{ mL}$$

온도가 일정하다고 가정하였으므로 Boyle의 법칙을 적용하면 각 용기의 압력을 구할 수 있다.

$$P_2 = P_1 V_1 / V_2$$
$$(P_A)_2 = (640\text{ mmHg})(400\text{ mL}) / (1{,}400\text{ mL}) = 183\text{ mmHg}$$
$$(P_B)_2 = (780\text{ mmHg})(1{,}000\text{ mL}) / (1{,}400\text{ mL}) = 557\text{ mmHg}$$

Dalton의 분압법칙에 의해 전체 압력은 각 용기의 부분압의 합이다.

$$P = P_A + P_B = 183\text{ mmHg} + 557\text{ mmHg} = 740\text{ mmHg}$$

예제 5-16

용기 내 20℃ 온도와 700 mmHg 압력이 있는 상태에서 453 mL의 질소 가스가 물 위에 포집되어있다. 만약 40℃ 온도와 780 mmHg 압력이 있는 상태에서 이 질소 가스가 포집되어 있다면 그 부피는? 단, 20℃와 40℃에서의 수증기압은 각각 17.5 mmHg와 55.3 mmHg이다.

풀이

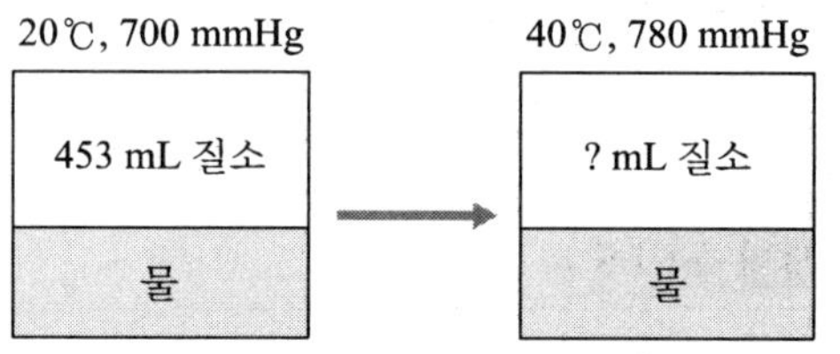

질소 가스의 부분압은 다음과 같이 P_1에서 P_2로 변화한다.

$$P_1 = 700\ \text{mmHg} - 17.5\ \text{mmHg} = 682.5\ \text{mmHg}$$
$$P_2 = 780\ \text{mmHg} - 55.3\ \text{mmHg} = 724.7\ \text{mmHg}$$

Boyle-Charles의 법칙에 의해

$$V_2 = \frac{P_1 V_1 T_2}{T_1 P_2} = \frac{(682.5\ \text{mmHg})(453\ \text{mL})(313\ \text{K})}{(724.7\ \text{mmHg})(293\ \text{K})} = 455.7\ \text{mL}$$

예제 5-17

4.49 g의 칼슘(Ca)이 염산(HCl)과 접하면 2.73 L의 수소(H_2) 가스가 발생하여 12℃, 740.5 mmHg 기압이 되었다. 용기 내 물 위에서 이를 측정하였다. 칼슘의 원자량을 계산하지 않은 상태에서 g 당량을 구하라. 단, 12℃ 수증기압은 10.5 mmHg이다.

풀이

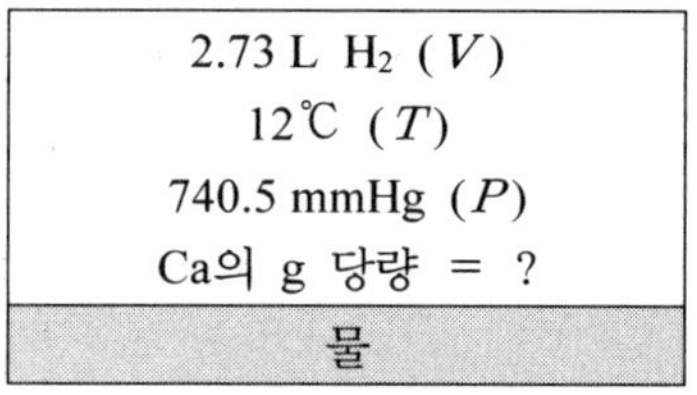

수소의 순수 압력은

$$P_{H_2} = 740.5\ \text{mmHg} - 10.5\ \text{mmHg} = 730\ \text{mmHg}$$

$$\frac{730\ \text{mmHg}}{} \left| \frac{1\ \text{atm}}{760\ \text{mmHg}} \right. = 0.961\ \text{atm}$$

이상기체 상태방정식에 의해 수소 가스의 몰 수를 구하면,

$$n_{H_2} = \frac{P_{H_2}V}{RT} = \frac{(0.961\ \text{atm})(2.73\ \text{L})}{[0.08205\ (\text{L}\cdot\text{atm})/(\text{mol}\cdot\text{K})](285\ \text{K})} = 0.112\ \text{mol}$$

$$\frac{4.49\ \text{g Ca}}{0.112\ \text{mol } H_2}\left|\frac{1\ \text{mol } H_2}{2\ \text{eq } H_2}\right|\frac{1\ \text{eq } H_2}{1\ \text{eq Ca}} = 20.04\ \text{g Ca/eq Ca}$$

칼슘의 원자량은 40, 원자가가 +2이므로 g 당량은 20으로 일치한다.

예제 5-18

1.861 g의 금속산화물을 가열하면 109.8 cm^{3}의 산소(O_2)가 생성되는데, 이 가스를 수은 위에서 포집하였더니 온도는 26℃이고 기압은 735 mmHg이었다(수은의 증기압은 무시한다). 산화물을 형성하는 금속의 g 당량을 계산하고 분자식을 구하라.

풀이

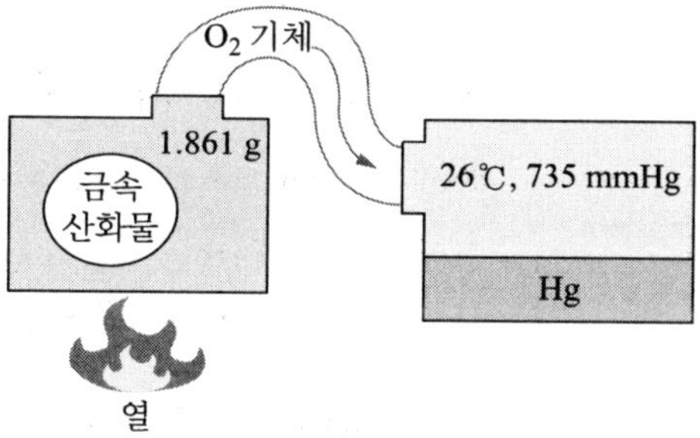

발생된 산소의 압력은

$$\frac{735\ \text{mmHg}}{}\left|\frac{1\ \text{atm}}{760\ \text{mmHg}}\right. = 0.9671\ \text{atm}$$

발생된 산소의 몰 수는

$$n_{O_2} = \frac{P_{O_2}V}{RT} = \frac{(0.9671\ \text{atm})(109.8\ \text{cm}^3)}{[82.05\ (\text{cm}^3\cdot\text{atm})/(\text{mol}\cdot\text{K})](299\ \text{K})} = 0.00433\ \text{mol } O_2$$

생성된 산소의 질량은

$$\frac{0.00433\ \text{mol } O_2}{}\left|\frac{32\ \text{g } O_2}{1\ \text{mol } O_2}\right. = 0.1385\ \text{g } O_2$$

남아있는 산화물의 질량은

1.861 g의 산화물 − 0.1385 g O_2 = 1.7225 g 금속

$$\frac{1.7225\text{ g 금속}}{0.1385\text{ g O}_2}\left|\frac{32\text{ g O}_2}{1\text{ mol O}_2}\right|\frac{1\text{ mol O}_2}{4\text{ eq O}_2}\left|\frac{1\text{ eq O}_2}{1\text{ eq 금속}}\right. = 99.5\text{ g 금속/eq 금속}$$

수은의 원자량은 200.59이고, 원자가가 +2이므로 g 당량은 100.3으로 앞에서 구한 99.5와 거의 비슷하다. 그러므로 금속산화물은 HgO이다.

예제 5-19

25℃에서 질소 분자(N_2)의 실효속도는?

풀이 실효속도는 다음과 같다.

$$c = \left(\frac{3kT}{m}\right)^{1/2} = \frac{(3 \times 1.381\times10^{-16}\text{ erg/molecule}\cdot\text{K} \times 298\text{ K})^{1/2}}{(28\text{ g/mol} \times \text{mol}/6.022\times10^{23}\text{ molecules})^{1/2}}$$

$$= 51{,}528\ (\text{erg/g})^{1/2}$$

계산을 위해 erg 단위를 전환하면

$$1\text{ erg} = \text{dyn}\cdot\text{cm} = \text{g}\cdot\text{cm/s}^2\cdot\text{cm} = \text{g}\cdot\text{cm}^2/\text{s}^2$$

그러므로 $1.381\times10^{-16}\text{ erg/molecule}\cdot\text{K}$

$$= 1.381\times10^{-16}\text{ g}\cdot\text{cm}^2/\text{s}^2\cdot\text{molecule}\cdot\text{K}$$

$$c = \left(\frac{3kT}{m}\right)^{1/2} = \frac{(3 \times 1.381\times10^{-16}\text{ g}\cdot\text{cm}^2/\text{s}^2\cdot\text{molecule}\cdot\text{K} \times 298\text{ K})^{1/2}}{(28\text{ g/mol} \times \text{mol}/6.022\times10^{23}\text{ molecules})^{1/2}}$$

$$= 51{,}528\text{ cm/s}$$

$$c = 5.15\times10^4\text{ cm/s} = 0.515\text{ km/s}$$

예제 5-20

25℃에서 수소(H_2) 기체와 산소(O_2) 기체가 있다. 두 기체 분자의 평균 운동에너지와 평균 속도를 비교하라.

풀이 모든 기체의 평균 분자 운동에너지는

$$\frac{1}{2}m\bar{v}^2 = \frac{3}{2}kT$$

위 식을 보면 k는 Boltzmann 상수로서 $k \equiv R/N_o = 1.381\times10^{-16}$ erg/molecules·K의 일정한 값을 가지고 온도가 일정하게 주어진 상태에서는 모든 기체 분야의 운동에너지는 동일하게 된다. 즉, 수소 기체와 산소 기체의 평균 분자 운동에너지는 동일하다.

평균속도 $\bar{v}$는 실효속도 c와 동일하지는 않으나, 모든 기체에서 $c = 1.085\bar{v}$의 관계를 가지므로, 실효속도의 비를 살펴보는 것은 평균속도의 비를 관찰하는 것과 동일하다.

$$\frac{c_1}{c_2} = \left(\frac{m_2}{m_1}\right)^{1/2} = \left(\frac{M_2}{M_1}\right)^{1/2}$$

$$\frac{c_{H_2}}{c_{O_2}} = \frac{M_{O_2}^{1/2}}{M_{H_2}^{1/2}} = \frac{(32\ \text{g/mol})^{1/2}}{(2\ \text{g/mol})^{1/2}} = 4$$

수소 기체의 속도는 산소 기체의 속도보다 4배 빠르다는 것을 알 수 있다.

Chapter 5 연습문제

01 만약 0.0750 mol의 산소(O_2)의 부피가 1,400 mL이고 온도가 27℃이었다면, 산소에 의해 작용하는 압력(Torr)은?

02 100℃와 730 mmHg의 조건에서 기체 Cl_2 1 L가 차지하는 질량(g)은?

03 수은 염화물 증기의 밀도는 수소 기체의 밀도에 비해 234배 크다. 이 증기는 15.0 wt%의 염소를 가지고 있다. 200℃와 0.5 atm의 조건에서 3.25 g의 수은 염화물 증기의 부피(L)는? 이 증기의 분자식은?

04 일정한 온도 상태에서 180 cm^3의 기체를 20 cm^3으로 압축하는 데 필요한 압력(atm)은? 단, 초기 압력은 20 cmHg이다.

05 125℃에서 600 mL 체적의 수소기체가 압력변화가 없는 상태에서 냉각되어 체적이 275 mL가 되었다면 최종온도(℃)는?

06 2종류의 휘발성 증기의 밀도는 질소와 비교할 때 각각 2.5배와 1.5배이었다. 이 증기들의 분자량은?

07 일정 체적의 질소 가스가 오리피스(orifice)를 통과하는 데 35 s가 소요되었고, 동일한 부피의 미지 가스가 동일한 오리피스를 통과하는데 50 s가 소요되었다. 이 미지 가스의 분자량은?

08 500 cm 길이의 관이 있다. 한 쪽 끝은 암모니아(NH_3) 가스가 포화된 헝겊으로 막혀 있고, 다른 한 쪽 끝은 염화수소(HCl) 가스가 포화된 헝겊으로 막혀 있다. 두 가스가 만나서 흰 염화암모늄(NH_4Cl) 가스를 형성하는 지점은?

09 1.1 atm에서 65% 질소, 15% 산소, 20% 이산화탄소를 가진 혼합기체가 있다. 이 혼합물에서 각 기체의 부분압(mmHg)을 계산하라.

10) 용기 내에서 25℃ 온도와 744 Torr 기압이 있는 상태에서 0.15 L의 기체 시료가 물 위에 포집되어 있다. 이 기체 시료의 질량이 0.20 g일 때, 이 기체의 분자량은? 단, 25℃에서 수증기압은 23.8 Torr이다.

11) 분자의 평균속도와 실효속도는 다르다. 임의의 값(1, 2, 3, 4, 5, 6)을 대입하여 평균속도와 실효속도가 다름을 증명하라.

Chapter 6

물질수지

물질수지(material balance, mass balance, 物質收支)는 장치 혹은 공정(process)의 일부분 또는 전체에 대해서 물질불멸의 법칙 또는 질량보존의 법칙을 적용하여 물질의 출입 밸런스(balance, 收支)를 수량적으로 조사하는 것을 말한다.

질량보존의 법칙(law of conservation of mass, 質量保存法則)은 질량불변의 법칙이라고도 한다. 화학에서는 정량분석(定量分析)의 기본이 되는 매우 중요한 법칙이다. 1774년 화학의 아버지로 불리고 있는 프랑스의 화학자 A. L. 라부아지에(Antoine Laurent Lavoisier)에 의해서 발견되고, H. 란돌트(Landolt, Hans Heinrich)(1908)와 L. 외트뵈시(Lurcnt Eötvös)(1909)에 의해 실험적으로 검토되어, 실험오차의 범위 내에서 충분히 질량보존의 법칙이 성립된다는 것이 증명되었다. 화학반응의 전후에서 물질을 구성하는 성분은 모두 생성물질을 구성하는 성분으로 전환할 뿐이며, 물질이 소멸하거나 생성되지 않는다는 의미이다.

다만, 아인슈타인의 상대성이론에 의하면, 반응열의 출입에 따르는 반응계의 에너지 증감에 의해서 극히 미소하지만 반응계의 질량은 변화를 받으므로, 엄밀히 말하자면 질량보존의 법칙은 성립하지 않으며, 이런 의미에서 질량보존의 법칙은 근사적인 법칙이라고 말할 수 있다.

그러나 방대한 반응에너지의 출입을 수반하는 원자핵 반응 등을 제외한, 일반 화학반응에서는 계 전체의 질량에 비해서 그 영향이 무시할 수 있을 정도로 작으므로 이 법칙은 성립되는 것으로 생각해도 무방하다. 사실상 란돌트의 실험에서는 항상 $2\times10^{-7}\sim10^{-8}$ 정도의 오차로써 성립된다는 것이 확인되었다.

물질수지는 화학공학 분야에서 먼저 사용되었으나, 환경 분야에도 아주 중요하게 이용되고 있다. 장치의 일부분 또는 전체 플랜트와 공장 전체에 대하여 물질수지를 적용할 수도 있고, 물질의 전량 또는 그 중의 특정 성분, 또는 화학 변화가 이루어지는 경우에는 특정 원자에 대하여 물질수지를 세울 수도 있다. 만약, 특정 계에 들어가는 물질과 나오는 물질량과의 차이가 그 장소의 축적량과 동일하게 되며, 정상 상태에서는 축적은 일어나지 않으므로 출입량은 동일해진다. 아주 기본적인 사실이기 때문에 누구라도 상식적으로 무의식적으로 사용하고 있으며, 직접 계량 불가능한 물질량 산출과 그 장소의 결함 발견 등에도 이용되고 있다. 즉, 물질수지를 세움으로서 전체 시스템의 문제점을 손쉽게 도출할 수 있다.

6.1 물질수지의 개념

물질수지란 물질의 수입과 지출을 의미한다. 손쉽게 물질수지의 개념을 이해하기 위해서는 각 집에서 사용하는 가계부를 생각하면 될 것이다.

다음과 같은 가계부를 가정해 보자.

표 6.1 한 가정의 1개월 재정(물질)수지, 가계부

날짜	항목	수입 (원)	지출 (원)	기타	잔액 (원)
1월 1일	이월	2,000,000			2,000,000
1월 5일	월급 입금	2,000,000			4,000,000
1월 10일	관리비 지출		200,000		3,800,000
1월 12일	의류 구입		50,000		3,750,000
1월 15일	생활용품 구입		100,000		3,650,000
1월 16일	각종 생필품 구입		50,000		3,600,000
1월 17일	자동차 연료		50,000		3,550,000
1월 20일	각종 세금		200,000		3,350,000
1월 25일	빌려 준 돈 받음	500,000			3,850,000
1월 26일	가구 구입		1,000,000		2,850,000
1월 27일	가족 외식		150,000		2,700,000
1월 28일	교육비		200,000		2,500,000
1월 30일	자동차 수리비		100,000		2,400.000
1월 30일	생필품 구입		200,000		2,200,000
1월 30일	집 감가상각			−100,000	
1월 30일	부동산 상승			+500,000	
	합계	4,500,000	2,300,000	+400,000	2,600,000

이 가계부에서 1월 1일 이월되어 온 금액 2,000,000원이 초기 값이 된다. 총 이월되어 넘어온 금액을 합한 수입 금액은 4,500,000원이고 총 지출 금액은 2,300,000원이고 현재 잔액은 2,200,000원이다. 그러므로 잔액은 2,200,000원은 축적된 금액으로 될 수 있다.

이를 물질수지에 해당하는 양과 비교해 보면 다음과 같다.

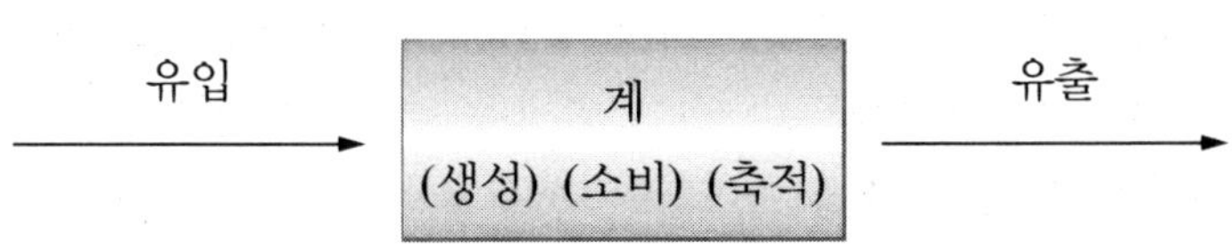

$$축적 = 유입 - 유출 + 생성 - 소비$$

이를 가계부와 비교해 보면

수입은 가계로 들어오는 금액을 의미한다. 지난 달에 남아서 넘어온 금액, 월급, 빌려준 돈을 돌려받는 것 등이 이에 해당한다. 총 합계 금액은 4,500,000원이 된다.

지출은 가정에서 생활하며 사용하는 돈으로 생각해 볼 수 있다. 각종 생활에 사용된 돈으로 2,300,000원이 이에 해당한다.

기타 수입과 지출에 관계없이 가계 자체 내에서 발생한 것으로, 집이 노후화됨으로써 발생하는 감가상각 −100,000원이 있고, 또 집값이 상승함으로써 발생되는 잠재 이익 +500,000원이 있다. 그리고 이를 모두 계산한 최종잔액은 2,600,000원이 되고 이는 다시 다음 달로 이월된다.

이 가계부에서의 관계를 계 내에서의 흐름과 비교해 보면 다음과 같다.

① 유입은 수입과 같은 의미로 생각해 볼 수 있으며 계 내로 유입되는 질량을 의미한다.

② 유출은 지출과 마찬가지로 계 외로 유출되는 질량을 의미한다.

③ 생성은 집값 상승과 비슷한 의미로 계 내에서 화학반응에 의해 관심 대상물질이 생성되는 것을 의미한다.

④ 소비는 감가상각과 같이 계 내에서 화학반응에서 관심 대상물질이 감소하는 것을 의미한다.

⑤ 축적량은 가계 내에 남는 잔액을 의미하는 것으로, 계 내에 대상물질이 축적되어 남는 것을 의미한다.

6.2 계와 공정의 분류

물질수지를 제대로 잘 다루려면 공정의 해석과 계의 설정을 제대로 해야 한다. 계(system)는 해석을 위해 고려하는 임의의 선택 공정이나 전체 공정을 의미하며, 공정은 계에 이용되는 요소를 의미한다. 계와 공정의 의미가 혼용되는 경우가 많으나, 엄격하게 구분할 경우에는 계는 설계자의 의도에 따라 변화할 수 있으나, 공정은 설계자의 의도에 관계없이 정의된 것을 의미한다.

그림 6.1과 같은 생물학적 수처리 공정의 하나인 활성슬러지 공정을 생각해 볼 때, 포기조와 침전조는 하나의 공정이 된다. 전체 활성슬러지 공정에서 포기조만을 하나의 계로 설정할 수도 있고(그림 6.1(a)), 침전조만을 하나의 계로 생각할 수도 있다. 또한, 포기조와 침전조를 모두 활성슬러지 공정 전체를 하나의 계로 설정할 수도 있다. 위의 예에서 보는 바와 같이 계의 설정은 필요에 따라 해석자 또는 설계자의 의도에 따라 다양하게 변화할 수 있다. 계의 설정뿐만 아니라 계 내의 대상물질 또한 다양하다. 예를 들면, 위의 예에서 대상물질을 하수 중의 유기물로 할 수도 있고 고형물로 할 수도 있다.

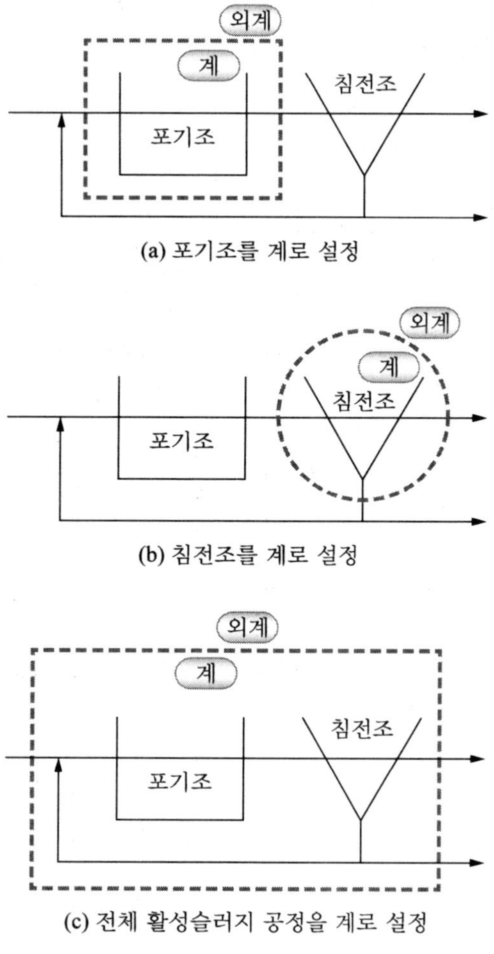

그림 6.1 다양한 계의 설정

물질 이동의 관점에서 계를 분류하면 다음과 같다.

(1) 열린 계(개방계, open system)

계의 경계를 통해 물질의 이동이 형성되는 계로서, 유체의 흐름이 발생하므로 흐름계(flow system)라고도 한다.

(2) 닫힌 계(폐쇄계, closed system)

계의 경계를 통한 물질의 이동이 없는 계로서, 유체의 흐름이 발생하지 않으므로 비흐름계(non-flow system)라고도 한다.

환경 분야의 여러 공정들을 분류하면, 크게 회분식 공정, 반회분식 공정, 연속식 공정으로 나눌 수 있다.

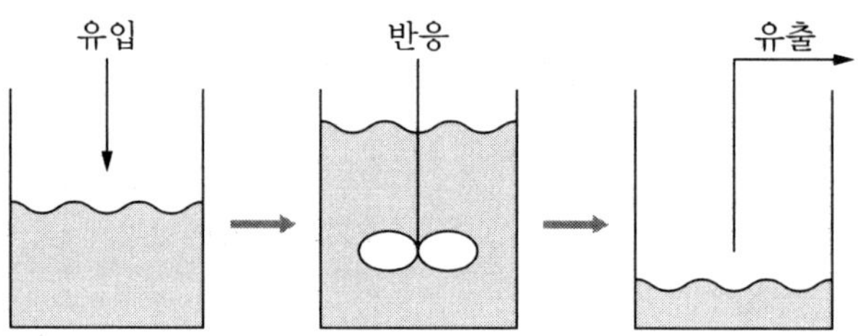

(a) 회분식 공정(batch process)

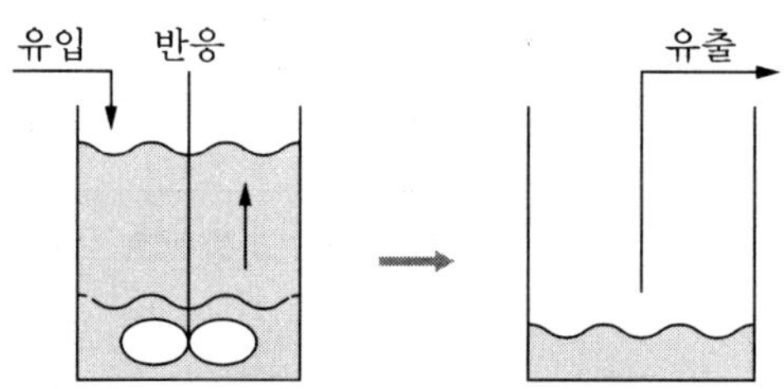

(b) 반회분식 공정(semi-batch process)

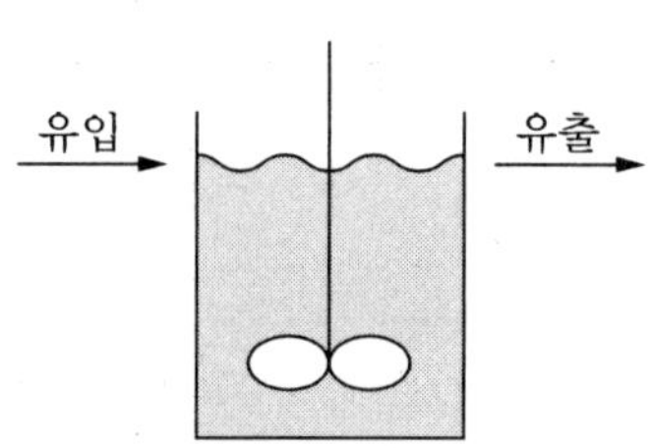

(c) 연속식 공정(continuous process)

그림 6.2 다양한 공정들의 개략도

(1) 회분식 공정(batch process)

공정 내로 물질을 가득 채운 다음 공정의 반응이 완료된 후 공정 내의 물질을 제거하는 방식으로 진행된다. 보통 실험실에서 기초 연구의 형태로 많이 진행되며, 공정의 규모는 소형이다. 예를 들면, 실험실 비커(beaker)에 반응물질을 넣고 반응결과를 관찰한 다음 비커를 비우는 것과 같다.

(2) 반회분식 공정(semi-batch process)

개방 공정과 폐쇄 공정이 결합된 공정으로, 개방 공정으로 운전되는 동안 물질의 유입은 있으나 유출은 없는 상태로 유지되고, 공정 내 반응이 완료된 다음 공정 내 물질을 한꺼번에 유출하는 공정이다. 반회분식 공정은 필요에 따라 운영하게 되며, 비교적 소형으로 운전되는 특징이 있다.

(3) 연속식 공정(continuous process)

공정 내로 물질이 계속해서 들어오고 나가는 공정을 말한다. 계의 형태로 설명하면 개방계와 유사하다. 보통 실험실에서 성공적인 결과를 얻은 다음 실제로 운전하고자 할 때 연속식 공정을 택하게 된다. 그러므로 연속식 공정은 대량으로 운전되는 특징을 가진다.

또한, 공정의 상태를 표시할 때 크게 비정상상태와 정상상태로 구분한다.

(1) 비정상상태(unsteady state)

공정의 변수 값(온도, 부피, 압력, 유속, 농도, pH, DO 등) 중 관심 변수의 값이 시간의 변화에 따라 계속 변화하는 상태를 말한다. 정상상태로 전환되기 전의 단계라는 의미로써 과도상태(transient state)라고도 한다.

(2) 정상상태(steady state)

공정의 변수 값(온도, 부피, 압력, 유속, 농도, pH, DO 등) 중 관심 변수의 값이 시간의 변화에 따라 거의 변화가 없는 상태를 말한다.

예를 들어, 온도 조절기를 사용하여 어느 온도로 설정하면, 온도의 변화는 그림 6.3과 같이 변화할 것이다. 초기에는 온도의 변화 폭이 크다가 시간이 경과됨에 따라 온도 변화 폭이 줄어들어 거의 없는 상태로 변화할 것이다. 이 경우에서 온도의 변화 폭이 큰 상태가 비정상상태이며 온도의 변화 폭이 낮은 상태가 정상상태가 된다.

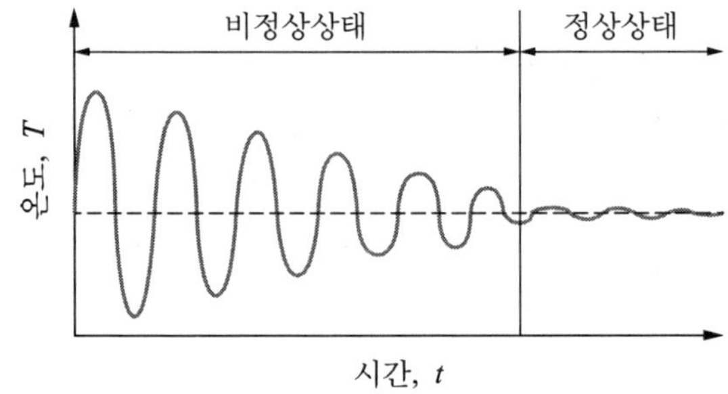

그림 6.3 비정상상태와 정상상태

정확한 의미의 정상상태는 시간에 따른 변수 값의 변화가 없는 상태를 말하나, 실제로 변수값의 변화가 없는 경우는 거의 드물다. 그러므로 설계자의 의도에 따라 정상상태라고 판별해야 하는 경우가 많다. 정상상태의 판별은 설계자에 따라 많은 차이를 나타내나, 대체로 설정된 값의 5% 미만인 경우에는 정상상태에 도달한 것으로 간주한다. 또한, 정상상태에서 중요한 것은 위치의 변화가 아니라 시간의 변화이다. 시간의 변화에 따른 변수 값의 변화가 없는 상태를 말한다.

6.3 물질수지의 종류

모든 흐름과 화학반응이 포함된 일반적인 경우

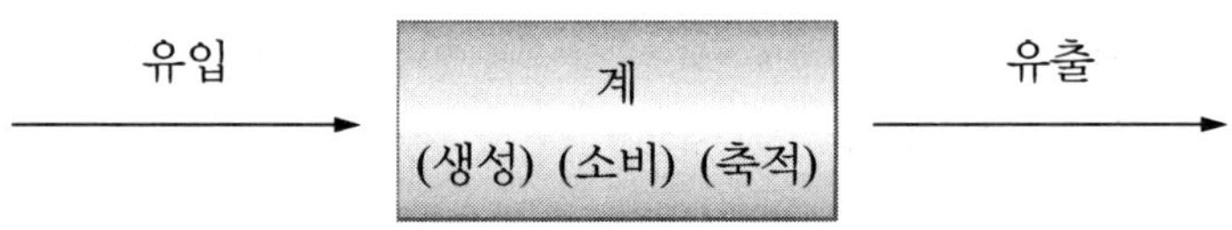

그림 6.4 물질수지 개념도

$$\text{축적량} = \text{유입량} - \text{유출량} + \text{생성량} - \text{소비량}$$

(1) 화학반응이 없는 경우

계 내에서 발생되는 화학반응이 없으므로 생성량과 소비량이 모두 0이다.

$$\text{생성량} = 0, \ \text{소비량} = 0$$

$$\text{축적량} = \text{유입량} - \text{유출량}$$

(2) 계 내의 축적이 없는 경우

계 내의 축적이 없다는 말은 시간의 변화에 따른 계 내 물질의 농도 변화가 없다는 의미로서 정상상태라는 의미이다. 즉, 축적량=0. 이를 식에 응용하면 다음과 같다.

0 = 유입량 − 유출량

유출량 = 유입량

6.4 물질수지 문제의 해법

모든 문제 해결방법은 비슷하겠지만, 특히 물질수지에 관련된 문제를 해결하고자 할 때에는 다음과 같은 순서에 따라 해결하는 것이 정석이다(Himmelblau와 Riggs, 2012).

① 문제 속에 답이 존재한다. 문제를 먼저 잘 읽고 명확하게 이해한다.
② 문제에서 제시하고 있는 공정의 개략도를 그리고 계를 설정한다.
③ 문제에서 제시된 물질, 유량, 농도 등을 개략도에 표시한다.
④ 문제의 해결에 필요한 자료를 모두 구한다.
⑤ 계산 기준을 선택한다.
⑥ 미지변수의 수를 구한다.
⑦ 미지변수의 수에 따라 식을 세운다.
⑧ 식을 풀어서 답을 구한다.
⑨ 답을 반드시 검산하고, 그 답의 물리적 의미가 적절한지도 체크한다.

"⑦ 미지변수의 수에 따라 식을 세운다."의 기준에 맞게 세울 수 있는 물질수지는 크게 2가지 종류가 있다.

(1) 총괄 물질수지(overall material balance)
(2) 성분 물질수지(components material balance)

총괄 물질수지식과 성분 물질수지식을 적절히 세워 "⑥ 미지변수의 수를 구한다."에서 미지변수의 수에 맞는 식을 세운다. 예를 들면, 미지변수의 수가 3개라면 그에 맞는 식은 3개가 되어야 한다. 이 경우 식은 총괄 물질수지식 1개와 성분 물질수지식 2개를 세워야 한다. 만약, 계 내 구성성분이 3가지라면 적어도 1개의 총괄 물질수지식과 3개의 물질수지식을 세울 수 있어 총 4개의 식을 세울 수 있다. 그러나 3개의 성분 물질수지식을 합하면 1개의 총괄 물질수지식이 되므로 3개의 성분 물질수지식을 모두 사용할 수는 없다. 그러므로 이 경우 총괄 물질수지식 1개와 성분 물질수지식 2개를 사용하면 된다.

> **참조** **자유도란?**
>
> 독립된 식을 풀기 위해 값을 정해야 하는 변수의 수를 자유도(number of degrees of freedom)라 한다.
>
> N_d(자유도), N_v(변수의 수), N_e(식의 수)로 나타내면, 자유도, N_d는 다음과 같다.
>
> $$N_d = N_v - N_e$$
>
> 따라서 독립식의 수가 N_e라면 $N_v - N_e$개의 변수를 규정해야 한다.
>
> N_d, 즉 자유도가 0인 경우는 해가 존재하므로 $N_v = N_e$가 되어야 한다.
>
> 즉, 변수의 수와 식의 수가 같아야 해가 존재하게 된다.

(1) 총괄 물질수지(overall material balance)

총괄 물질수지에서는 계 내의 화학반응 유무와 관계없이 다음과 같이 표현한다. 즉, 전체적인 흐름만을 관찰하여 표시하면 된다.

축적량 = 유입량 − 유출량

예를 들어, 큰 하천에 작은 하천이 합류되는 예제를 생각해 보자.

예제 6-1

큰 하천의 흐르는 유량이 1,000 m^3/day이고 작은 하천의 유량이 10 m^3/day일 때, 합류된 하천의 유량은?

풀이 물질수지 해법에 따라 이 문제를 해결해 보면 다음과 같다.

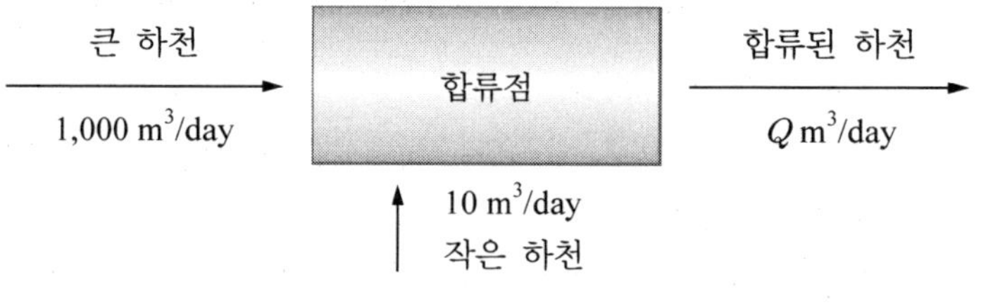

① 문제 속에 답이 존재한다. 문제를 먼저 잘 읽고 명확하게 이해한다.
각 하천 내의 성분을 고려할 필요가 없이 전체적인 유량만 생각하면 된다.

② 문제에서 제시하고 있는 공정의 개략도를 그리고 계를 설정한다.
③ 문제에서 제시된 물질, 유량, 농도 등을 개략도에 표시한다.
위 그림에 물질과 유량을 기술한다.
④ 문제의 해결에 필요한 자료를 모두 구한다.
문제 해결에 필요한 자료를 모두 그림에 기술한다.
⑤ 계산 기준을 선택한다.
합류지점을 계로 보고 계산한다. 여기서의 계산 기준은 유량으로 하고 단위는 동일하게 한다.
⑥ 미지변수의 수를 구한다.
미지변수는 합류된 하천의 유량으로 하나이다.
⑦ 미지변수의 수에 따라 식을 세운다.

축적량 = 유입량 − 유출량 + 생성량 − 소비량

위의 물질수지식에서 하천 내에서 화학반응이 발생하지 않으므로 생성량과 소비량이 없다. 생성량=0, 소비량=0.
합류된 지점에서 머무르는 유량이 없는 것으로 가정할 수 있으므로 축적량은 없다. 축적량=0
그러므로 유입량=유출량

큰 하천의 유입량 + 작은 하천의 유입량 = 합류 후 계를 빠져 나가는 유출량

$$1{,}000\ \mathrm{m^3/day} + 10\ \mathrm{m^3/day} = Q\ \mathrm{m^3/day}$$

⑧ 식을 풀어서 답을 구한다.
위 식을 풀면 $Q = 1{,}010\ \mathrm{m^3/day}$
⑨ 답을 반드시 검산하고, 그 답의 물리적 의미가 적절한지도 체크한다.
계산 결과를 위식에 대입하면 동일하다.

$$1{,}000\ \mathrm{m^3/day} + 10\ \mathrm{m^3/day} = 1{,}010\ \mathrm{m^3/day}$$

총괄 물질수지는 위와 같이 전체적인 값만을 고려하고 성분의 화학반응을 고려하지 않음으로써 비교적 간단하게 해결될 수 있다.

그러므로 화학반응이 없고 축적이 없는 경우의 총괄 물질수지는 다음과 같이 간단하게 기술할 수 있다.

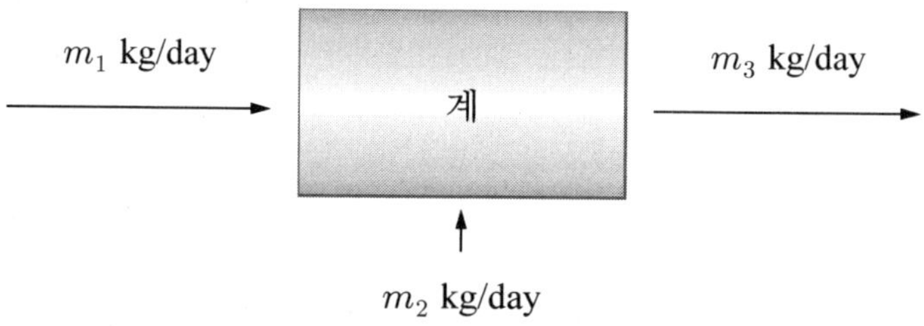

유입량 = 유출량

m_1 kg/day + m_2 kg/day = m_3 kg/day

이 총괄 물질수지의 경우에서는 반드시 유량은 부피가 아닌 질량을 기준으로 해야 한다. 질량은 보존되지만 부피는 보존되지 않기 때문이다. 앞의 문제의 부피유량을 기준으로 한 것은 물은 비압축성 유체이므로 부피를 기준으로 하더라도 질량을 기준으로 한 것과 큰 차이가 없기 때문에 부피유량을 사용하였다. 그러나 위와 유사한 경우에서 기체를 대상물질로 하게 되면 반드시 부피가 아닌 질량을 기준으로 계산하여야 한다.

(2) 성분 물질수지(components material balance)

물질수지상에서 각 성분을 기준으로 하여 물질수지를 세운 것을 말한다.
다음 예제를 보면서 성분 물질수지의 경우를 생각해 보자.

예제 6-2

70 wt% 소금물 200 kg과 20 wt% 소금물 50 kg을 혼합하였을 때 생성되는 혼합물의 성분 조성은 어떻게 되는가?

풀이

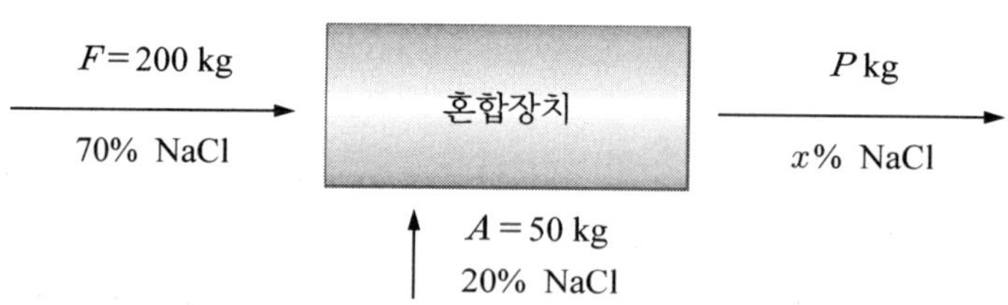

① 문제 속에 답이 존재한다. 문제를 먼저 잘 읽고 명확하게 이해한다.
초기 각 소금 질량의 합은 혼합된 소금물 중의 소금 질량과 동일하다.
② 문제에서 제시하고 있는 공정의 개략도를 그리고 계를 설정한다.
③ 문제에서 제시된 물질, 유량, 농도 등을 개략도에 표시한다.
④ 문제의 해결에 필요한 자료를 모두 구한다.
⑤ 계산 기준을 선택한다.

계(혼합장치)로 유입된 소금 질량 = 계(혼합장치) 외로 유출된 소금 질량

⑥ 미지변수의 수를 구한다.
성분은 물과 소금이 있다.

⑦ 미지변수의 수에 따라 식을 세운다.
총괄 물질수지는 제외하고 성분 물질수지만 세우면 다음과 같다.
소금에 대한 성분 물질수지

$$200\ \text{kg}\times 0.7\ +\ 50\ \text{kg}\times 0.2\ =\ P\ \text{kg}\times x\ \text{NaCl}$$

물에 대한 성분 물질수지

$$200\ \text{kg}\times(1-0.7)\ +\ 50\ \text{kg}\times(1-0.2)\ =\ P\ \text{kg}\times(1-x\ \text{NaCl})$$

⑧ 식을 풀어서 답을 구한다.
위 식을 풀어보면,

$$140\ +\ 10\ =\ P\ \text{kg}\times x\ \text{NaCl}$$
$$150\ =\ Px\ \text{NaCl}$$
$$60\ +\ 40\ =\ P\ \text{kg}\times(1-x\ \text{NaCl})$$
$$100\ =\ P\ -\ Px\ \text{NaCl}$$
$$100\ =\ P\ -\ 150$$
$P=250$ kg이므로 x NaCl$=0.6$

⑨ 답을 반드시 검산하고, 그 답의 물리적 의미가 적절한지도 체크한다.
구한 답을 성분 물질수지식에 대입하면 다음과 같이 동일하여 타당함을 알 수 있다.

$$140\ +\ 10\ =\ P\ \text{kg}\times x\ \text{NaCl}\ =\ 250\ \text{kg}\times 0.6\ =\ 150\ \text{kg}$$

또한, 물리적 의미로도 농도가 높은 소금물(70%)과 낮은 소금물(20%)을 혼합하였으므로 0.6, 즉 60% 농도의 소금물이 된다는 것은 적절하다.

위 예제의 경우 성분 물질수지를 이용하여 2개의 식을 세움으로써 문제를 해결하였으나, 총괄 물질수지까지 세우게 되면 다음과 같이 3개의 식이 만들어지게 된다. 여기서 총괄 물질수지의 대상은 유량이 된다.

총괄 물질수지

$$200\ \text{kg}\ +\ 50\ \text{kg}\ =\ P\ \text{kg}\ =\ 250\ \text{kg} \tag{6.1}$$

소금에 대한 성분 물질수지

$$200\ \text{kg}\times 0.7\ +\ 50\ \text{kg}\times 0.2\ =\ P\ \text{kg}\times x\ \text{NaCl} \tag{6.2}$$

물에 대한 성분 물질수지

$$200\ \text{kg} \times (1-0.7) + 50\ \text{kg} \times (1-0.2) = P\ \text{kg} \times (1-x\ \text{NaCl}) \qquad (6.3)$$

이 식들에서 총괄 물질수지식 하나와 성분 물질수지식 하나를 이용하면 보다 쉽게 문제를 해결할 수 있다.

(6.1)식과 (6.2)식을 이용하면

$$200\ \text{kg} \times 0.7 + 50\ \text{kg} \times 0.2 = P\ \text{kg} \times x\ \text{NaCl} = 250\ \text{kg} \times x\ \text{NaCl}$$
$$x\ \text{NaCl} = 0.6$$

(6.1)식과 (6.3)식을 이용하면

$$200\ \text{kg} \times (1-0.7) + 50\ \text{kg} \times (1-0.2) = P\ \text{kg} \times (1-x\ \text{NaCl})$$
$$= 250\ \text{kg} \times (1-x\ \text{NaCl})$$
$$x\ \text{NaCl} = 0.6$$

위의 문제를 일반화하면 다음과 같다.

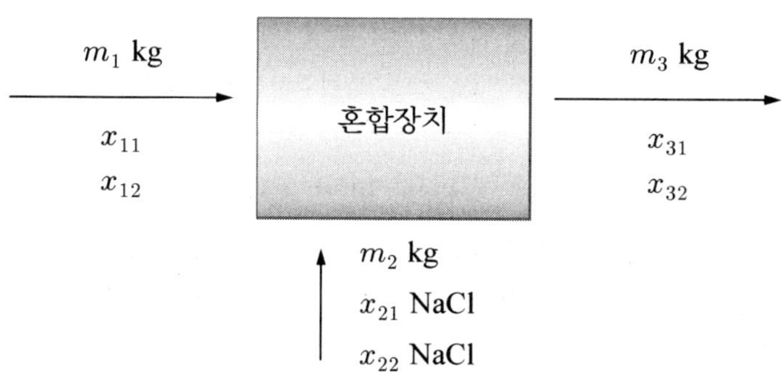

여기서, x_{11}에서 앞의 1이 의미하는 것은 흐름(1과 2는 유입 흐름, 3은 유출 흐름)이며 뒤의 1이 의미하는 것은 성분(1은 소금, 2는 물)이다.

그러므로 이를 일반화하여 한 성분에 대해 물질수지를 세우면 다음과 같다.

$$m_1 x_{1i} + m_2 x_{2i} = m_3 x_{3i} \qquad (6.4)$$

여기서, m_1은 유입 흐름 1의 질량

m_2는 유입 흐름 2의 질량

m_3은 유출 흐름 3의 질량

x_{1i}는 유입 흐름 1 중 성분 i의 질량 분율

x_{2i}는 유입 흐름 2 중 성분 i의 질량 분율

x_{3i}는 유출 흐름 3 중 성분 i의 질량 분율

그러므로 성분 1(소금)과 성분 2(물)에 대해 성분 물질수지를 세우면 다음과 같다.

$$m_1x_{11} + m_2x_{21} = m_3x_{31} \tag{6.5}$$

$$m_1x_{12} + m_2x_{22} = m_3x_{32} \tag{6.6}$$

각 흐름에서 모든 성분의 질량성분의 합은 1이다.

$$\sum_{j=1}^{n} x_{ij} = 1 \tag{6.7}$$

흐름 1에서 소금의 질량 분율은 0.7, 물의 질량 분율은 0.3, 각 질량 분율의 합은 1(=0.7+0.3)이다. 마찬가지로 모든 흐름에서 질량 분율의 합은 1이 된다.

위의 (6.5)식과 (6.6)식을 합하면 다음과 같다.

$$m_1x_{11} + m_1x_{12} + m_2x_{21} + m_2x_{22} = m_3x_{31} + m_3x_{32} \tag{6.8}$$

이를 정리하면

$$m_1(x_{11} + x_{12}) + m_2(x_{21} + x_{22}) = m_3(x_{31} + x_{32}) \tag{6.9}$$

각 흐름에서의 질량 분율의 합은 1이므로

$$(x_{11} + x_{12}) = 1, \quad (x_{21} + x_{22}) = 1, \quad (x_{31} + x_{32}) = 1 \tag{6.10}$$

$$m_1 + m_2 = m_3 \tag{6.11}$$

위 식은 총괄 물질수지로서 각 성분 물질수지의 합은 총괄 물질수지가 된다는 것을 의미한다. 그러므로 앞에서 언급한 바와 같이 총괄 물질수지식 1개와 성분 물질수지식 1개만 있으면 문제를 해결할 수 있고, 나머지 하나의 성분 물질수지식은 종속적이므로 하나의 성분을 알면 나머지 성분의 값은 쉽게 해결할 수 있다.

6.5 비반응, 정상상태의 물질수지

물질수지에 있어 가장 간단하면서 기초적인 형태는 비반응(생성량 = 0, 소비량 = 0), 정상상태(축적량 = 0)에서의 물질수지이다. 이런 경우는 단순하게 액체나 기체가 혼합되거나 추출되는 공정에서 많이 발생된다. 학부 학생들의 수준에서 가장 많이 다루게 되는 문제들이 많으므로, 다양한 종류의 문제를 다루어 보는 것이 좋다.

예제 6-3

유량이 500 m^3/s인 큰 하천이 있는데, 이 하천의 물을 채수하여 유기물 농도를 분석한 결과 COD 2 mg/L로 나타났다. 이 하천에 미처리된 공장폐수가 몰래 하천에 방류되고 있는데, 이 폐수의 유량은 100 m^3/min이고 COD 농도는 2,000 mg/L로 나타났다. 이 폐수가 하천에 방류된 후 완전히 혼합되었을 때의 COD 값(mg/L)은? 단, 하천 내에서 COD의 분해는 일어나지 않고 정체수역이 없이 혼합이 잘 일어난다고 가정한다.

풀이 다음 순서에 따라 문제를 해결해 보자.

① 문제 속에 답이 존재한다. 문제를 먼저 잘 읽고 명확하게 이해한다.
이 문제는 하천 내에서 COD의 분해는 일어나지 않으므로 비반응이며, 정체수역 없이 혼합이 잘 일어나므로, 축적이 없는 정상상태의 물질수지이므로 비교적 간단한 문제이다.

② 문제에서 제시하고 있는 공정의 개략도를 그리고 계를 설정한다.

③ 문제에서 제시된 물질, 유량, 농도 등을 개략도에 표시한다.

④ 문제의 해결에 필요한 자료를 모두 구한다.
공장폐수가 방류되어 하천과 합류되는 지점을 계로 설정한다.

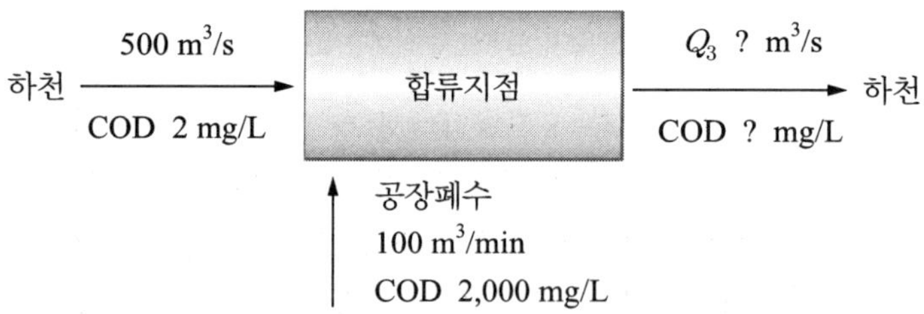

⑤ 계산 기준을 선택한다.
유량을 이용하여 총괄 물질수지를 세우고, 성분은 COD 농도로 한다.

⑥ 미지변수의 수를 구한다.
합류된 후의 유량과 COD 농도 2가지가 미지수이다.

⑦ 미지변수의 수에 따라 식을 세운다.

총괄 물질수지식 1개와 성분 물질수지식 1개를 세운다.
우선 유량의 단위가 동일하지 않으므로, 공장폐수의 유량을 m^3/s 단위로 전환한다.

$$\begin{array}{c|c} 100\ m^3 & 1\ min \\ \hline min & 60\ s \end{array} = 1.667\ m^3/s$$

총괄 물질수지

$$500\ m^3/s + 1.667\ m^3/s = Q_3\ m^3/s$$
$$Q_3 = 501.667\ m^3/s$$

성분 물질수지

$$(500\ m^3/s) \times (2\ mg/L) + (1.667\ m^3/s) \times (2{,}000\ mg/L)$$
$$= Q_3 \times (x\ mg/L)$$

⑧ 식을 풀어서 답을 구한다.
양변의 단위가 모두 동일하므로 굳이 단위를 kg/s나 mg/d와 같은 단위로 통일시킬 필요는 없다.

$$1{,}000 + 3334 = 501.667x$$
$$x = 8.64\ mg/L$$

⑨ 답을 반드시 검산하고, 그 답의 물리적 의미가 적절한지도 체크한다.
검산하면 등식이 성립하는 올바른 답이며, 하천의 COD 농도가 초기 하천의 COD 농도 2 mg/L 보다는 높고 공장폐수의 COD 농도 2,000 mg/L보다는 매우 희석된 값을 나타내므로 적절한 의미를 가진다.

예제 6-4

대도시 하천을 분석하였더니 100 mg/L의 Ca^{2+}가 함유되어 있었다. 이 하천의 상류에서 10 kg/h의 유량으로 100,000 mg/L의 고농도 Ca^{2+}의 외부 유입이 있었고, 이후 하천의 하류에서 Ca^{2+} 농도를 분석하였더니 1,500 mg/L로 나타났다. 이 하천의 하류 유량 (m^3/d)은? 단, 모든 하천수의 비중은 1로 한다.

풀이 이 문제는 하천 내에서 Ca^{2+}의 분해가 발생하지 않으므로 비반응이며, 정체 수역이 없이 혼합이 잘 일어나므로 축적이 없는 정상상태의 물질수지이므로 비교적 간단한 문제이다.

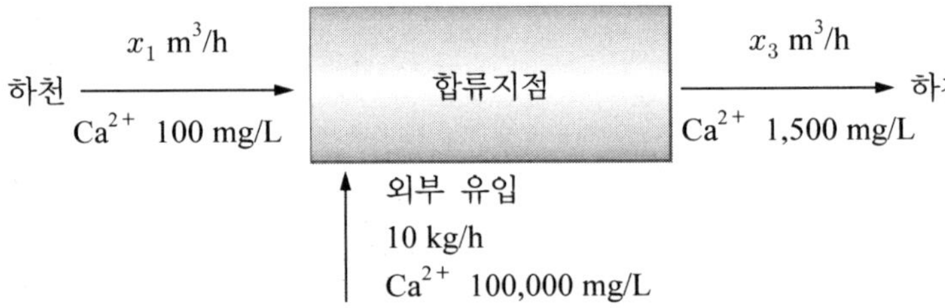

유량을 이용하여 총괄 물질수지를 세우고, 성분은 Ca^{2+} 농도로 한다.
합류 전과 후의 유량이 미지수이다.
외부 유입유량의 비중이 1이므로 밀도는 1 g/cm³이다.

1 g	1 kg	10^6 cm³
cm³	1,000 g	1 m³

$= 1{,}000\ \text{kg/m}^3$

외부 유입 유량은

10 kg 하천	m³
h	1,000 kg

$= 0.01\ \text{m}^3/\text{h}$

여기서 주의해야 할 것은 10 kg이 하천수의 질량인지, Ca^{2+}의 질량인지를 명확하게 구분해서 표기해야 혼동되지 않는다는 것이다.

총괄 물질수지

$$x_1\ \text{m}^3/\text{h} + 0.01\ \text{m}^3/\text{h} = x_3\ \text{m}^3/\text{h}$$

성분 물질수지

$$(x_1\ \text{m}^3/\text{h}) \times (100\ \text{mg/L}) + (0.01\ \text{m}^3/\text{h}) \times (100{,}000\ \text{mg/L})$$
$$= (x_3\ \text{m}^3/\text{h}) \times (1{,}500\ \text{mg/L})$$
$$100x_1 + 1{,}000 = (x_1 + 0.01) \times 1{,}500$$
$$x_1 = 0.7036\ \text{m}^3/\text{h}$$
$$x_3 = 0.7136\ \text{m}^3/\text{h}$$

검산하면 등식이 성립하는 올바른 답이다.
문제에서 요구하는 단위가 m³/d이므로

0.7136 m³	24 h
h	1 d

$= 17.13\ \text{m}^3/\text{d}$

예제 6-5

연료는 일반적으로 탄화수소화합물로 구성되어 있다. 따라서 연료의 조성을 아는데 탄소/

수소 비가 유용하다. 어떤 액체연료의 질량 조성이 C 75%, H 25%일 때, C/H 몰 비를 구하라.

풀이

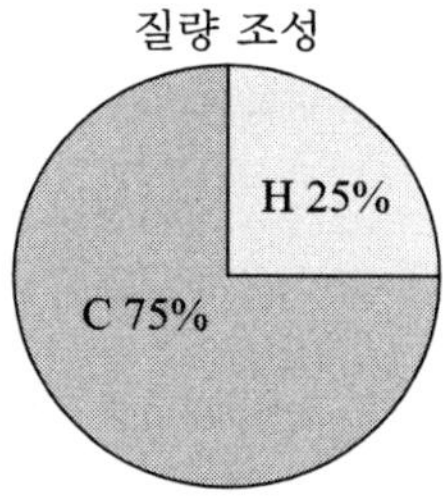

대상물질이 액체이므로 질량을 계산 기준으로 한다.
따라서 액체연료 x g을 계산 기준으로 하면, x g의 액체연료 중에는 C가 $0.75x$ g, H가 $0.25x$ g 있다.

$$\frac{0.75x \text{ g C}}{} \left| \frac{1 \text{ mol C}}{12 \text{ g C}} \right. = 0.0625x \text{ mol C}$$

$$\frac{0.25x \text{ g H}}{} \left| \frac{1 \text{ mol H}}{1 \text{ g H}} \right. = 0.25x \text{ mol H}$$

$$\therefore \text{ C/H} = 0.0625x \,/\, 0.25x = 0.25 = 1/4$$

탄소 1몰에 4몰의 수소가 존재하는 물질, 즉 CH_4이다.

예제 6-6

50 wt% 벤젠과 50 wt% 페놀의 혼합물을 분리하기 위하여 분리장치를 설계하려고 한다. 장치 상부의 생성물 흐름은 95%의 페놀을 포함하고, 장치 하부의 생성물은 96%의 벤젠을 포함하고 있다. 이러한 조건에서 공급물 1 kg/h당 생성되는 상부 생성물과 하부 생성물의 양은 각각 몇 kg/hr인가?

풀이 비반응, 정상상태, 분리의 문제

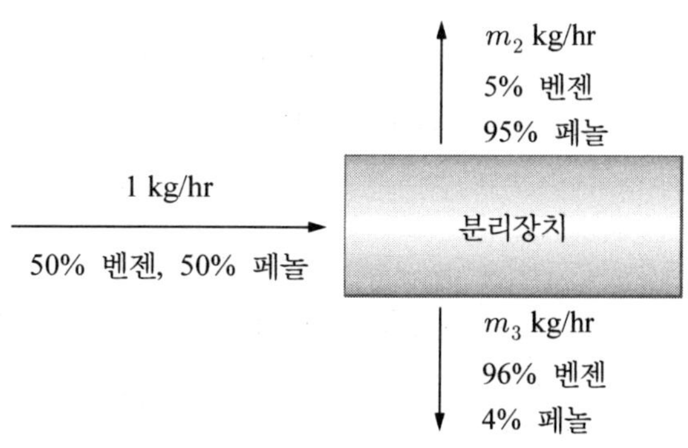

미지수가 m_2 kg/hr와 m_3 kg/hr, 2개이므로 물질수지식도 2개 필요

총괄 물질수지

$$1 \text{ kg/hr} = m_2 \text{ kg/hr} + m_3 \text{ kg/hr} \qquad (1)$$

성분 물질수지

$$\text{벤젠} \quad 1 \text{ kg/hr} \times 0.5 = m_2 \text{ kg/hr} \times 0.05 + m_3 \text{ kg/hr} \times 0.96 \qquad (2)$$

$$\text{페놀} \quad 1 \text{ kg/hr} \times 0.5 = m_2 \text{ kg/hr} \times 0.95 + m_3 \text{ kg/hr} \times 0.04 \qquad (3)$$

(1)식에서 $m_3 = 1 - m_2$이므로 이 식을 위 (2)식에 대입하여 정리하면,

$$0.5 = 0.05m_2 + (1 - m_2)0.96 = 0.96 - 0.91m_2$$

$$m_2 = 0.505 \text{ kg/hr}$$

$$\therefore m_3 = 1 - m_2 = 1 - 0.505 = 0.495 \text{ kg/hr}$$

벤젠의 (2)식을 사용하든 페놀의 (3)식을 사용하든 동일한 결과를 얻을 수 있으므로, 총괄 물질수지식 1개와 성분 물질수지식 1개를 사용하면 된다.

예제 6-7

35 wt%의 소금 용액을 45 wt%의 소금 용액으로 농축할 때 농축액 100 kg/h당 증발되는 양은 몇 kg인가?

풀이 비반응, 정상상태, 농축의 문제

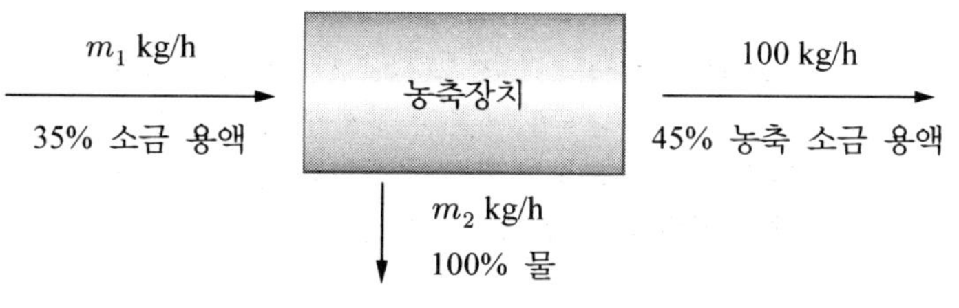

총괄 물질수지

$$m_1 \text{ kg/h} = m_2 \text{ kg/h} + 100 \text{ kg/h}$$

성분(소금) 물질수지

$$0.35 \times m_1 = 0 \times m_2 + 0.45 \times 100 \text{ kg/h}$$

$$m_1 = 128.57 \text{ kg/h}$$

계산된 m_1을 총괄 물질수지식에 대입하여 m_2를 계산하면,

$$m_2 = 28.57 \text{ kg/h}$$

예제 6-8

Ca^{2+}와 Mg^{2+}가 혼합되어 있는 혼합용액(Ca^{2+} 55 wt%, Mg^{2+} 25 wt%)에 Ca^{2+}만 있는 용액(93 wt%)과 Mg^{2+}만 있는 용액(90 wt%)을 혼합하여 Ca^{2+}와 Mg^{2+}의 혼합비율이 각각 60 wt%와 30 wt%인 용액 100 kg을 만들려고 한다. 혼합장치에 공급해야 하는 혼합용액, Ca^{2+} 용액, Mg^{2+} 용액의 양(kg)을 각각 구하시오.

풀이 비반응, 정상상태, 3성분계 혼합의 문제

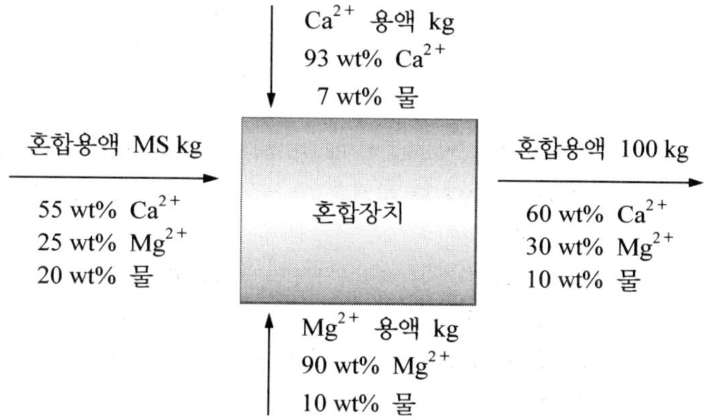

총괄 물질수지

$$MS + Ca^{2+}\ \text{용액} + Mg^{2+}\ \text{용액} = 100\ \text{kg}$$

성분 물질수지

(1) Ca^{2+} 기준

$$0.55MS + 0.93(Ca^{2+}\ \text{용액}) = 100\ \text{kg} \times 0.60 = 60\ \text{kg}$$
$$55MS + 93(Ca^{2+}\ \text{용액}) = 6{,}000$$

(2) Mg^{2+} 기준

$$0.25MS + 0.9(Mg^{2+}\ \text{용액}) = 100\ \text{kg} \times 0.30 = 30\ \text{kg}$$
$$25MS + 90(Mg^{2+}\ \text{용액}) = 3{,}000$$

(3) 물 기준

$$0.20MS + 0.07(Ca^{2+}\ \text{용액}) + 0.1(Mg^{2+}\ \text{용액}) = 100\ \text{kg} \times 0.10 = 10\ \text{kg}$$
$$20MS + 7(Ca^{2+}\ \text{용액}) + 10(Mg^{2+}\ \text{용액}) = 1{,}000$$

미지수가 3개이므로 굳이 물 기준을 세울 필요는 없으나, 4개 식 중 3개를 이용하여 풀면 다음과 같은 결과를 얻을 수 있다.

$$MS = 16.44\ \text{kg},\quad Ca^{2+}\ \text{용액} = 54.79\ \text{kg},\quad Mg^{2+}\ \text{용액} = 28.77\ \text{kg}$$

예제 6-9

일반적으로 도시의 하수처리는 생물학적 처리 방법인 활성슬러지 공정으로 관리되고 있다. 활성슬러지 공정은 아래 그림과 같은 방식으로 운영되고 있다.

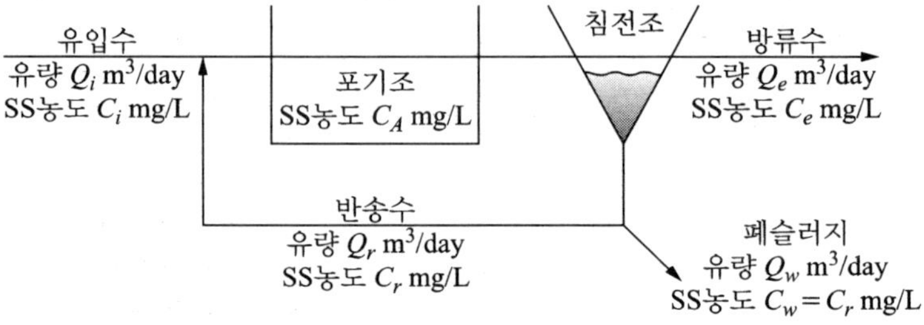

(1) 포기조를 경계로 한 슬러지의 물질수지에서 반송비를 슬러지 농도의 함수로 표현하라.
(2) 최종 침전지를 경계로 한 슬러지의 물질수지에서 반송비를 슬러지 농도의 함수로 계산하라.
(3) 활성슬러지 공정에서 발생되어 폐기되는 슬러지의 유량을 유입유량과 슬러지 농도의 함수로 표시하라.

단, 여기서 반송비는 유입되는 유량에 대한 반송되는 유량의 비, 즉 반송비 $r = Q_r/Q_i$으로 정의한다.

풀이 (1) 포기조를 경계로 한 물질수지

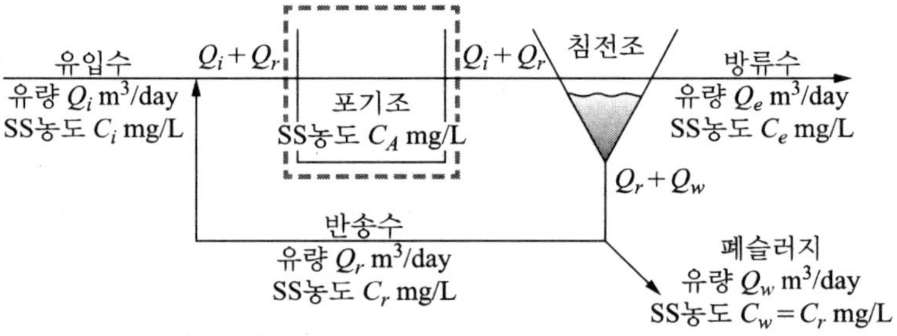

정상상태이므로 포기조로 유입된 유량은 모두 유출되어 항상 일정한 유량을 유지하고 있다. 그러므로 물질수지는 다음과 같다.

총괄 물질수지 : $Q_i + Q_r = Q_i + Q_r$

성분 물질수지 : $Q_i \cdot C_i + Q_r \cdot C_r = (Q_i + Q_r) \cdot C_A$

성분 물질수지식의 양변을 Q_i로 나누고, Q_r/Q_i를 반송비 r로 정의하면 다음과 같다.

$$C_i + (Q_r/Q_i) \cdot C_r = C_A + (Q_r/Q_i) \cdot C_A$$

$$C_i + r \cdot C_r = C_A + r \cdot C_A$$
$$r \cdot (C_r - C_A) = C_A - C_i$$
$$\text{반송비 } r = \frac{C_A - C_i}{C_r - C_A}$$

여기서 유입수의 농도는 전체 슬러지 농도에 비해 매우 적으므로 무시하면($C_i = 0$),

$$\text{반송비 } r = \frac{C_A}{C_r - C_A}$$

이 식에서 유량의 함수인 반송비를 슬러지 농도의 함수로 표시하였다.

(2) 침전조를 경계로 한 물질수지

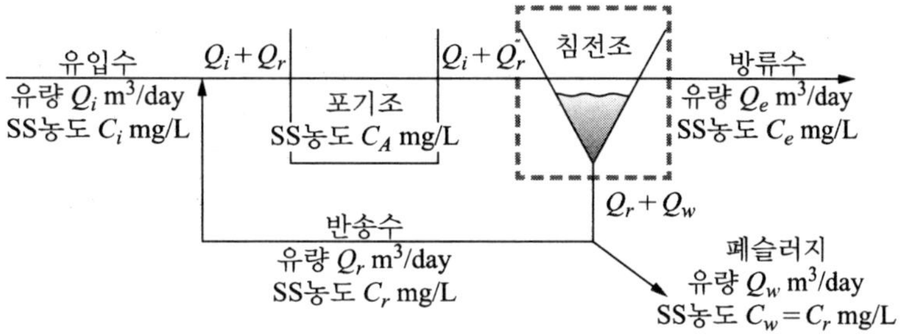

유출수 유량, Q_e는 다음과 같다.

$$Q_e = (Q_i + Q_r) - (Q_r + Q_w) = Q_i - Q_w$$

총괄 물질수지 : $Q_i + Q_r = (Q_i - Q_w) + (Q_r + Q_w) = Q_i + Q_r$

성분 물질수지 :

$$(Q_i + Q_r) \cdot C_A = (Q_i - Q_w) \cdot C_e + (Q_r + Q_w) \cdot C_r$$

폐슬러지의 유량은 전체 유량에 비해 매우 적으므로, 계산의 편의상 $Q_w = 0$이라고 가정한다. 그러면 성분 물질수지는 다음과 같이 변환된다.

$$(Q_i + Q_r) \cdot C_A = Q_i \cdot C_e + Q_r \cdot C_r$$

식의 양변을 Q_i로 나누고, Q_r/Q_i를 반송비 r로 정의하면 다음과 같다.

$$C_A + (Q_r/Q_i) \cdot C_A = C_e + (Q_r/Q_i) \cdot C_r$$
$$C_A + r \cdot C_A = C_e + r \cdot C_r$$

이 식에서 유출수 중의 SS 농도는 매우 낮을 뿐만 아니라, 위 식의 전체 항에서 가장 낮은 값으로 나타나므로 계산의 편의상 무시한다. 즉,

$C_e = 0$

$$C_A + r \cdot C_A = r \cdot C_r$$
$$r \cdot (C_r - C_A) = C_A$$
$$\text{반송비 } r = \frac{C_A}{C_r - C_A}$$

그러므로 위 2가지 경우를 볼 때 경계를 어떻게 하더라도 반송비의 정의는 변하지 않는다는 것을 알 수 있고, 유량의 함수인 반송비가 농도의 함수로 표현될 수 있다는 것을 알 수 있다.

(3) 전체 시스템을 경계로 한 물질수지

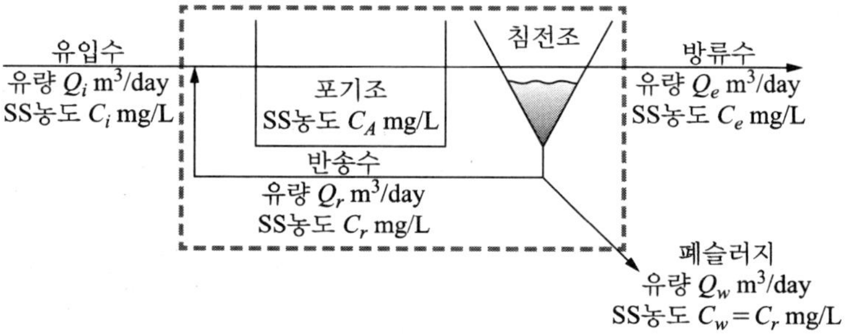

$$\text{총괄 물질수지 : } Q_i = Q_e + Q_w$$
$$\text{성분 물질수지 : } Q_i \cdot C_i = Q_e \cdot C_e + Q_w \cdot C_r$$

성분 물질수지식을 Q_e에 대해 정리하여 성분 물질수지식에 대입하면 다음과 같다.

$$Q_e = Q_i - Q_w$$
$$Q_i \cdot C_i = Q_e \cdot C_e + Q_w \cdot C_r = (Q_i - Q_w) \cdot C_e + Q_w \cdot C_r$$
$$Q_i \cdot (C_i - C_e) = Q_w \cdot (C_r - C_e)$$
$$Q_w = \frac{Q_i \cdot (C_i - C_e)}{C_r - C_e}$$

예제 6-10

pH가 2인 폐수 10 m³/day가 유량이 10,000 m³/day이고 pH가 6인 하천에 유입되어 혼합되었을 때, 혼합된 하천의 pH는 얼마인가? 또한 pH가 10인 염기성 폐수가 동일한 유량으로 공급될 경우, 혼합된 하천의 pH는 얼마인가?

풀이 비반응, 정상상태, 1성분계 혼합 pH의 문제

pH와 관련된 문제에서 항상 주의해야 할 것은 혼합되는 물질들이 같은 영역(산성 또는 알칼리성)에 있는가를 체크하는 것이다. 만약 같은 영역(산성 또는 알칼리성)에 있으면 이 물질수지는 더하기의 문제에 해당하고, 서로 다른 영역(산성 또는 알칼리성)에 있으면 빼기의 문제에 해당한다.

(1)

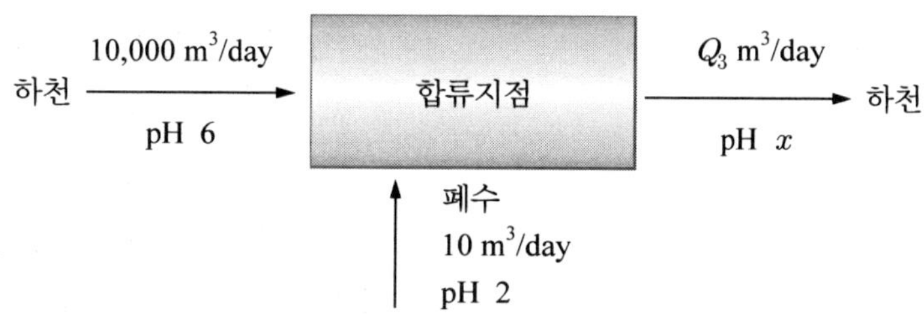

이 문제는 모두 pH가 산성 영역이므로 더하기의 문제로 해결할 수 있다.

총괄 물질수지

$$10{,}000\ \text{m}^3/\text{day} + 10\ \text{m}^3/\text{day} = Q_3$$

pH 6인 하천의 H^+ mol 농도 $= 10^{-6}$ mol/L

pH 2인 폐수의 H^+ mol 농도 $= 10^{-2}$ mol/L

성분 물질수지

$$(10{,}000\ \text{m}^3/\text{day})(10^{-6}\ \text{mol/L}) + (10\ \text{m}^3/\text{day})(10^{-2}\ \text{mol/L}) = (Q_3\ \text{m}^3/\text{day})(x\ \text{mol/L})$$

$Q_3 = 10{,}010\ \text{m}^3/\text{day}$이므로 $x = 0.000010989$ mol/L

그러므로 $\text{pH} = -\log(x) = -\log(0.000010989\ \text{mol/L}) = 4.96$

(2) 이 문제는 하천은 산성, 폐수는 염기성이므로 어느 쪽의 능력이 큰 지를 판단하여 pH를 계산한다.

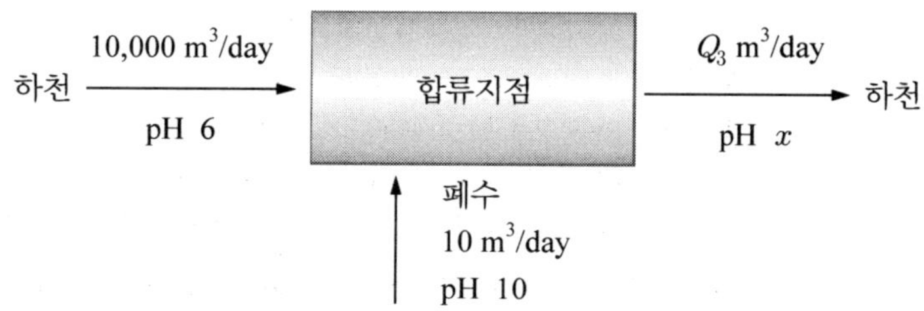

총괄 물질수지

$$10{,}000\ \text{m}^3/\text{day} + 10\ \text{m}^3/\text{d} = Q_3$$

pH 6인 하천의 H^+ mol 농도 = 10^{-6} mol/L

pH 10인 폐수의 H^+ mol 농도 = 10^{-10} mol/L이므로

pH 10인 폐수의 OH^- mol 농도 = 10^{-4} mol/L

pH 6인 하천의 H^+ mol 수 = $(10^{-6}\ \text{mol/L})\cdot(10{,}000\ \text{m}^3/\text{day})$

$$\text{하천의 } H^+ \text{ mol 수} = \frac{10^{-6}\ \text{mol}}{\text{L}}\left|\frac{10{,}000\ \text{m}^3}{\text{day}}\right|\frac{1{,}000\ \text{L}}{1\ \text{m}^3} = 10\ \text{mol/day}$$

pH 10인 폐수의 OH^- mol 수

$$= \frac{10^{-4}\ \text{mol}}{\text{L}}\left|\frac{10\ \text{m}^3}{\text{day}}\right|\frac{1{,}000\ \text{L}}{1\ \text{m}^3} = 1\ \text{mol/day}$$

하천의 산성이 크므로 산성으로 폐수의 알칼리성을 중화시키고 남아, 합류 후 하천은 산성으로 잔존한다.

총괄 물질수지

$$10{,}000\ \text{m}^3/\text{day} + 10\ \text{m}^3/\text{d} = Q_3$$

성분 물질수지

$$(10{,}000\ \text{m}^3/\text{day})(10^{-6}\ \text{mol/L}) - (10\ \text{m}^3/\text{day})(10^{-4}\ \text{mol/L}) = (Q_3\ \text{m}^3/\text{day})(x\ \text{mol/L})$$

$Q_3 = 10{,}010\ \text{m}^3/\text{day}$이므로 $x = 0.000000899$ mol/L

그러므로 $\text{pH} = -\log(x) = -\log(0.000000899\ \text{mol/L}) = 6.05$

참조 **pH란?**

p[H]의 개념은 1909년 Carlsberg 연구소의 네덜란드 화학자 Søren Peder Lauritz Sørensen에 의해 제안되었고, 1924년 현재 사용하는 pH라는 형태로 개정되었다. pH에서 "p"의 정확한 의미는 "power of hydrogen"으로 알려져 있다. "p"는 독일어로는 Potenz, 불어로는 puissance로 나타내었으며 모두 power라는 뜻을 가지고 있다. 또한 "pH"는 라틴어로는 pondus hydrogenii(quantity of hydrogen), potentia hydrogenii(capacity of hydrogen), potential hydrogen으로 모두 "수소의 능력"으로 통한다.

현대 화학에서 "p"는 "decimal cologarithm of"이라는 뜻으로 십진법의 여대수(餘對數) (어떤 수의 역수의 로그 또는 분수의 로그를 표현하는 데 사용)로 통한다. pK_a는 산의 해리상수로 한다. 즉, $pK_a = -\log[K_a]$, $\text{pH} = -\log[H^+]$

예제 6-11

pH가 A_1(H^+의 노르말 농도 N_1)인 산성 용액 V_1 L와 pH가 A_2(OH^-의 노르말 농도 N_2)인 염기성 용액 V_2 L를 혼합하면 pH는? 단, 혼합된 후의 pH는 염기성이라고 가정한다.

풀이 비반응, 정상상태, 2성분계 중화, 혼합 pH의 문제

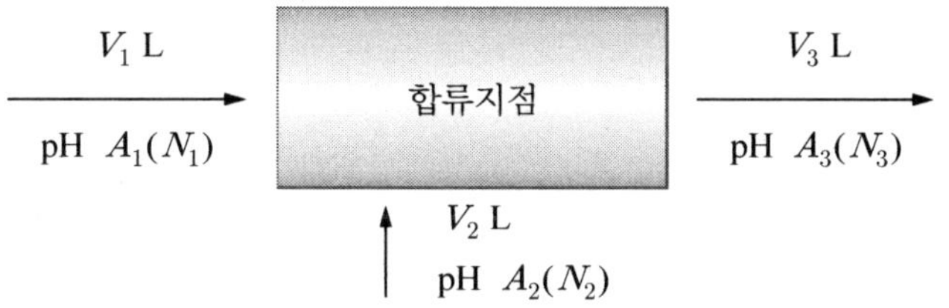

총괄 물질수지

$$V_1 + V_2 = V_3$$

혼합된 후의 pH를 염기성이라고 가정하고 있으므로 염기성의 OH^- 몰 수가 산성의 H^+ 몰 수 보다 크다는 것을 알 수 있다. 그러므로 성분 물질수지는 다음과 같이 세울 수 있다.

성분 물질수지

$$V_2 \cdot N_2 - V_1 \cdot N_1 = V_3 \cdot N_3$$

$$N_3 = \frac{V_2 \cdot N_2 - V_1 \cdot N_1}{V_3} = \frac{V_2 \cdot N_2 - V_1 \cdot N_1}{V_1 + V_2}$$

그러므로 N_3는 OH^-의 몰 수이므로 pOH는 $-\log(N_3)$

pH + pOH = 14의 관계에서

$$\text{pH} = 14 - \text{pOH} = 14 + \log(N_3)$$

예제 6-12

30 wt%의 KNO_3 용액 500 kg을 70℃에서 증발시켜 진한 용액으로 만들려고 한다. 이후 이 용액을 20℃로 냉각시켜, 생성되는 KNO_3 결정을 여과지를 이용하여 여과한 다음 건조하려고 한다. 다음 물음에 답하시오.

(1) 70℃에서 진한 KNO_3 용액을 만들기 위해 증발시켜야 할 물의 양(kg)은?

(2) 여과 후 건조 공정을 통해 얻을 수 있는 KNO_3의 질량은?

KNO_3의 각 온도에서의 용해도는 다음과 같다.

온도 (℃)	70	20
용해도 (kg KNO_3/kg H_2O)	1.38	0.316

풀이 비반응, 정상상태, 폐기물, 2성분계 농축의 문제

기준 : KNO_3 용액 500 kg

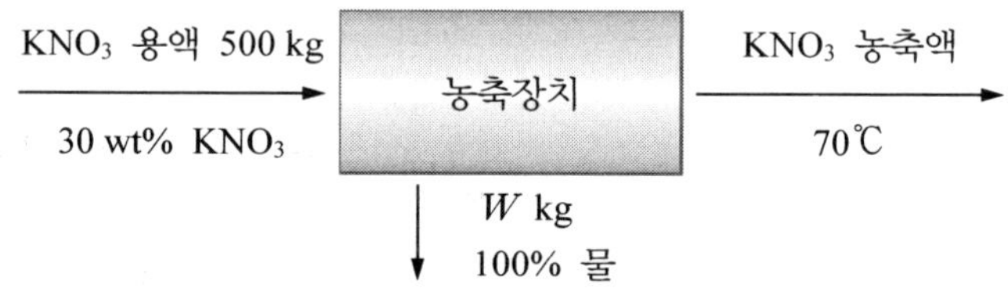

(1) 30 wt%의 KNO_3 용액 500 kg 중에 있는 KNO_3의 양은

$$\frac{30\ \text{kg}\ KNO_3}{100\ \text{kg}\ KNO_3\ \text{용액}} \times 500\ \text{kg}\ KNO_3\ \text{용액} = 150\ \text{kg}\ KNO_3$$

30 wt%의 KNO_3 용액 500 kg 중에 있는 물의 양은

$$500\ \text{kg 용액} - 150\ \text{kg}\ KNO_3 = 350\ \text{kg 물}$$

이 용액에서 온도를 증가시키면 용액 중의 물은 증발되어 줄어들어도 KNO_3의 질량은 변화 없다.
70℃의 용해도 1.38 kg KNO_3/kg H_2O는 1.38 kg KNO_3과 더불어 1 kg의 물이 존재한다는 의미이므로 150 kg KNO_3와 같이 존재할 수 있는 물의 양은

$$\frac{1\ \text{kg 물}}{1.38\ \text{kg}\ KNO_3} \times 150\ \text{kg}\ KNO_3 = 108.7\ \text{kg 물}$$

그러므로 농축기에서 빠져나가는 물은

$$350\ \text{kg} - 108.7\ \text{kg} = 241.3\ \text{kg 물}$$

(2) 20℃에서의 용해도는 70℃에서의 용해도에 비해 매우 적으므로 다음과 같이 구할 수 있다.

$$150\ \text{kg}\ KNO_3 \times \frac{0.316\ \text{kg}\ KNO_3\ \text{at}\ 20℃}{1.38\ \text{kg}\ KNO_3\ \text{at}\ 70℃} = 34.35\ \text{kg}\ KNO_3\ \text{at}\ 20℃$$

20℃에서 용해되어 있는 KNO_3의 질량이 34.35 kg이므로 결정으로 생성되는 KNO_3의 질량은 다음과 같다.

$$150\ \text{kg}\ KNO_3 - 34.35\ \text{kg}\ KNO_3 = 115.65\ \text{kg}\ KNO_3$$

예제 6-13

80 wt%의 수분을 함유한 젖은 슬러지가 있다. 이것을 탈수기를 통과시켜 원래 함유된 수분의 25%를 탈수시켰다. 젖은 슬러지 1 kg을 기준으로 할 때 탈수된 슬러지의 양(kg)은?

풀이 비반응, 정상상태, 폐기물, 2성분계 탈수의 문제

계산기준 : 젖은 슬러지 1 kg

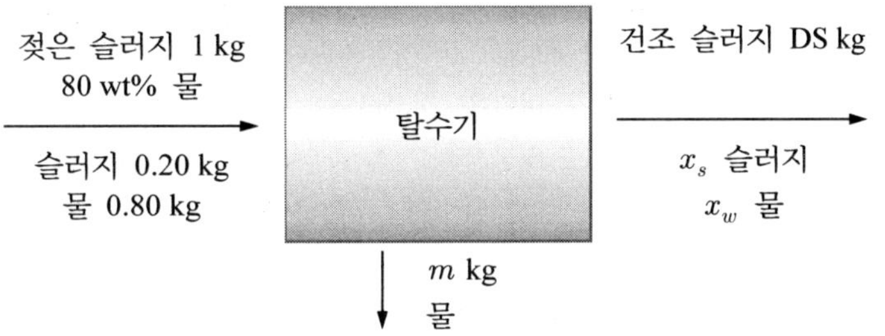

총괄 물질수지

$$1\text{ kg} = m\text{ kg} + \text{DS kg}$$

성분 물질수지

$$\text{슬러지} : 0.20\text{ kg} = \text{DS}\cdot(x_s)$$

$$\text{물} : 0.80\text{ kg} = m\text{ kg} + \text{DS}\cdot(x_w)$$

여기서, x_s는 건조 슬러지 중 슬러지의 질량 분율이고, x_w는 건조 슬러지 중 물의 질량 분율이다.

원래 젖은 슬러지 중에 존재하는 수분의 25%를 탈수시켰으므로

$$m = 0.80\text{ kg} \times 0.25 = 0.2\text{ kg}$$

그러므로 건조 슬러지 중 남아있는 수분의 양은

$$0.80\text{ kg} - 0.20\text{ kg} = 0.60\text{ kg}$$

따라서 건조 슬러지(DS)의 양은 1 kg − 0.20 kg = 0.80 kg

조성	wt(kg)	wt%
슬러지	0.20	$\frac{0.20}{0.80} \times 100 = 25\%\ (x_s)$
수분	0.60	$\frac{0.60}{0.80} \times 100 = 75\%\ (x_w)$
총량	0.80	100

그러므로 탈수 공정을 거침으로써 슬러지는 함수율 80%에서 75%로 감소하였다.

예제 6-14

CO_2 20 vol%와 NH_3 80 vol%의 기체 혼합물 중 NH_3의 일부가 산에 흡수되어 제거된다. 이 흡수탑을 나가는 기체가 40 vol%의 NH_3를 가질 때, 처음에 들어온 NH_3의 몇 %가 제거되었는가? 단, CO_2의 양은 변화하지 않고 산 용액은 증발하지 않는다고 가정한다.

풀이 비반응, 정상상태, 대기질, 2성분계 흡수의 문제

계산기준 : 혼합기체의 공급량 100 mol

기체의 경우, 부피를 물질수지의 기준으로 사용할 수 없으므로, 부피를 대신할 수 있는 mol을 기준으로 하면 물질수지에 적용가능하고, mol 수는 질량으로 손쉽게 환산가능하다.

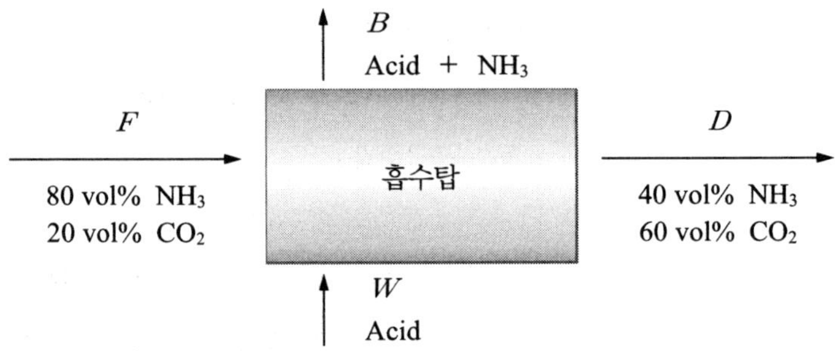

$$\text{유입 } NH_3 = 100 \text{ mol} \times 0.8 = 80 \text{ mol}$$
$$\text{유입 } CO_2 = 100 \text{ mol} \times 0.2 = 20 \text{ mol}$$

성분 물질수지

$$CO_2 : 100 \text{ mol} \times 0.2 = D \times 0.6$$
$$D = 33.3 \text{ mol}$$

배출기체 D 중 NH_3는 33.3 mol × 0.4 = 13.3 mol

그러므로 흡수된 NH_3는 80 mol − 13.3 mol = 66.7 mol

$$NH_3 \text{ 제거효율} = \frac{66.7 \text{ mol}}{80 \text{ mol}} \times 100 = 83.4\,\%$$

참조 **암모니아 기체의 산 흡수 분석법** (wikipedia, 2016)

암모니아를 물 또는 산에 흡수시켜 암모늄 이온으로 만든 후 검출 또는 정량(定量)화하는 것이 보통이다. 공기 중에 포함되어 있는 암모니아와 같이 미량의 암모니아 검출은 주로 다음과 같은 방법으로 시행한다.

① 검지관(檢知管)을 사용한다. 검지관은 간단한 기체 분석기의 일종인데, 정밀도가 좋아 널리 이용된다.

② 묽은 네슬러 시약으로 비색 분석한다. 네슬러 시약은 암모니아와 반응하면 색이 변하는데, 이를 이용하여 암모니아의 양을 측정할 수 있다.

③ 황산 용액에 흡수시킨 후 네슬러 시약을 넣어 비색 분석한다.

보통량(普通量)으로 존재하는 경우 주로 다음과 같은 방법을 사용할 수 있다.

과잉의 황산 용액에 흡수시킨 후 이를 수산화나트륨 용액으로 적정한다. 이때, 지시약은 메틸 오렌지 또는 브로모페놀 블루를 사용한다.

예제 6-15

석탄을 분석한 결과, wt%로 C 70%, H 5%, S 1%, O 12%, N 2%, 재 10%이었다. 이 석탄을 연소시킨 결과, C를 33% 함유하는 재가 남았고, 건조 연소기체를 분석한 결과 CO_2 14.3%, O_2 4%, CO 1.2%이었다. 이 때 연료 1 kg당 공급된 건조공기의 양을 구하라.

풀이 비반응, 정상상태, 대기질, 다성분계 연소의 문제

계산기준 : 연료 1 kg, 연소 후에도 총 질량의 변화는 없다.

유입 = 유출

연료 중 탄소 질량 = 건조 기체 중 탄소 질량 + 재 중 탄소 질량

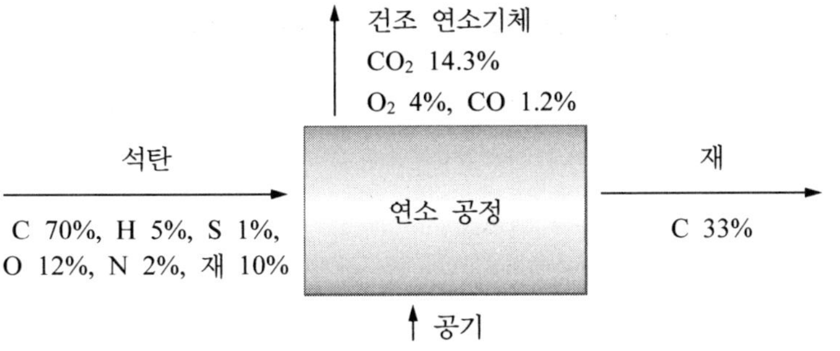

C를 33% 함유하는 재라는 의미는 (33% C + 67% 재)이다.

$$\frac{\text{건조 기체 중 탄소 질량}}{1\text{ kg 연료}} = \frac{\text{연료 중 탄소 질량}}{1\text{ kg 연료}} - \frac{\text{재 중 탄소 질량}}{\text{재의 질량}} \times \frac{\text{재의 질량}}{1\text{ kg 연료}}$$

$$= \frac{0.70\ \text{kg C}}{\text{kg 연료}} - \frac{0.33\ \text{kg C}}{0.67\ \text{kg 재}} \times \frac{0.10\ \text{kg 재}}{\text{kg 연료}} = \frac{0.65\ \text{kg C}}{\text{kg 연료}}$$

건조 연소기체의 성분 조성에서 공기는 주로 질소와 산소로 구성되어 있으므로 분석된 CO_2, O_2, CO를 제외하고는 질소 가스(N_2)이다. 전체 건조 연소기체를 1 mol로 가정하면,

$$N_2 = 1 - 0.143 - 0.04 - 0.012 = 0.805\ \text{mol 분율}$$

그러므로 생성된 건조 연소기체의 조성

성분	mol 비	분자량(g/mol)	질량(g)	탄소함량
CO_2	0.143	44	6.292	6.292 × (12/44) = 1.716 g
O_2	0.040	32	1.280	
CO	0.012	28	0.336	0.336 × (12/28) = 0.144 g
N_2	0.805	28	22.54	
Total	1.000		30.448	1.86 g C

공급된 공기량은 반응하지 않는 질소 mol에서 구할 수 있다.

$$0.805\ \text{mol}\ N_2 \times \frac{1\ \text{mol Air}}{0.79\ \text{mol}\ N_2} = 1.019\ \text{mol Air}$$

$$\frac{0.65\ \text{kg C}}{1\ \text{kg 연료}} \times \frac{1.019\ \text{kmol Air}}{1.86\ \text{kg C}} = \frac{0.356\ \text{kmol Air}}{1\ \text{kg 연료}}$$

예제 6-16

탄소를 이론공기로 완전 연소시켰을 때와 25%의 과잉공기로 추가 연소시켰을 때, 각각의 경우에 대한 연소가스의 몰 조성을 구하라.

풀이 비반응, 정상상태, 대기질, 다성분계 연소의 문제

계산기준 : 탄소 1 mol

$$\underset{1\ \text{mol}}{C} + \underset{1\ \text{mol}}{O_2} \rightarrow \underset{1\ \text{mol}}{CO_2}$$

유입 질량 = 유출 질량

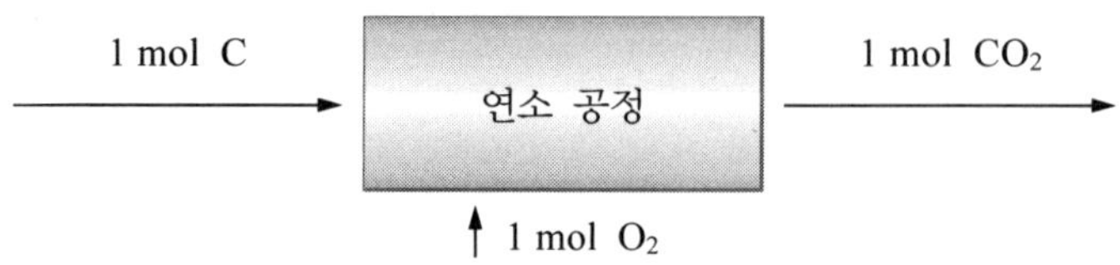

그러나 몰 수는 부피에 비례하므로 유입 몰 수는 2 mol, 유출 몰 수는 1 mol

(1) 이론공기로 완전 연소시킬 경우
탄소 1 mol을 완전 연소시키는 데 1 mol의 산소 필요

$$1\ \text{mol}\ O_2 \times \frac{0.79\ \text{mol}\ N_2}{0.21\ \text{mol}\ O_2} = 3.76\ \text{mol}\ N_2$$

1 mol의 산소를 공급하면 3.76 mol의 질소가 함께 공급
그러므로 연소 전과 연소 후 성분물질의 몰질량 분율은

반응물	mol	연소가스	mol	mol %
C	1	CO_2	1	21
O_2	1			
N_2	3.76	N_2	3.76	79
Total			4.76	100

(2) 25% 과잉공기로 연소시킬 경우 연소가스의 몰 조성
산소와 질소가 이론공기로 연소시킬 때보다 1.25배 많이 공급된다.
그러므로 질소 공급량은 3.76 mol × 1.25 = 4.7 mol N_2

반응물	mol	연소가스	mol	mol %
C	1	CO_2	1	16.8
O_2	1.25	O_2(연소 후 잔존)	0.25	4.2
N_2	4.7	N_2	4.7	79.0
Total	6.95		5.95	100

6.6 반응, 비정상상태의 물질수지

물질수지에 있어 가장 간단하면서 기초적인 형태는 비반응(생성량 = 0, 소비량 = 0), 정상상태(축적량 = 0)에서의 물질수지다. 이런 경우는 단순하게 액체나 기체가 혼합되거나 추출되는 공정에서 많이 발생된다. 그러나 실제 현장에서는 반응이 수반되는 비정상상태의 경우가 많다. 이 경우 가장 간단한 예로서 물질의 출입이 없는 회분식 공정을 생각해 볼 수 있다.

$$\text{축적량} = \text{유입량} - \text{유출량} + \text{생성량} - \text{소비량}$$

위 식에서 물질의 출입이 없으면 유입량과 유출량을 생략할 수 있다(유입량=0, 유출량=0). 그러므로 위 식은 다음과 같이 전개된다.

축적량 = 생성량 − 소비량

생성과 소비가 동시에 발생하더라도 생성량이 소비량보다 많으면 축적량은 +, 생성량이 소비량보다 적으면 축적량은 −를 나타내게 된다. 위 식에서 생성과 소비가 동시에 발생하는 것은 매우 복잡해지므로, 이를 단순화시켜 간단하게 생성량과 소비량만 존재하는 다음 2가지 식으로 생각해 볼 수 있다.

시스템 내 변화량 = (+)생성량
시스템 내 변화량 = −소비량

여기서, 생산량과 소비량은 절대적인 값을 나타내는 것으로 항상 양(+)의 값을 나타내며, 시스템 내 변화량이 증가하는 것은 +, 시스템 내 변화량이 감소하는 것은 −로 표시한다.

"시스템 내 변화량 = 생성량"의 경우에는 반응에 의해 물질이 형성되는 경우로서 주로 생산적인 공정에서 관찰된다. 반면에 "시스템 내 변화량 = −소비량"의 경우는 반응에 의해 물질이 소비되는 경우로서 수처리 공정과 같은 처리 공정에서 대부분 나타난다.

예를 들어, 생물학적으로 분해 가능한 유기물의 농도를 L이라 하고, 이 변화하는 양은 1차 반응에 따르는 것으로 알려져 있다.

유기물의 소비 속도(량)

$$\frac{dL}{dt} = r_{\text{consumption}} = -kL$$

시스템 내 변화량은 다음과 같이 표시할 수 있다.

$$\text{시스템 내 변화량} = \left(\frac{dL}{dt}\right)_S$$

그러므로 전체 물질수지식은 다음과 같이 쓸 수 있다.

$$\left(\frac{dL}{dt}\right)_S = \frac{dL}{dt} = r_{\text{consumption}} = -kL$$

여기서 주의해야 할 것은 $\left(\frac{dL}{dt}\right)_S$은 전체 시스템 내의 물질 변화를 나타내는 것으로 시스템 내에 생성량이 소비량보다 많으면 전체 값은 +값으로 표현되고, 생성량이 소비량보다 적으면 −값으로 표현된다. 그러나 dL/dt는 반응의 형태를 나타내는 것으로 생성 반응은 +, 소비 반응은 −를 의미한다.

그러므로 위와 같은 경우에서는 소비 반응만 일어나므로 시스템 내 변화량$\left(\frac{dL}{dt}\right)_S$이 소비량($dL/dt$)과 일치하므로 간단하게 다음과 같이 쓸 수 있다.

$$\frac{dL}{dt} = -kL$$

위 식을 초기조건($t=0$일 때 $L=L_o$)과 경계조건($t=t$일 때 $L=L_t$)에 따라 적분하면 다음과 같다. 이는 1차 반응속도식의 해법과 동일하다.

$$\frac{1}{L}dL = -k\,dt$$

$$\int_{L=L_o}^{L=L_t}\frac{1}{L}dL = -k\int_{t=0}^{t=t}dt$$

$$[\ln L]_{L_o}^{L_t} = -kt_{t_o}^{t}$$

$$\ln L_t - \ln L_o = -k(t-0) = -kt$$

$$\ln\frac{L_t}{L_o} = -kt$$

$$\frac{L_t}{L_o} = e^{-kt}$$

$$L_t = L_o e^{-kt}$$

참조

초기조건(initial condition)과 경계조건(boundary condition)

초기조건이란 실험을 시작하는 최초의 제반조건, 또는 수치 모델이나 분석 모델 계산의 최초 입력조건을 말한다. 그러므로 $t=0$에서 시스템을 규정하는 제약조건을 의미한다.

경계조건이란 미분방정식의 일반해에 존재하는 상수 값을 결정하기 위해 필요한 조건으로, 보통 영역의 경계에 부여하는 일정한 조건을 말한다. 예를 들면, $t=t$일 때의 조건 등이 경계조건으로 이용된다.

시간이 t만큼 경과된 시점에서의 유기물 농도 L은 위 식과 같이 정의될 수 있다.

위와 같은 경우의 예는 환경 분야에서 흔하게 찾아 볼 수 있다. 예를 들면, BOD 병에서 잔존하는 BOD 농도는 1차 반응으로 표현되므로 위와 유사한 형태로 표현된다.

$$\mathrm{BOD} = \mathrm{BOD}_o e^{-kt}$$

만약 5일 후에 잔존하는 BOD의 양은 다음과 같이 나타난다.

$$\mathrm{BOD}_5 = \mathrm{BOD}_o e^{-5k}$$

여기서, BOD_o : 초기 BOD 농도 (mg/L)

BOD_5 : 5일 경과 후의 BOD 농도 (mg/L)

k : 반응속도상수, 탈산소계수 (1/day)

t : 경과시간 (day)

BOD의 감소반응은 1차 반응속도식으로 표현되며, 소비된 BOD 농도(y_t)는 초기 BOD 농도(L_o)에서 t일 경과 후의 BOD 농도(L_t)를 뺀 값으로 정의된다.

$$y_t = L_o - L_t = L_o - L_o e^{-kt} = L_o(1 - e^{-kt})$$

여기서, y_t : t일 동안 소모된 BOD 양

잔존 BOD와 소모된 BOD를 그림으로 표현하면 다음과 같다.

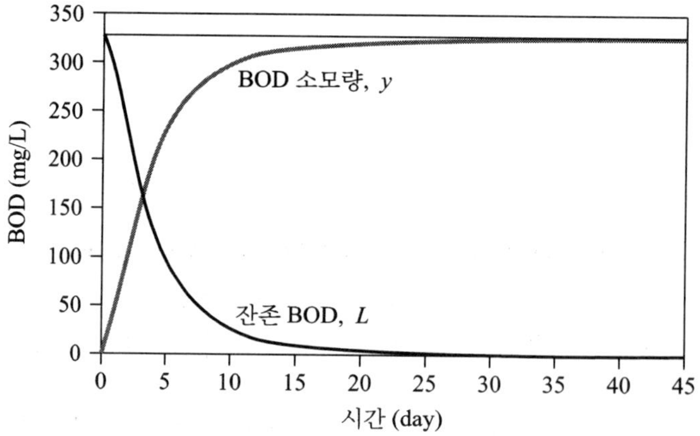

그림 6.5 시간에 따른 BOD 소모량과 잔존 BOD 농도 변화

환경 분야에서 1차 반응속도식으로 표현되는 것은 BOD 반응(유기물 분해) 외에도 염소 소독에 의해 미생물이 사멸되는 속도, 미생물 성장 속도 등이 있다.

예제 6-17

대표적인 하수의 BOD_5 농도가 220 mg/L이다. 만약 이 하수의 탈산소계수 k가 0.23 day^{-1} (e 기초)라면, 최종 BOD 농도와 3일 BOD 농도는?

풀이 축적량 = 유입량 − 유출량 + 생성량 − 소비량

물질의 출입이 없으므로 유입량과 유출량을 생략한다. (유입량=0, 유출량=0)

또한, 유기물이 생성되지 않고 소비되는 반응만 발생되므로 생성량=0.

$$\text{축적량} = -\text{소비량}$$

$$\left(\frac{dL}{dt}\right)_S = \frac{dL}{dt} = r_{\text{consumption}} = -kL$$

여기서, BOD_5 농도라는 의미는 5일 동안 소모된 BOD 양, y_t이므로 다음 식과 같이 쓸 수 있다.

$$y_t = L_o(1-e^{-kt})$$

위 식에서 모르는 미지수는 L_o이다.

$$L_o = \frac{y_t}{(1-e^{-kt})} = \frac{220\ \text{mg/L}}{\left[1-e^{-(0.23\ 1/\text{day})(5\ \text{days})}\right]} = \frac{220\ \text{mg/L}}{0.683}$$
$$= 322\ \text{mg/L}$$

그러므로 최종 BOD 농도 L_o=322 mg/L이다.

3일 BOD, 즉 BOD_3는 다음과 같다.

$$y_t = L_o(1-e^{-kt})$$
$$BOD_3 = 322\left[1-e^{-(0.23\ 1/\text{day})(3\ \text{days})}\right] = 160.5\ \text{mg/L}$$

참조

BOD

BOD는 biological oxygen demand(생물학적 산소요구량)가 아니라 biochemical oxygen demand(생화학적 산소요구량)라는 뜻으로서, 대부분 질소 BOD가 아니라 탄소 BOD를 의미한다. 즉, 유기물이 생화학적으로 분해되는데 필요한 산소요구량을 나타낸다.

예제 6-18

염소소독에 의한 미생물 사멸속도는 1차 반응속도식을 따르는 것으로 알려져 있다. 만약, 잔류 염소 농도가 0.5 mg/L인 물에서 2분 동안 박테리아와 염소가 접촉한 경우 80%의 박테리아가 사멸하였다면, 동일한 잔류 염소 농도의 물에서 99%의 박테리아 사멸 효율을 얻기 위해서는 몇 분의 시간이 필요한가?

풀이 축적량 = 유입량 − 유출량 + 생성량 − 소비량

물질의 출입이 없는 회분식 반응이므로 유입량과 유출량을 생략한다. (유입량=0, 유출량=0)
또한, 미생물이 사멸되어 줄어드는 반응만 발생되므로 생성량=0.

$$\text{축적량} = -\text{소비량}$$

$$\left(\frac{dN}{dt}\right)_S = \frac{dN}{dt} = r_{\text{consumption}} = -kN$$

여기서, N은 미생물 개체수를 의미한다.
앞에서와 똑같은 방법으로 적분하여 정리하면 다음과 같다.

$$\ln\frac{N}{N_o} = -kt$$

2분 동안 박테리아와 염소가 접촉하여 80%의 박테리아가 사멸하였으므로, 2분 후 생존해 있는 미생물 수 $N = 0.2N_o$

$$\ln\frac{0.2N_o}{N_o} = -k(2\text{ min})$$

$$k = 0.805\ (1/\text{min})$$

만약 99%의 소독효율을 얻었다고 하면, $N = 0.01N_o$.

$$\ln\frac{0.01N_o}{N_o} = -(0.805/\text{min})\,t$$

$$t = 5.72\text{ min}$$

연속공정으로서 흐름과 화학반응이 동시에 발생하는 복잡한 시스템의 예는 다음과 같은 것이 있다. 본 내용은 다소 어렵고 복잡하므로 기본적인 개념만 공부하고, 자세한 해결방법은 필요에 따라 생략해도 무방하고, "환경미생물"에 관한 공부를 한 다음 "생물학적 수처리"에서 다루어도 될 것으로 판단된다.

예제 6-19

물질환경제어장치(chemostat)에서 다음에 대한 설명을 하시오.

(1) 대수증식기에서 희석률(D)과 비증식속도(μ)와의 관계

(2) 위 상태에서 반응조 내 유기물 농도(S)와 미생물 농도를 D의 함수로 표시하고, D가 최대가 되었을 때 어떤 현상이 발생하는지 설명하시오.

풀이 (1) 물질환경제어장치 전체의 계를 기준으로 미생물 농도와 유기물 농도에 대해 물질수지를 세우면 다음과 같다.

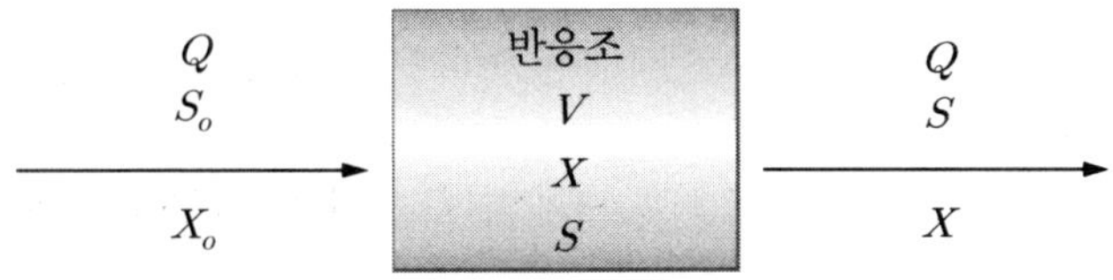

미생물에 대해 물질수지를 세우면 다음과 같다.

$$\text{축적(변화)량} = \text{유입량} - \text{유출량} + \text{생성량} - \text{소비량}$$

$$\text{축적(변화)량} = \left(\frac{dX}{dt}\right)_S V \ \ [\text{kg/day}]$$

여기서, X는 반응조 내 미생물 농도이고 $\left(\frac{dX}{dt}\right)_S$는 미생물 농도의 시간에 따른 변화로서, 농도는 물질수지의 기준이 될 수가 없고 질량만이 기준이 될 수 있다. 그러므로 농도를 질량 단위로 전환시키기 위해 반응조 부피, V를 곱해 준다.

$$\text{유입량} = QX_o \ \ [\text{kg/day}]$$

$$\text{유출량} = QX \ \ [\text{kg/day}]$$

$$\text{생성량} = r_g V = \mu X V \ \ [\text{kg/day}]$$

미생물 생성속도 $r_g = \frac{dX}{dt} = \mu X$ [1/day][mg/L]도 시간에 따른 미생물 농도의 변화를 나타내므로, 이를 질량기준으로 만들기 위해 반응조 부피(V)를 곱해 준다.

여기서, r_g(growth rate)는 미생물 증식속도, μ는 미생물 비증식속도(specific growth rate)를 의미한다.

$$소비량 = r_d V = bXV \text{ [kg/day]}$$

소비량은 미생물의 내생호흡(자산화)에 의해 사멸되는 속도로서 미생물 사멸속도 $r_d = \frac{dX}{dt} = bX$ [1/day][mg/L]이므로 질량기준으로 만들기 위해 반응조 부피(V)를 곱해 준다.
여기서, r_d(decay rate)는 미생물 사멸속도[mg/L · day]이고, b는 미생물의 내호흡계수 또는 사멸계수[1/day]이다.
그러므로 물질수지식은 다음과 같이 표시할 수 있다.

$$\left(\frac{dX}{dt}\right)_S V = QX_o - QX + \mu XV - bXV \tag{1}$$

양변을 반응조 부피(V)로 나누면 다음과 같다.

$$\left(\frac{dX}{dt}\right)_S = \frac{Q}{V}X_o - \frac{Q}{V}X + \mu X - bX \tag{2}$$

$$\left(\frac{dX}{dt}\right)_S = DX_o - DX + \mu X - bX \tag{3}$$

여기서, D는 희석률(dilution rate, 1/day)로서 $D = Q/V$로 정의된다.

유입되는 미생물의 농도가 매우 낮아서 무시할 수 있다고 가정하면 $X_o = 0$이고, 물질환경제어장치 내에서는 미생물의 성장 상태가 대수증식기에 있어 미생물의 사멸률이 매우 낮다고 가정할 수 있으므로 $b = 0$로 간주하여 위 (3)식을 다시 정리하면 다음과 같다. 그러나 물질환경제어장치가 아닌 실제 생물학적 하수처리공정에서는 오히려 사멸기 상태에서 운전되는 경우가 많으므로 $b = 0$로 가정할 수 없다.

$$\left(\frac{dX}{dt}\right)_S = \mu X - DX \tag{4}$$

유입 유량을 일정하게 유지한 상태에서 계속 유지하면, 초기에는 반응조 내 미생물 농도가 변동이 있으나 시간이 경과되면 반응조 내 미생물 농도가 일정한 상태를 유지하는 정상상태에 도달하게 된다.
정상상태에서는 반응조 내 미생물 농도변화가 없다고 볼 수 있으므로 $\left(\frac{dX}{dt}\right)_S = 0$이다. 이는 반응조 내에서 생성되는 미생물의 양과 반응조 밖으로 유출되어(wash-out) 나가는 미생물의 양이 동일하다는 의미이다.

$$0 = \mu X - DX$$
$$DX = \mu X$$
$$D = \mu \tag{5}$$

이는 물질환경제어장치의 정상상태에서는 희석률이 그 반응기의 미생물의 비증식속도로 나타난다는 의미로서, 희석률을 변화시킴으로써 미생물의 비증식속도를 조절할 수 있다는 의미와 비증식속도를 측정할 수 있다는 의미를 내포하고 있다.

(2) 위에서 보는 바와 같이 물질환경제어장치의 대수증식기에서는 D와 μ는 동일하다.

$$D = \mu = \frac{\mu_{\max} S}{K_s + S}$$

$$D(K_s + S) = \mu_{\max} S$$

$$DK_s = \mu_{\max} S - DS = S(\mu_{\max} - D)$$

$$S = \frac{K_s D}{\mu_{\max} - D} \tag{6}$$

유기물에 대한 물질수지를 세우면 다음과 같다.

축적(변화)량 = 유입량 − 유출량 + 생성량 − 소비량

축적(변화)량 = $\left(\frac{dS}{dt}\right)_S V$ [kg/day]

농도는 물질수지의 기준이 될 수가 없고 질량만이 기준이 될 수 있으므로, 농도를 질량 단위로 전환시키기 위해 반응조 부피(V)를 곱해 준다.

유입량 = QS_o [kg/day]

유출량 = QS [kg/day]

여기서, 반응기는 완전혼합 반응기(complete flow stirred tank reactor, CFSTR)이므로 반응조 내의 유기물 농도와 유출수의 유기물 농도는 동일하다.

생성량=0, 반응조 내에서 유기물의 생성은 없다.

소비량 = 호기성 미생물에 의한 유기물 분해량 = $\left(\frac{dS}{dt}\right)_a V$

마찬가지로 농도는 물질수지의 기준이 될 수가 없고 질량만이 기준이 될 수 있으므로, 농도를 질량 단위로 전환시키기 위해 반응조 부피(V)를 곱해 준다.

또한, $\left(\frac{dS}{dt}\right)_S$와 $\left(\frac{dS}{dt}\right)_a$는 형태는 비슷해 보이나, 그 의미는 완전히 다르다. $\left(\frac{dS}{dt}\right)_S$는 전체 시스템에서 유기물의 변화를 나타내고 있고, $\left(\frac{dS}{dt}\right)_a$는 미시적으로 미생물에 의해 유기물이 분해되는 속도를 의미한다. 그러므로 전체 시스템(반응조) 내에서 유기물의 변화가 없더라도 반

응조 내부에서 미생물에 의한 유기물의 분해는 계속적으로 발생하고 있다는 것을 뜻한다.

$$\left(\frac{dS}{dt}\right)_S V = QS_o - QS - \left(\frac{dS}{dt}\right)_a V \tag{7}$$

양변을 반응조 부피, V로 나누면,

$$\left(\frac{dS}{dt}\right)_S = \frac{Q}{V}S_o - \frac{Q}{V}S - \left(\frac{dS}{dt}\right)_a = DS_o - DS - \left(\frac{dS}{dt}\right)_a \tag{8}$$

유기물 제거속도는 아래와 같이 정의된다.

$$\left(\frac{dS}{dt}\right)_a = \frac{\mu X}{Y_{X/S}} \tag{9}$$

여기서, Y는 수율(yield coefficient)로서 $\left|\frac{\Delta X}{\Delta S}\right|$를 의미하며, ΔS는 유기물 농도의 변화량, ΔX는 미생물 농도의 변화를 나타낸다.

만약, 전체 시스템에서 유기물 농도의 변화가 없는 정상상태라고 가정하면,

$$\left(\frac{dS}{dt}\right)_S = 0 \tag{10}$$

또한, 공정 상에서 유기물 제거속도는 다음과 같이 정의할 수 있다.

$$0 = D(S_o - S) - \left(\frac{dS}{dt}\right)_a \tag{11}$$

$$\left(\frac{dS}{dt}\right)_a = D(S_o - S) = \frac{(S_o - S)}{\theta} \tag{12}$$

여기서, θ는 HRT이다. $\theta = \frac{1}{D} = \frac{V}{Q}$이다.

그러므로 위 (9)식과 (12)식을 합하여 정리하면 다음과 같다.

$$\left(\frac{dS}{dt}\right)_a = \frac{\mu X}{Y_{X/S}} = D(S_o - S) \tag{13}$$

$\mu = D$이므로

$$\frac{DX}{Y_{X/S}} = D(S_o - S) \tag{14}$$

$$X = Y_{X/S}(S_o - S) \tag{15}$$

위 (15)식에 S에 관한 (6)식을 대입하면 다음과 같다.

$$X = Y_{X/S}\left(S_o - \frac{K_S D}{\mu_{\max} - D}\right) \quad (16)$$

희석률(D)이 증가하여 $\mu_{\max}$에 가까워지면 S는 급격히 증가하여 무한대로 증가할 수 있다. 현실적으로 유출수의 농도가 무한대로 증가할 수는 없으므로 유입수의 농도와 동일해진다. 또한, 반응조의 미생물 농도(X)는 다음과 같이 된다.

$$X = Y_{X/S}(S_o - S_o) = 0 \quad (17)$$

위와 같이 반응조의 미생물은 wash-out에 의해 모두 유실되어 반응조 내 미생물 농도는 0가 된다.

참조

수리학적 체류시간(Hydraulic Retention Time, HRT)과 희석률(Dilution rate, *D*)

수리학적 체류시간과 희석률은 정반대되는 개념을 가지고 있다.

수리학적 체류시간은 물이 반응조 내로 유입되어 유출될 때까지의 시간, 즉 반응조 내에 머무는 시간을 의미하며, 환경 분야에서 많이 사용한다.

희석률은 반응조 내부가 유입되는 물에 의해 희석되는 속도를 의미하는 것으로 주로 생물학 분야에서 많이 사용한다.

$$\text{HRT} = \frac{V}{Q}\ \text{[day]}$$

$$D = \frac{Q}{V}\ \text{[1/day]}$$

반응조 부피가 일정한 상태에서 유량이 증가하면 수리학적 체류시간은 감소하며 희석률은 증가한다.

※ hydro라는 표현이 들어가는 물과 관련이 있다는 것을 알 수 있다.
hydrodynamics(유체역학)
hydrogen(수소) / hydro + gen(generation) / 수소와 산소가 결합하여 물을 생성한다.
hydraulic(수력학의, 수압[유압]의)

참조 물질환경제어장치(chemostat)

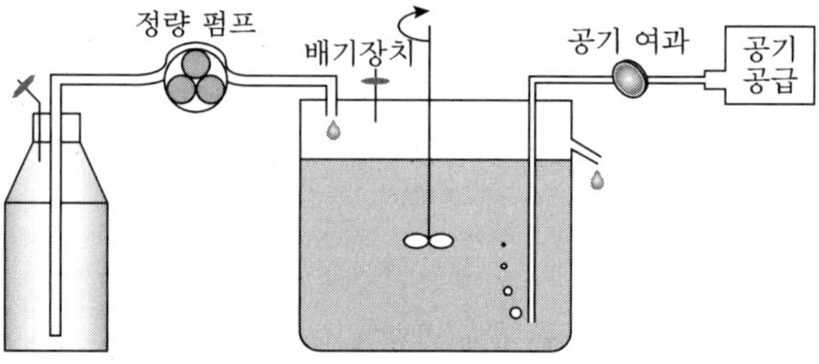

물질환경제어장치는 신선한 배양액이 연속적으로 공급되고 미처리된 영양분과 대사산물 그리고 미생물은 연속적으로 외부로 유출되는 생물반응기를 말한다. 이 반응기에서는 유입되는 양과 유출되는 양이 일정하여 반응기 유효 용적을 일정하게 유지하고 있다. 생물반응기로 유입되는 유량을 변화시켜 미생물의 비증식속도(specific growth rate)를 손쉽게 조절할 수 있는 특징을 가지고 있다.

연구 분야에서는 세포 생물학에서 많이 이용되고, 산업적으로는 에탄올 생산 공정에 응용되고 있다.

예제 6-20

다음과 같은 활성슬러지 공정 전체를 경계로 한 물질수지에서 (1) 미생물 농도와 (2) 잉여슬러지 발생량을 구하시오.

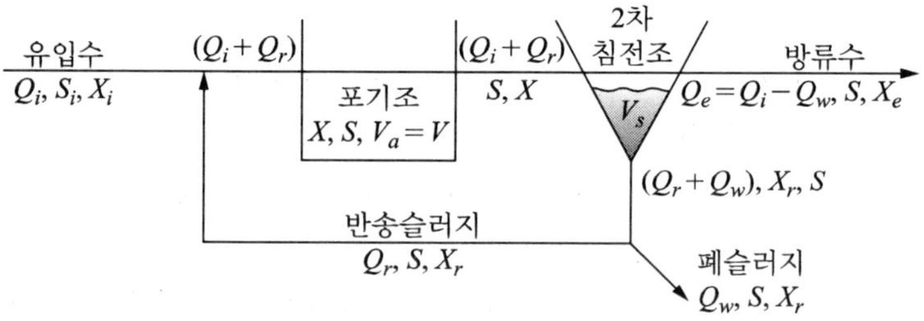

여기서

기호	정의	단위
Q_i	유입유량	m^3/day
Q_r	반송슬러지 유량	m^3/day
Q_w	폐기되는 잉여슬러지 유량	m^3/day
S_i	유입수 중의 유기물 농도	mg/L
S	포기조 내의 유기물 농도 또는 유출수 중의 유기물 농도	mg/L

기호	정의	단위
V_a	포기조 부피	m^3
V_s	침전조 부피	m^3
X_i	유입수의 고형물 농도	mg/L
X	포기조 내의 고형물 농도, MLSS	mg/L
X_e	유출수 중의 고형물 농도	mg/L
X_r	반송슬러지와 잉여슬러지 중의 고형물 농도	mg/L

풀이

(1) 전체 시스템(활성슬러지 공정)을 경계로 하여 미생물 질량에 대한 물질 수지식을 세우면 다음과 같다.

$$\text{축적(변화)량} = \text{유입량} - \text{유출량} + \text{생성량} - \text{소비량} \quad (1)$$

$$\text{축적(변화)량} = \frac{dX}{dt}(V_a + V_s) \ \text{[kg/day]}$$

농도는 물질수지의 기준이 될 수가 없고 질량만이 기준이 될 수 있으므로, 농도를 질량 단위로 전환시키기 위해 포기조 부피(V_a)와 침전조 부피(V_s)를 곱해 준다.

$$\text{유입량} = Q_iX_i \ \text{[kg/day]}$$

유출량은 크게 유출수 중의 고형물량과 잉여슬러지 발생량으로 나눌 수 있다. 슬러지의 생성과 사멸은 포기조에서만 발생하고, 침전조에서는 슬러지의 생성과 사멸이 발생하지 않는 것으로 가정한다.

$$\text{유출수 중의 고형물량} = (Q_i - Q_w)X_e$$

$$\text{잉여슬러지 발생량} = Q_wX_r \ \text{[kg/day]}$$

$$\text{생성량} = Y\frac{dS}{dt}V_a$$

$$\text{소비량(사멸량)} = k_dXV_a$$

마찬가지로 농도는 물질수지의 기준이 될 수가 없고 질량만이 기준이 될 수 있으므로, 농도를 질량 단위로 전환시키기 위해 포기조 부피(V_a)를 곱해 준다.

$$\frac{dX}{dt}(V_a + V_s) = Q_iX_i - \{(Q_i - Q_w)X_e + Q_wX_r\} + Y_{X/S}\frac{dS}{dt}V_a - k_dXV_a \quad (2)$$

위 식에서 정상상태$\left(\frac{dX}{dt} = 0\right)$라고 가정하고, 유입수 중의 고형물 농도가 매우 낮으며($X_i = 0$), 침천조에서 고형물 분리가 잘 이루어져서 유출수 중의 고형물 농도가 매우 낮다($X_e=0$)고 가정하면 위 식은 다음과 같이 정리된다.

$$0=-Q_wX_r+Y_{X/S}\frac{dS}{dt}V-k_dXV$$

$$Q_wX_r=Y_{X/S}\frac{dS}{dt}V-k_dXV \qquad (3)$$

양변을 포기조 부피(V)와 포기조 내 고형물 농도(MLSS, X)로 나누면,

$$\frac{Q_wX_r}{VX}=Y_{X/S}\frac{dS}{dt}\frac{1}{X}-k_d \qquad (4)$$

또한, (dS/dt)는 연속흐름의 경우 다음과 같이 표기할 수 있다.

$$\frac{dS}{dt}=\frac{(S_i-S)}{\theta} \qquad (5)$$

SRT(sludge retention time(고형물 체류시간), θ_c)는 다음과 같이 정의되며, 유출수의 고형물 농도는 매우 낮으므로($X_e\approx 0$) 아래 식으로 정리될 수 있다.

$$\text{SRT}=\frac{\text{전체 시스템 내에 존재하는 고형물 질량 [kg]}}{\text{시스템 외부로 배출되는 질량 속도 [kg/day]}}$$

전체 시스템 내 고형물 질량을 계산할 때, 정확하게 하면 포기조의 고형물 질량과 침전조의 고형물 질량 모두를 합해야 하나, 편의상 포기조의 고형물 질량을 전체 시스템 내 고형물 질량으로 간주한다.

$$\theta_c=\text{SRT}=\frac{VX}{X_rQ_w-(Q_i-Q_w)X_e}=\frac{VX}{X_rQ_w} \qquad (6)$$

(4)식은 다음과 같이 정리된다.

$$\frac{1}{\theta_c}=Y_{X/S}\frac{(S_i-S)}{\theta X}-k_d \qquad (7)$$

또한, F/M비(Food to Microorganism ratio)는 다음과 같이 정의된다.

$$\text{F/M비}=\frac{\text{유기물 질량 부하 [kg/day]}}{\text{포기조 내 미생물 질량 [kg]}}=\frac{Q_iS_i}{VX} \qquad (8)$$

여기서, 포기조 내 미생물 농도(X)는 정확하게는 MLVSS를 의미하나, 통상적으로 MLSS를 이용하기도 한다.

$\dfrac{(S_i-S)}{\theta X}$는 다음과 같이 변형될 수 있다.

$$\frac{(S_i - S)}{\theta X} = \frac{(S_i - S)}{\frac{V}{Q}X} = \frac{(S_i - S)Q}{VX} = \frac{S_i Q}{VX}\frac{(S_i - S)}{S_i} = \frac{S_i Q}{VX}\eta = (\mathrm{F/M})\eta \tag{9}$$

여기서, η는 제거율로서 유입된 유기물 농도에 대한 제거된 유기물 농도의 비로서$(S_i - S)/S_i$로 나타난다. 여기서 100을 곱하면 제거효율로 정의된다.

위 (7)식에 F/M비에 관한 (9)식을 대입하면 다음과 같다.

$$\frac{1}{\theta_c} = Y_{X/S}(\mathrm{F/M})\eta - k_d \tag{10}$$

(7)식에서 활성슬러지 공정의 연속실험에서 $\frac{1}{\theta_c}$와 $\frac{(S_i - S)}{\theta X}$의 관계를 구하면 Y값과 k_d값을 구할 수 있다.

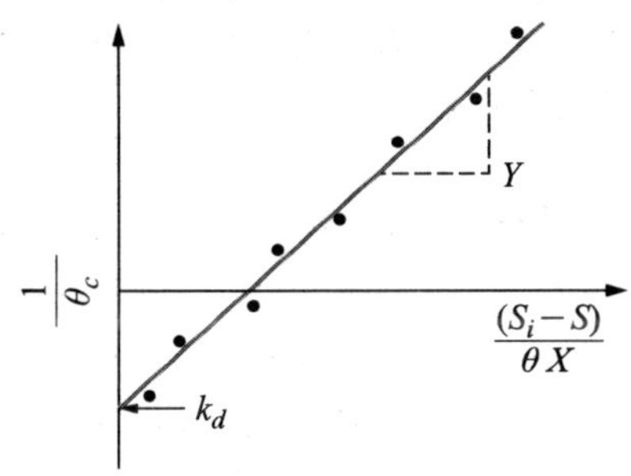

위 (10)식의 양변에 θ_c와 $X\theta$를 곱하면 다음과 같다.

$$X\theta = Y_{X/S}(S_i - S)\theta_c - k_d\theta_c X\theta \tag{11}$$

$X\theta$에 대해 정리하면,

$$X\theta(1 + k_d\theta_c) = Y_{X/S}(S_i - S)\theta_c \tag{12}$$

그러므로 포기조 내 고형물 농도, X는 다음과 같다.

$$X = \frac{Y_{X/S}(S_i - S)\theta_c}{\theta(1 + k_d\theta_c)} \tag{13}$$

위 식에서 보면, 유기물의 제거가 잘 이루어지고 미생물의 수율이 크면 포기조 내 고형물 농도가 증가한다는 것을 알 수 있다.

(2) 전체 활성슬러지 시스템에서 폐기시키는 잉여슬러지의 양은 $Q_w X_r$이므로 (3)식을 이용하면 다음과 같다.

$$Q_w X_r = Y_{X/S}\frac{dS}{dt}V - k_d XV \quad (14)$$

$$Q_w X_r = Y_{X/S}\frac{(S_i - S)}{\theta}V - k_d XV = Y_{X/S}\frac{S_i}{\frac{V}{Q}}V\frac{(S_i - S)}{S_i} - k_d XV$$

$$= Y_{X/S} Q S_i \eta - k_d XV \quad (15)$$

예제 6-21

다음과 같이 연속적으로 맑은 물이 유입되는 완전혼합 반응기(CFSTR)에 오염물질이 1회 투입되었을 때와 연속적으로 투입될 때, 시간에 따른 반응조 내 오염물질의 농도변화는 각각 어떻게 되는가? 단, 유입되는 원수의 유기물 농도는 0 mg/L 이며, 오염물이 감소하는 속도는 1차 반응 속도식을 따른다.

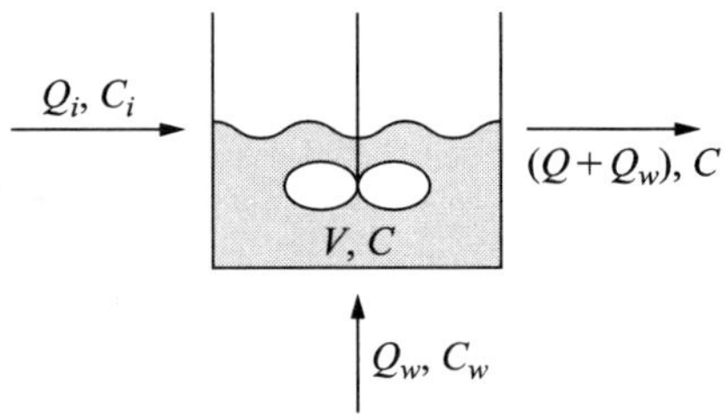

풀이 (1) 오염물질이 1회 투입되는 경우

이 문제는 오염물질이 원수에 의해 희석되면서 분해가 동시에 발생하는 문제를 다루고 있다.

완전혼합 반응기를 경계로 하여 오염물질에 대한 물질수지식을 세우면 다음과 같다.

축적(변화)량 = 유입량 − 유출량 + 생성량 − 소비량 (1)

축적(변화)량 = $\frac{dC}{dt}V$ [kg/day]

농도는 물질수지의 기준이 될 수가 없고 질량만이 기준이 될 수 있으므로, 농도를 질량 단위로 전환시키기 위해 반응조 부피(V)를 곱해 준다.

유입량 = $Q_i C_i + Q_W C_W$ [kg/day]

유출량 = $(Q_i + Q_W)C$ [kg/day]

생성량 = 0

오염물의 감소 속도는 1차 반응속도식을 따르므로 $\frac{dC}{dt} = -kC$로 표현할 수 있다.

오염물 감소(변화)량 = kCV [kg/day]

마찬가지로, 농도를 질량 단위로 전환시키기 위해 반응조 부피(V)를 곱해 준다.

$$\frac{dC}{dt}V = Q_iC_i + Q_WC_W - (Q_i + Q_W)C - kCV \qquad (2)$$

유입 원수의 농도가 0 mg/L이므로 $C_i = 0$

오염물이 1회 투입되었으므로 $Q_W = 0$

$$\frac{dC}{dt}V = -Q_iC - kCV \qquad (3)$$

양변을 V로 나누고 정리하면 다음과 같다.

$$\frac{dC}{dt} = -C\left(\frac{Q_i}{V} + k\right) \qquad (4)$$

초기조건($t = 0,\ C = C_o$), 경계조건 ($t = t,\ C = C_t$)를 대입하여 적분을 하면 다음과 같다.

$$\frac{1}{C}dC = -\left(\frac{Q_i}{V} + k\right)dt \qquad (5)$$

$$\int_{C=C_o}^{C=C_t}\frac{1}{C}dC = -\left(\frac{Q_i}{V} + k\right)\int_{t=0}^{t=t}dt$$

$$\ln C_t - \ln C_o = -\left(\frac{Q_i}{V} + k\right)t$$

$$\ln\frac{C_t}{C_o} = -\left(\frac{Q_i}{V} + k\right)t$$

$$C_t = C_oe^{-\left(\frac{Q_i}{V} + k\right)t} \qquad (6)$$

여기서, $\frac{Q_i}{V}$는 희석률(D)의 의미이다.

그러므로 위 식에서 볼 때 희석률과 1차 반응속도상수가 클수록 농도는 더 빠르게 감소한다는 것을 알 수 있다.

(2) 오염물이 연속적으로 투입되는 경우

$$\frac{dC}{dt}V = Q_iC_i + Q_WC_W - (Q_i + Q_W)C - kCV \qquad (7)$$

유입 원수의 농도가 0 mg/L이므로 $C_i = 0$

오염물이 연속적으로 공급되므로 $Q_W \neq 0$

$$\frac{dC}{dt}V = Q_WC_W - (Q_i + Q_W)C - kCV \qquad (8)$$

위 식에서 $Q_i + Q_W$를 Q로 놓으면,

$$\frac{dC}{dt}V = Q_W C_W - QC - kCV \tag{9}$$

양변을 반응조 부피(V)로 나누고 정리하면 다음과 같다.

$$\frac{dC}{dt} = \frac{Q_W C_W}{V} - C\left(\frac{Q}{V} + k\right) \tag{10}$$

$$\frac{dC}{dt} + C\left(\frac{Q}{V} + k\right) = \frac{Q_W C_W}{V} \tag{11}$$

이는 1차 선형 미분방정식의 형태이다.

$\frac{Q}{V} + k = \alpha$로 두고 $\frac{Q_W C_W}{V} = \beta$로 둔다.

초기조건을 $t=0$일 때 $C = C_o$로 두고 1차 선형 미분방정식을 풀면 다음과 같다.

$$\frac{dC}{dt} + \alpha C = \beta \tag{12}$$

다음과 같은 1차 선형 미분방정식으로 생각할 수 있다.

$$\frac{dy}{dx} + P(x)y = Q(x) \tag{13}$$

이 경우, 해는 다음과 같은 형태로 나타난다.

$$ye^{\int P(x)dx} = \int Q(x)e^{\int P(x)dx}dx + R \tag{14}$$

이를 본 식에 대입하면 아래와 같다.

$$Ce^{\int \alpha dt} = \int \beta e^{\int \alpha dt}dt + R \tag{15}$$

$$Ce^{\alpha t} = \frac{\beta}{\alpha}e^{\alpha t} + R \tag{16}$$

위 식을 시간에 대해 적분하고 초기조건을 $t=0$일 때 $C = C_o$를 대입하면

$$C_o e^o = \frac{\beta}{\alpha}e^o + R \tag{17}$$

$$R = C_o - \frac{\beta}{\alpha} \tag{18}$$

(18)식을 (16)식에 대입하면

$$Ce^{\alpha t} = \frac{\beta}{\alpha}e^{\alpha t} + C_o - \frac{\beta}{\alpha} \tag{19}$$

양변을 $e^{\alpha t}$로 나누면

$$C = \frac{\beta}{\alpha} + C_o e^{-\alpha t} - \frac{\beta}{\alpha} e^{-\alpha t} = \frac{\beta}{\alpha}(1 - e^{-\alpha t}) + C_o e^{-\alpha t} \tag{20}$$

원래의 값을 대입하여 정리하면

$$C = \frac{Q_W C_W}{\alpha V}\left[1 - e^{-\left(\frac{Q_i + Q_W}{V} + k\right)t}\right] + C_o e^{-\left(\frac{Q_i + Q_W}{V} + k\right)t} \tag{21}$$

만약, 시간이 흘러 무한대에 도달한다면, 다음과 같이 간단히 표현된다.

$$C = \frac{Q_W C_W}{\alpha V} = \frac{Q_W C_W}{\left(\frac{Q_i + Q_W}{V} + k\right) V} \tag{22}$$

이는 이 공정이 정상상태에 도달한 경우와 비교해 보면 동일한 결과를 얻을 수 있다. 즉, 시간이 무한대에 도달한다는 것은 정상상태에 도달한다는 것과 동일한 의미라는 것을 알 수 있다.
(10)식에서

$$\frac{dC}{dt} = \frac{Q_W C_W}{V} - C\left(\frac{Q}{V} + k\right) = 0 \tag{23}$$

C에 대하여 정리하면

$$C = \frac{Q_W C_W}{\left(\frac{Q}{V} + k\right) V} = \frac{Q_W C_W}{\left(\frac{Q_i + Q_W}{V} + k\right) V} \tag{24}$$

예제 6-22

산소 이용량은 활성슬러지 공정의 설계에 매우 중요한 설계 인자이다. 산소는 미생물 세포의 합성과 미생물의 분해, 즉 내호흡에 모두 필요하다. 산소 이용량 결정을 위한 물질수지식을 세우시오.

풀이

전체 산소 이용속도 = 세포합성에 이용된 속도 + 내생호흡에 이용된 속도 (1)

$$\text{전체 산소 이용속도} = \frac{dO_2}{dt} V$$

농도는 물질수지의 기준이 될 수가 없고 질량만이 기준이 될 수 있으므로, 농도를 질량 단위로 전환시키기 위해 반응조 부피(V)를 곱해 준다.

$$\text{세포합성에 이용된 속도} = a' \frac{dS}{dt} V$$

유기물의 분해가 빠를수록 세포합성이 빠르고 그에 따라 산소의 소모도 증가할 것이다.

$$\text{내호흡에 이용된 속도} = b'XV$$

미생물 농도가 클수록 내호흡에 소요되는 산소량도 증가할 것이다.

여기서, a'는 세포합성에 필요한 산소요구량 계수(mg O_2/제거된 유기물 mg)

b'는 내생호흡에 필요한 산소요구량 계수(mg O_2/mg MLVSS · day)

X는 포기조내 MLVSS 농도(mg/L)

$$\frac{dO_2}{dt}V = a'\frac{dS}{dt}V + b'XV \qquad (2)$$

양변을 XV로 나누면 다음과 같이 정리된다.

$$\frac{1}{X}\frac{dO_2}{dt} = a'\frac{1}{X}\frac{dS}{dt} + b' \qquad (3)$$

$\frac{1}{X}\frac{dO_2}{dt} = R_{O_2}$로 두고, $\frac{1}{X}\frac{dO_2}{dt}$는 비산소이용률(specific oxygen utilization rate)로서 단위 미생물당 산소를 이용하는 속도를 나타낸다.

$\frac{1}{X}\frac{dS}{dt}$는 비기질이용률(specific substrate utilization rate)로서 단위 미생물당 기질을 이용하는 속도를 나타낸다. 또한, 연속흐름에서는 다음과 같이 나타낼 수도 있다.

$$\frac{1}{X}\frac{dS}{dt} = \frac{1}{X}\frac{(S_i - S)}{\theta} = \frac{1}{X}\frac{S_i}{\frac{V}{Q}}\frac{(S_i - S)}{S_i} = \frac{QS_i}{XV}\frac{(S_i - S)}{S_i}$$

$$= (\mathrm{F/M})\eta \qquad (4)$$

그러므로 위 식은 다음과 같이 정리된다.

$$R_{O_2} = a'(\mathrm{F/M})\eta + b' \qquad (5)$$

F/M비를 변화시키면 제거율(η)이 변화하고, 비산소이용률도 변화한다. 그러므로 아래 그림과 같이 $(\mathrm{F/M})\eta$와 R_{O_2}의 관계로부터 세포합성에 필요한 산소요구량 계수(a')와 내생호흡에 필요한 산소요구량 계수(b')를 구할 수 있다.

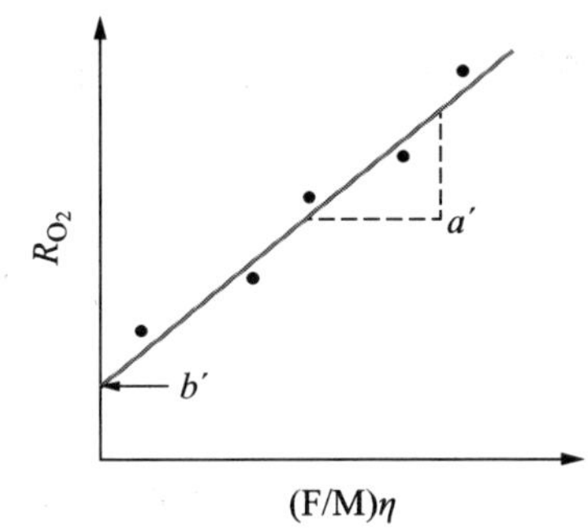

(F/M)η와 R_{O_2}의 관계

참조 **Specific이란? (2)**

Specific의 사전적 의미는 다음과 같다.

1. 구체적인, 명확한, 분명한
2. [주로 명사 앞에 씀] 특정한
3. 특유의, 독특한

그러나 환경 분야에서 사용되는 specific이라는 의미는 '~과 비교하여'라는 의미로 많이 사용된다.

예를 들어 100 kg 성인 남자와 60 kg의 성인 여자가 있다고 가정해 보자. 만약 이 성인 남자와 여자가 하루에 각각 1.5 kg과 1 kg의 음식을 섭취한다고 할 때 섭취한 음식의 양은 성인 남자 1.5 kg/day, 성인 여자 1.0 kg/day가 되어 성인 남자가 많이 먹은 것으로 보인다. 그러나 각 남녀의 몸무게가 차이가 나는데, 단순히 섭취한 양만으로 비교한다면 맞지 않다는 생각이 든다. 그러면 어떻게 해야 할까?

이 경우 섭취한 양에도 그 사람의 몸무게를 나누어 주면 공평하다는 느낌이 든다. 그러면 남자의 경우 (1.5 kg/day)/100 kg = 0.015 kg/kg · day, 여자의 경우 (1.0 kg/day)/60 kg = 0.0167 kg/kg · day으로 여자가 단위 몸무게당 섭취한 음식물의 양은 많은 것으로 나타난다.

이와 같은 방식으로 기질 제거속도(substrate removal rate)를 미생물 농도로 나누면 비기질 제거속도(specific substrate removal rate)가 된다.

예제 6-23

생물학적 처리 시설의 포기조는 완전혼합 반응기와 플러그흐름 반응기로 해석할 수 있다. 포기조 내 유기물의 제거 속도가 1차 반응속도식에 따른다고 할 때, 정상상태에서 두 흐름 형태의 반응기 크기를 비교하여 나타내시오.

풀이 (1) 완전혼합 반응기의 경우

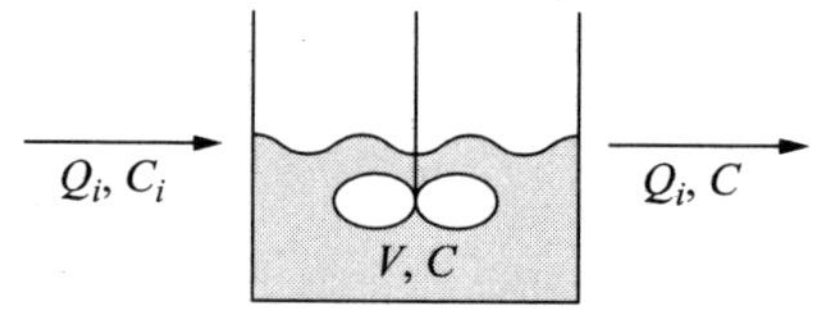

완전혼합 반응기를 경계로 하여 유기물에 대한 물질수지식을 세우면 다음과 같다.

$$축적(변화)량 = 유입량 - 유출량 + 생성량 - 소비량 \quad (1)$$

$$축적(변화)량 = \frac{dC}{dt}V \ \text{[kg/day]}$$

농도는 물질수지의 기준이 될 수가 없고 질량만이 기준이 될 수 있으므로, 농도를 질량 단위로 전환시키기 위해 반응조 부피(V)를 곱해 준다.

$$유입량 = Q_iC_i \ \text{[kg/day]}$$

$$유출량 = Q_iC \ \text{[kg/day]}$$

$$생성량 = 0$$

오염물의 감소 속도는 1차 반응속도식을 따르므로 $\frac{dC}{dt} = -kC$로 표현할 수 있다. 마찬가지로, 농도를 질량 단위로 전환시키기 위해 반응조 부피(V)를 곱해 준다.

$$오염물\ 감소(변화)량 = kCV \ \text{[kg/day]}$$

$$\frac{dC}{dt}V = Q_iC_i - Q_iC - kCV \quad (2)$$

정상상태이므로 $\frac{dC}{dt} = 0$

$$Q_iC_i - Q_iC - kCV = 0 \quad (3)$$

$$kCV = Q_iC_i - Q_iC \quad (4)$$

양변을 kC로 나누고 정리하면 다음과 같다.

$$V = \frac{Q_i(C_i - C)}{kC} \quad (5)$$

(2) 플러그흐름 반응기의 경우

플러그흐름 반응기는 반응기의 위치에 따라 반응물의 농도가 변화한다. 그러므로 반응기의 미소부피에 대해 물질수지를 세워야 한다.
플러그흐름 반응조를 경계로 하여 유기물에 대한 물질수지식을 세우면 다음과 같다.

축적(변화)량 = 유입량 − 유출량 + 생성량 − 소비량

축적(변화)량 = $\dfrac{dC}{dt}dV$ [kg/day]

농도는 물질수지의 기준이 될 수가 없고 질량만이 기준이 될 수 있으므로, 농도를 질량 단위로 전환시키기 위해 미소 반응조 부피(dV)를 곱해 준다.

유입량 = Q_iC_i [kg/day]

유출량 = $Q_i\left(C_i+\dfrac{\partial C}{\partial x}dx\right)$ [kg/day]

생성량 = 0

오염물의 감소 속도는 1차 반응속도식을 따르므로 r_cdV로 표현할 수 있다.
마찬가지로, 농도를 질량 단위로 전환시키기 위해 미소 반응조 부피(dV)를 곱해 준다.

오염물 감소(변화)량 = $kCdV$ [kg/day]

그러므로 전체적인 물질수지식은 다음과 같다.

$$\left(\frac{dC}{dt}\right)dV = Q_iC_i - Q_i\left(C_i+\frac{\partial C}{\partial x}dx\right) - r_cdV \tag{6}$$

정상상태를 가정하면 $\dfrac{dC}{dt}=0$이고, 1차 반응이므로 $r_c=kC$를 대입하여 정리하면 다음과 같다.

$$0 = -Q_i\frac{\partial C}{\partial x}dx - kCdV$$

$$Q_i\frac{\partial C}{\partial x}dx = -kCdV \tag{7}$$

미소 부피에서 단면적은 동일하고 위치의 변화가 발생하므로 다음과 같이 바꿀 수 있다.

$$dV = Adx$$

$$Q_idC = -kCAdx$$

$$Adx = -\frac{Q}{k}\frac{dC}{C} \tag{8}$$

경계조건, $x=0$일 때 $C=C_i$이고, $x=L$일 때 $C=C_L$이다. 위 식을

적분하여 경계조건을 대입하여 정리하면 다음과 같다.

$$A\int_{x=0}^{x=L} dx = -\frac{Q}{k}\int_{C=C_i}^{C=C_L}\frac{dC}{C} \tag{9}$$

$$A(L-0) = -\frac{Q}{k}(\ln C_L - \ln C_i) \tag{10}$$

그러므로 반응조 부피는 다음과 같다.

$$V = AL = -\frac{Q}{k}\ln\frac{C_L}{C_i} \tag{11}$$

또한, 반응조 외부로 유출되는 유기물 농도(C_L)은 다음과 같이 정리된다.

$$C_L = C_i e^{-\frac{kV}{Q}} = C_i e^{-k\theta} \tag{12}$$

여기서, θ는 $\dfrac{V}{Q}$로서 HRT이다.

참조 **초보자와 숙련자의 문제풀이 습관 비교** (Himmelblau와 Riggs, 2012)

초심자	숙련자
문제에서 요구하는 것이나 푸는 과정을 완전히 이해하기도 전에 문제부터 풀기 시작한다.	전체 계획을 개관하고, 마음속으로 다른 풀이 방법을 생각하여 보며, 얻어야 할 결과를 완전히 이해한다.
전에 풀어 보았던 문제에 집착하여 새로운 문제를 여기에 맞추어 보려고 한다.	풀어 보았던 문제와의 유사점과 상이점을 검토한 다음, 여기에 맞추기 보다는 일반적 원리를 이용한다.
다른 방법을 생각해 보지 않고 한 방법을 선택한다.	여러 가지 방법을 차례로, 또는 동시에 살펴본다.
틀리는 것을 모르고 푸는 속도에만 집착한다.	주의하여 정확하게 푸는 데 신경을 쓴다.
조직적 계획을 세우지 않고, 덤벙거리거나 여러 풀이방법을 뒤섞는다.	문제풀이 과정을 단계적으로 밟아서, 검사하고, 재검토하여, 막히면 효과적인 길로 돌아간다.
빠진 자료, 개념, 법칙을 눈치 채지 못한다.	관계되는 원리와 부족한 자료를 안다.
판단이 나쁘고, 틀린 가정을 하며, 잘못 간략화 한다.	필요한 가정과 간략화를 주의하여 평가한다.
잘 모른다고 문제풀이를 포기한다.	무엇이 어려운지를 알고 더욱 공부하여 필요한 정보를 얻는다.
막혔을 때 빠져 나오는 방법을 몰라서 문제풀이를 포기한다.	방법에 따라서는 막힐 수 있음을 알고, 막혔을 때는 다른 방법을 계획한다.

Chapter 6 연습문제

01 BOD 농도가 2 mg/L이고 유량이 100,000 m^3/day인 하천에 산업 공장 폐수가 유입될 예정이다. 이 폐수의 하루 발생량은 100 m^3/day, BOD 농도는 5,000 mg/L이다. 폐수를 하천에 방류하기 전에 폐수처리장을 설치하여 BOD 농도를 저감시킬 예정이다. 폐수와 하천이 합류되고 난 후, 하천의 BOD 농도가 3 mg/L를 초과하지 않게 하기 위해서는 폐수처리장의 BOD 처리효율은 몇 %로 유지되어야 하는가?

02 정상상태로 운전되고 있는 혼합공정에서 98%의 진한 황산을 10 kg/s의 속도로 주입하고 물을 연속적으로 가하여 40%의 황산을 제조하려 한다. 이때 물의 주입량(kg/s)과 묽은 황산의 배출량(kg/s)은?

03 70 wt% 소금물 100 kg과 20 wt% 소금물 50 kg을 혼합하였을 때 생성되는 혼합 소금물의 성분 조성은 어떻게 되는가?

04 pH가 A_1(H^+의 노르말 농도 N_1)인 산성 용액 V_1 L와 pH가 A_2(H^+의 노르말 농도 N_2)인 산성 용액 V_2 L를 혼합하면 pH는?

05 CO_2 80%와 20%의 NH_3 조성을 가진 기체 혼합물을 KOH로 CO_2를 제거하여 40%의 CO_2를 얻었다. 초기의 CO_2가 몇 % 제거되었는가?

06 60%의 소금물을 만들기 위하여 90% 소금물(소금 단가 1,000원/kg)과 20%의 소금물(소금 단가 500원/kg)을 혼합하였다. 60% 소금물의 단가(원/kg)는? 단, 순수한 물의 가격은 무시한다.

07 회분식 배양에서 초기 박테리아의 개체수가 1,000마리라고 했을 때 10^6마리로 증가하는 데 5시간이 소요되었다. 만약 이 박테리아를 10,000마리에서 10^{10}마리로 증식시키기 위해서는 몇 시간이 필요한가? 단, 이때의 박테리아 성장단계는 대수증식단계라고 가정한다.

Chapter 7

에너지 수지 (energy balance)

에너지 수지(energy balance, 에너지 收支)는 장치 혹은 프로세스의 일부분 또는 전체에 대해서 에너지 보존의 법칙을 적용하여 에너지의 출입 밸런스(balance, 收支)를 수량적으로 조사하는 것을 말한다.

에너지 보존의 법칙(law of energy conservation)은 고립계의 총에너지는 항상 일정하다는 것을 의미하며 시간의 경과에 관계없이 보존된다는 것이다. 에너지는 창조되지도 않고 파괴되지도 않는다. 또한, 에너지는 한 위치에서 다른 위치로 쉽게 이동가능하며, 에너지는 하나의 형태에서 다른 형태로 변환이 가능하다. 예를 들면, 다이너마이트의 폭발에 의해 화학에너지는 손쉽게 운동에너지로 전환된다.

7.1 열역학 법칙

열역학 법칙에는 다음과 같은 4가지 법칙이 있다. 그 중 열역학 제1법칙이 에너지 보존의 법칙이다. 열역학(thermodynamics)은 열(thermo)과 동력(dynamics)의 합성어로서 열과 역학적 일의 기본적인 관계를 바탕으로 열 현상을 비롯해서 자연계 안에서 에너지의 흐름을 통일적으로 다루는 분야이다.

1. 열역학 제0법칙

열역학 제0법칙(0th law of thermodynamics)은 열적 평형을 설명하는 법칙으로서, 계(system)의 물체 A와 C가 열적 평형상태에 있고 B와 C가 열적 평형상태에 있으면, A와 B도 열적 평형상태에 있다는 법칙이다. 이것은 온도의 존재를 주장하는 것과 같으며, 열역학의 기본적인 출발점이 된다. 즉, 열역학 제0법칙은 모든 물체는 온도라는 특성을 가지고 있으며, 두 물체가 열적 평형상태에 있다면 둘의 온도는 같다는 사실을 설명하고 있다.

2. 열역학 제1법칙

열역학 제1법칙(1st law of thermodynamics)은 보다 일반화된 에너지 보존의 법칙이다. 계의 내부에너지 변화는 계가 흡수한 열과 계가 한일의 차이($E = Q - W$)이므로 계의 내부에너지는 열의 형태로 더해지면 증가하고 계가 일을 하면 감소한다.
여기서, E는 에너지(energy), Q는 열(heat), W는 일(work)을 의미한다.

계가 열을 흡수하면 내부에너지는 증가하고 방출하면 내부에너지는 감소한다. 그리고 계가 일을 하면 내부에너지는 감소하고 계가 외부로부터 일을 받으면 내부에너지는 증가한다.

열역학 제1법칙의 특수한 경우로 4가지가 있다.

(1) 단열과정

열역학 제1법칙 $E=Q-W$에서 $Q=0$인 경우, 즉, 외부로부터 열의 출입이 없는(단열) 경우이다. 그러면 $E=-W$가 되며, 외부와 열에너지 전달이 일어나지 않는 과정이다. 계가 일을 하면 내부에너지는 그만큼 감소하고, 반대로 계가 외부로부터 일을 받으면 내부에너지는 그만큼 증가한다.

(2) 등적과정

$E=Q-W$에서 $W=0$인 경우로서, 부피가 일정하다. 계가 열을 흡수하면 계의 내부에너지는 증가하고 반대로 열을 잃으면 내부에너지가 감소한다.

(3) 순환과정

열역학 제1법칙 $E=Q-W$에서 $E=0$인 경우로서, 내부에너지는 변하지 않는다. 순환과정 동안 알짜(순) 일은 열의 형태로 전달된 알짜(순) 에너지와 정확히 같고 계의 내부에너지는 변하지 않는다.

(4) 자유팽창

$E=Q-W$에서 $Q=W=0$인 경우로서 $E=0$이 된다. 자유팽창은 계와 주위 사이에 열전달이 없고, 계가 일도 하지 않는 단열 과정이다.

3. 열역학 제2법칙

열역학 제2법칙은 에너지가 흐르는 방향을 설명하는 법칙이다. 고립계에서 총 엔트로피(무질서도)의 변화는 항상 증가하거나 일정하며 절대로 감소하지 않는다. 에너지 전달에는 방향이 있다는 것으로, 자연계에서 일어나는 모든 과정들은 가역과정이 아니라는 것이다. 열역학 제1법칙이 과정 전과 후의 에너지를 양적(量的)으로 규제하고 있는 데 비하여, 제2법칙은 에너지가 흐르는 방향을 규제하는 성격을 띠고 있다. 즉, 에너지의 흐름은 엔트로피가 증가하는 방향으로 흐른다는 것이다. 따라서 이 법칙에 따르면, 하나의 열원에서 열을 받아 이것을 일로 바꾸되 그 외 어떤 외부의 변화도 일으키지 않는 열기관인 제2종 영구기관의 제작은 불가능하다고 할 수 있다. 제2종 영구기관은 100% 열을 받아서 100% 운동에너지로 바꿀 수 있는 기관을 말한다. 에너지는 자유로이 형태를 변환시킬 수 있지만 그 때마다 반드시 에너지가 갖고 있었던 능력인 퍼텐셜(potential)이 사라진다. 일반적으로 에너지를 변환시킬 때마다 엔트로피가 발생하고, 그 결과 엔트로피의 총량은 증가하게 되며 에너지의 가치(potential)는 점점 줄어들게 된다.

4. 열역학 제3법칙

열역학 제3법칙은 절대영도에서의 엔트로피에 관한 법칙으로 네른스트의 열정리라고도 한다. 열역학 과정에서의 엔트로피의 변화 ΔS는 절대온도 T가 0으로 접근할 때 일정한 값을 갖고, 그 계는 가장 낮은 상태의 에너지를 갖게 된다는 법칙이다. 이 법칙에 의하면 절대영도에서 열용량은 0이 된다.

참조 영구기관(perpetual mobile)

영구히 일을 계속할 수 있는 가공의 동력기관을 의미한다.

에너지의 공급을 받지 않고도 일을 계속할 수 있는 기계를 제1종 영구기관이라 하고, 단 하나의 열원으로부터 열(량)을 흡수하여 이것을 그대로 일로 계속 바꾸는 기계를 제2종 영구기관이라 한다. 제1종과 제2종을 합하여 영구기관이라고 한다.

(제1종 영구기관)

열역학에서 열은 역학적·전기적·자기적·화학적 에너지와 마찬가지로 에너지의 한 형태라는 것이 제시된다. 열이 에너지라면 열의 경우도 포함하여 에너지 보전법칙이 성립한다. 이것이 열역학 제1법칙이다. 열역학에서 다루는 에너지는 먼저 물체계가 가지는 내부에너지이다. 열역학 제1법칙은 하나의 물체계의 내부에너지는 이 물체계에 외부로부터 가해진 역학적·전기적·자기적·화학적 에너지와 마찬가지로 외부에서 가해진 열의 양만큼 증대한다는 것을 말해 준다. 따라서 외부에서 에너지의 공급을 받지 않으면 내부에너지도 증대하지 않고 외부 일은 할 수도 없다. 그리하여 제1종 영구기관은 불가능하다는 것이 열역학 제1법칙에 의해 증명된다.

(제2종 영구기관)

열이 관여하는 한 자연계의 법칙은 에너지 보전법칙을 충족시킨다. 뿐만 아니라 열현상이 일반적으로는 비가역적이라는 조건도 추가된다. 이것이 열역학 제2법칙이다.

열역학 창시자의 한 사람인 영국의 켈빈(W. 톰슨)은 열역학 제2법칙을 다음과 같이 표현했다. 「어떤 물질이 열역학적인 순환과정(카르노 사이클)을 거칠 때, 단 하나의 열원에서 열을 흡수하여 그것을 해당 양의 일로 바꾸는 열기관은 있을 수 없다.」 동시대에 독일의 R. E. 클라우지우스는 같은 내용을 「어떤 다른 변화를 남기지 않고 열은 저온의 물체에서 고온의 물체로 옮겨 갈 수 없다」고 표현했다.

열역학 제2법칙을 위와 같이 설정하는 것은 바로 제2종 영구기관의 불가능성을 선언한 것이 된다. 우리가 실제로 만들 수 있는 열기관은 흡수한 열의 일부분을 방출하고 그 차이에 해당하는 양의 일을 외부에 하는 것이다.

7.2 계의 특성

계의 특성에는 크게 시량 특성과 시강 특성이 있다.

1. 시량 특성

시량 특성(extensive property)이란 크기성질이라고 한다. 이는 기체의 질량과 부피처럼 계에 존재하는 물질의 양에 따라 결정되는 가역성을 가지고 있는 특성을 말한다.

2. 시강 특성

시강 특성(intensive property)이란 세기성질이라고도 하며, 온도, 압력, 밀도(비체적의 역수)처럼 물질의 양에 의존하는 않는 비가역성의 성질을 말한다.

그러므로 계에 물질을 많이 채우게 되면 시량 특성인 질량과 부피는 증가하게 되지만, 시강 특성인 온도, 압력, 밀도가 증가하는 것은 아니다.

7.3 상태함수와 경로함수

1. 상태함수

상태함수(state function, 상태변수, 점함수)는 무작위로 임의의 지점을 찍었을 때, 그 지점의 고유한 특성값을 보여주는 함수이다. 압력(P), 온도(T), 체적(V), 정압비열(C_p), 정적비열(C_v), 내부에너지, 엔탈피, 엔트로피와 같은 값이 상태함수의 변수가 된다. 두 상태 사이의 값의 변화(온도, 압력 등)는 두 상태 사이의 경로와는 무관하다. 만약 두 계가 동일한 상태에 있으면 온도나 내부에너지와 같은 상태변수도 동일하다. 두 계의 출발점과 도착점이 같으면 상태변수의 변화값은 동일하다는 의미이다.

2. 경로함수

경로함수(path function, 경로변수)는 임의로 어떤 지점을 찍어서 볼 수 있는 절대값이 아니다. 어떤 기준에서 얼마만큼 변화되어 있는 가를 확인할 수 있는 변화값이다. 그렇기 때문에 변화하는 동안 어떤 영향을 받았고, 어떤 방법으로 결과에 도달했는지에 따라 결과값이 달라진다. 경로함수에는 열량(Q), 일(W)과 같은 것이 있다.

만약, 여러분이 서울에서 부산까지 갈 때, 비행기를 이용할 수도 있고, 고속버스를 이용할 수도 있고, 기차(KTX)를 탈 수도 있을 것이다. 이 경우에서, 상태함수는 서울에서 부산까지의 직선거리로서, 이는 어떤 교통수단을 이용하든지 직선거리는 변화하지 않을 것이다. 그러나, 실제 이동거리, 이동시간, 운행 요금 등은 어떤 교통수단(경로)을 이용하는가에 따라 달라질 것이다. 이와 같은 것을 경로함수라고 할 수 있다.

참조 **상태함수와 경로함수**

상태함수 사회는 우리가 살아가는 동안의 결과 중심 사회의 한 형태라고 할 수도 있고, 경로함수 사회는 과정 중심의 사회라고 할 수도 있다.

결과 중심의 사회는 결과의 성공여부에 따라 명확하게 판단할 수 있으나, 계량화할 수 있는 성적이나 점수가 지표가 됨으로써 인간성의 상실 등이 문제가 될 수 있다. 그러나 과정 중심의 사회는 인간의 감정이나 형편을 모두 고려하여 인간친화적인 사회로 구성되나, 일의 진행속도나 효율성이 떨어질 수 있다는 문제가 있을 수 있다.

여러분들은 어떤 사회에 살고 싶은가?

7.4 에너지(energy), 일(work), 열(heat)

에너지 그 자체는 일을 하거나 열을 전달할 수 있는 능력으로 정의되며, 에너지의 특성은 보이지 않고 직접 측정할 수 없다는 것이다. 에너지는 다양한 형태의 에너지로 분류된다.

위치(potential)에너지는 높은 곳에 있는 물체에 대해서 기준 높이로부터의 높이차와 질량에 비례하는(중력에 의한) 에너지로 정의된다. 운동하는 물체에 대해서는 물체 속도의 제곱과 질량에 비례하는 운동(kinetic)에너지가 있다. 중력에 의한 위치에너지 외에도 탄성체의 변형에 의해서 탄성체에 저장되는 탄성위치에너지, 전기력에 의한 위치에너지(흔히 전압 혹은 전위라 부른다) 등의 위치에너지도 정의된다. 이러한 위치에너지와 운동에너지를 합한 것을 역학적(mechanical) 에너지라고 한다. SI 단위에서 에너지의 기본 단위는 joule(J)이다.

참조

joule(J)?

1843년, James Prescott Joule은 "Joule의 장치"라고 불리는 장치를 이용하여 기계적 에너지를 발견하였다. 줄에 매달인 물체가 떨어지면 줄에 연결된 도르래가 작용하고, 외부로부터 단열된 물통에 있는 패들이 회전하게 된다. 이는 중력이 패들의 마찰에 의해 발생되는 내부에너지와 동일하다는 것을 보여주는 실험이다. James Prescott Joule의 이름을 따서 joule(J) 단위가 만들어지게 되었다.

일은 에너지의 한 형태로 물체에 일정한 힘 F를 가하여 그 힘의 방향으로 거리 S 만큼 이동시켰을 때, 작용한 힘은 물체에 $W(W = F \times S)$ 만큼의 일을 했다고 말한다. 이 때, 한 일의 양은 경로에 따라서 달라지므로 일은 경로함수가 된다.

열은 계와 외계사이의 온도 차이로 인해 계의 경계를 통과하는 에너지로 정의한다. 열은 정해진 시간동안 계로 전도(conduction), 대류(convection), 복사(radiation) 등에 의해서 전달되거나 방출된 순 열량이다. 열은 에너지의 전달이므로 저장되지 않는다. 계로 전달되는 열은 양의 값이고, 계로부터 방출되는 열은 음의 값을 갖는다. 그러므로 열은 경로함수이다.

참조

에너지, 일, 열의 단위 전환

1 J = 1 N·m = 10^7 erg 　　　　1 cal = 4.2 J

1 Btu = 252 cal

※ 식품 포장지에 표기되어 있는 Calorie는 여기서 언급하는 cal가 아니다.
1 Calorie = 1 kcal = 1,000 cal

전도, 대류, 복사와 같은 열전달은 정량적으로 다음과 같은 실험식을 이용해 계산할 수 있다. 대류에 의한 열전달 속도는 다음과 같다.

$$\dot{Q} = UA(T_2 - T_1)$$

여기서, $\dot{Q}$는 열전달 속도(J/s), U는 열전달 계수(J/s · m^2 · ℃), A는 열전달 면적(m^2), $(T_2 - T_1)$는 외계의 온도(T_2)와 계의 온도(T_1) 간의 온도 차이(℃)이다.

여기서 주의할 점은 열은 Q, 열전달 속도는 $\dot{Q}$로 표기한다는 것이다.

참조

전도(conduction)

고체는 물질을 이루는 기본 입자(분자)간의 거리가 매우 좁아 물체의 형태(모양)가 변하기 힘들고 압력에 따른 부피의 변화도 적다. 이런 경우 분자 간의 거리가 너무 가까워 분자의 이동이 힘들어 옆에 있는 분자에게 열을 전달하게 된다. 이렇게 분자가 주변의 분자에게 열을 전달해주면서 열이 확산되는 현상을 전도라고 한다. 연탄 배달시 옆 사람에게 연탄을 전달하는 방식으로, 고체에서 주로 일어난다.

대류(convection)

액체나 기체의 경우 분자의 움직임이 자유롭기 때문에 열을 가지고 있는 분자가 직접 움직여서 열이 없는 곳으로 이동하면서 열이 확산되는 현상이 대류이다. 사람이 연탄을 직접 들고 가서 원하는 곳에 전달하는 방식으로, 보통 액체나 기체에서 일어난다.

복사(radiation)

빛과 같은 파(wave)의 형태로 열이 전달되는 것을 복사라고 한다. 연탄을 택배상자(파)에 담아서 전달하는 방식이다. 전도와 대류는 모두 고체, 액체, 기체와 같은 매질이 존재하는 경우에 가능하나, 복사는 매질이 없는 경우에도 가능하다.

7.5 에너지의 형태

1. 운동에너지 (kinetic energy, E_K)

일반적으로 정지상태에 있는 외계에 대한 상대적인 속도로 인하여 계나 물질이 갖게 되는 에너지를 운동에너지라고 한다. 물질의 운동에너지는 거시적 에너지로서, 계나 물질의 운동과 관련되는 에너지이며, 개별 분자의 운동에너지는 내부에너지에 포함된다.

$$E_K = \frac{1}{2}mv^2 \text{ [J]}$$

여기서, E_K는 운동에너지, m은 물체의 질량, v는 물체의 속도이다.

에너지는 열과 같은 단위로서 경로함수이다. 이를 물체의 질량으로 나누면 상태함수인 단위 질량당 운동에너지(비운동에너지, specific kinetic energy)가 된다.

$$\hat{E}_K = \frac{1}{2}v^2 \ \text{[J/kg]}$$

여기서, $\hat{E}_K$는 비운동에너지이다.

예제 7-1

물탱크에 저장되어 있는 물을 펌프를 이용해서 퍼내고자 한다. 내경 2 cm의 관을 이용하여 2,000 cm^3/s 유량으로 물을 퍼낼 때, 관을 흐르는 물의 비운동에너지(J/kg)는? 단, 물의 비중은 1이다.

풀이 물의 비중이 1이므로 밀도는 1 g/cm^3

1 g	1 kg	$(100\ cm)^3$	
cm^3	1,000 g	$(1\ m)^3$	= 1,000 kg/m^3

관의 유속을 알기 위해서는 $v = Q/A$

관의 단면적은 $\dfrac{\pi D^2}{4}$

π	$(2\ cm)^2$	$(1\ m)^2$	
4		$(100\ cm)^2$	= 0.000314 m^2

그러므로 유속은

2,000 cm^3	$(1\ m)^3$		
s	$(100\ cm)^3$	0.000314 m^2	= 6.37 m/s

$\hat{E}_K = \dfrac{1}{2}v^2$이므로

1	$(6.37\ m)^2$	
2	$(s)^2$	= 20.29 J/kg

2. 위치에너지 (potential energy, E_P)

위치에너지(potential energy)는 전기장이나 중력장 또는 자력장이 질량에 작용하는 힘으로 인해 기준면에 대하여 상대적으로 계가 갖게 되는 에너지로 정의된다.

$$E_P = mgh \ \ [\mathrm{J}]$$

여기서, E_P는 운동에너지, m은 물체의 질량, g는 중력가속도, h는 기준면으로부터의 높이이다. 마찬가지로 위치에너지를 물체의 질량으로 나누어주면 상태함수인 단위 질량당 위치에너지(비위치에너지, specific potential energy)가 된다.

$$\hat{E}_P = gh \ \ [\mathrm{J/kg}]$$

여기서, $\hat{E}_P$는 비위치에너지이다.

예제 7-2

3 m의 사과나무에 매달린 사과 한 알이 지상으로 낙하하였다. 이 발생된 비위치에너지의 감소(Btu/lb)는?

풀이

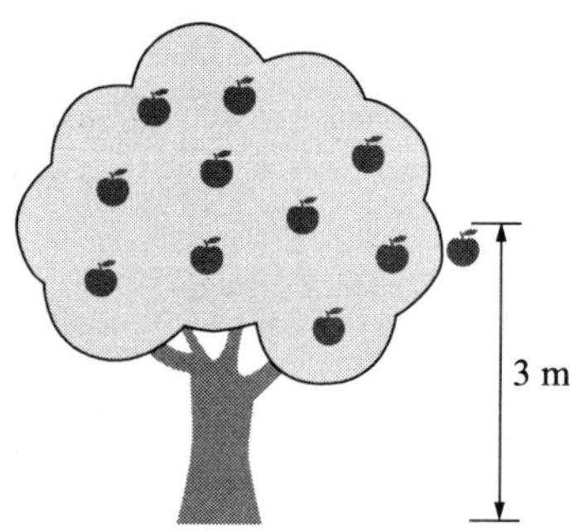

9.8 m	(0 − 3) m
s²	

= −29.4 J/kg

−29.4 J	1 cal	1 Btu	0.454 kg
kg	4.2 J	252 cal	1 lb

= −0.0126 Btu/lb

비위치에너지의 변화값이 −이므로 감소를 뜻한다. 0.0126 Btu/lb의 비위치에너지 감소가 발생하였다.

3. 내부에너지 (internal energy, U)

내부에너지는 계를 구성하는 분자, 원자, 미립자 단위의 상대적인 위치 및 운동으로 인해 가지는 에너지의 총합이다. 물체가 지니고 있는 에너지 중에서 물체가 전체적으로 이동하거나 회전하기 위해서 갖는 운동에너지와 위치에너지를 제외한 물체 내부에 축적되는 에너지를 말한다. 이는 내부 상태의 변화에 의해 내부에너지의 변화가 발생한다. 단위 질량당의 내부에너지, 즉 비내부에너지(specific internal energy, $\hat{U}$)는 상태함수이며 저장될 수 있다.

비내부에너지를 계산하기 위해서는 상률을 이용해야 한다. 순수 성분(단일 성분, 단일 상)의 경우, 자유도는 다음과 같이 나타낼 수 있다.

$$F = 2 - P + C = 2 - 1 + 1 = 2$$

여기서, F는 자유도, P는 상의 수, C는 성분의 수이다.

자유도가 2이므로 독립변수의 수도 2가 된다. 이 때 두 변수는 일반적으로 온도(T)와 비용적($\hat{V}$)이 선택된다. 그러므로 순수 물질의 단일 성분, 단일 상에서의 내부에너지는 온도와 비용적만의 함수가 된다.

$$\hat{U} = f(T, \hat{V})$$

참조

상률(phase rule)

여기서 상(phase)은 기체상, 액체상, 고체상 등의 3상이 존재한다.

하나의 계의 성분수를 C라 하고 이와 평형하고 있는 상의 수를 P라고 하면, 자유도(Freedom) F는 $F=2-P+C$의 관계식으로 정할 수가 있다. 이 관계를 상률(相律) 또는 상칙(相則)이라고 한다. 물질의 상태도를 만드는데 가장 중요한 요소의 한 규칙이다. 여기서 말하는 자유도라는 것은 다른 영향을 받지 않고 자유롭게 변화할 수 있는 것을 말하며 독립변수가 1이면 자유도(自由度) 1이라 한다.

비내부에너지를 온도와 비용적에 대해 미분하면 다음과 같다.

$$d\hat{U} = \left(\frac{\partial \hat{U}}{\partial T}\right)_{\hat{V}} dT + \left(\frac{\partial \hat{U}}{\partial \hat{V}}\right)_{T} d\hat{V}$$

$\left(\frac{\partial \hat{U}}{\partial T}\right)_{\hat{V}}$는 정용 열용량(heat capacity, 비열, C_V)로 정의된다. 정용 열용량이란 폐쇄계의 정용(일정한 부피)과정에서 물질 단위 질량의 온도를 1도 올리는 데 필요한 열

량을 말한다. 단위는 J/kg·K이다. 또한, $\left(\frac{\partial \hat{U}}{\partial \hat{V}}\right)_T$ 는 정용 열용량에 비해 값이 매우 적어 무시한다. 그러므로 위 식은 다음과 같이 간단히 된다.

$$d\hat{U} = \left(\frac{\partial \hat{U}}{\partial T}\right)_{\hat{V}} dT = C_V dT$$

특정 시간 동안의 비내부에너지 변화는 다음과 같이 표현할 수 있다.

$$\int_{\hat{U}_1}^{\hat{U}_2} d\hat{U} = C_V \int_{T_1}^{T_2} dT$$

$$\hat{U}_2 - \hat{U}_1 = C_V(T_2 - T_1)$$

위 식은 상변화가 없는 단일 상의 과정에 적용되는 것으로 상변화가 있는 과정에 대해서는 적용할 수가 없다는 것을 유의해야 한다.

비내부에너지는 변화만을 계산할 수 있다. 즉, 비내부에너지의 절대값이 아니라 기준 상태에 대한 상대적인 비내부에너지의 값만을 계산할 수 있다.

만약, 기준 상태가 동일하면 비내부에너지 변화를 구할 때 기준 상태의 비내부에너지를 상쇄할 수 있다.

$$\Delta \hat{U} = (\hat{U}_2 - \hat{U}_{ref}) - (\hat{U}_1 - \hat{U}_{ref}) = \hat{U}_2 - \hat{U}_1$$

여기서, $\hat{U}_{ref}$는 기준 상태의 비내부에너지를 말한다.

또한, 정용 열용량(C_V)에 대한 자료가 있는 경우가 드문데, 만약 그 자료가 있다면, 위 식에 의해 손쉽게 $\Delta\hat{U}$를 계산할 수 있다.

참조 **열용량(heat capacity)**

어떤 물질의 온도를 1℃ 또는 1 K 높이는데 필요한 열량으로 열을 가하거나 빼앗을 때 물체의 온도가 얼마나 쉽게 변하는지를 알려주는 값이다. 단위 질량에 대한 열용량을 비열(specific heat)이라고 한다.

그러므로 열용량의 단위로는 cal/℃ 또는 J/K를 사용하고, 비열의 단위는 cal/g·℃가 사용된다.

어떤 물질에 가해준 열의 양이 Q이고 가열에 의한 온도변화가 ΔT라면 이 물질의 열용량 C는 다음과 같다.

$$C = \frac{Q}{\Delta T}$$

위의 식에서 알 수 있는 바와 같이, 열용량은 가해준 열의 양에 비례하고 온도변화에 반비례한다. 즉, 같은 양의 열을 가할 때 온도변화가 적으면 물질의 열용량은 크고 온도변화가 크게 나타나면 물질의 열용량은 작다.

보다 자세한 내용은 "7.5의 5. 열용량"을 통해 배울 수 있다.

예제 7-3

다음 공정에서, 물질의 열용량과 비열을 계산하라.

(1) $H_2O(l,\ 0℃) \rightarrow H_2O(l,\ 25℃)$, $\Delta H = 450\ \text{cal/mol}$

(2) $H_2O(g,\ 110℃) \rightarrow H_2O(g,\ 150℃)$, $\Delta H = 270\ \text{cal/mol}$

풀이 (1)

$$\frac{450\ \text{cal}}{\text{mol}} \left| \frac{1\ \text{mol}}{\ } \right| \frac{\ }{(25℃ - 0℃)} = 18\ \text{cal/℃}$$

비열은 다음과 같다.

$$\frac{18\ \text{cal}}{℃} \left| \frac{\ }{1\ \text{mol}\ H_2O} \right| \frac{1\ \text{mol}\ H_2O}{18\ \text{g}\ H_2O} = 1\ \text{cal/g}\cdot℃$$

(2)

$$\frac{270\ \text{cal}}{\text{mol}} \left| \frac{1\ \text{mol}}{\ } \right| \frac{\ }{(150℃ - 110℃)} = 6.75\ \text{cal/℃}$$

비열은 다음과 같다.

$$\frac{6.75\ \text{cal}}{℃} \left| \frac{\ }{1\ \text{mol}\ H_2O} \right| \frac{1\ \text{mol}\ H_2O}{18\ \text{g}\ H_2O} = 0.375\ \text{cal/g}\cdot℃$$

예제 7-4

정용과정에서 공기 5 kg을 50℃에서 10℃로 냉각시킬 때 발생되는 내부에너지의 변화는 얼마인가? 단, 이 온도 범위에서 공기의 C_V는 2.1×10^4 J/kgmol · ℃

풀이

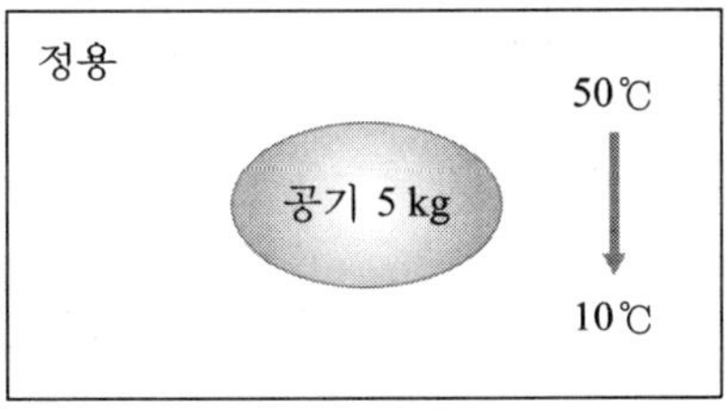

먼저, 공기의 질량을 mol 단위로 전환해야 한다.

$$\frac{5\ \text{kg}}{} \left| \frac{1\ \text{kgmol}}{28.82\ \text{kg}} \right. = 0.173\ \text{kgmol}$$

$$\Delta \hat{U} = \hat{U}_2 - \hat{U}_1 = C_V(T_2 - T_1)$$

$$\Delta U = m \times \Delta \hat{U}$$

$$\Delta \hat{U} = 2.1\times10^4\ \text{J/kgmol}\cdot℃(10℃ - 50℃) = -8.4\times10^5\ \text{J/kgmol}$$

$$\Delta U = -8.4\times10^5\ \text{J/kgmol} \times 0.173\ \text{kgmol} = -1.45\times10^5\ \text{J}$$

4. 엔탈피 (enthalpy)

화학에서는 반응열, 연소열, 용해열, 중화열, 증발열 등 많은 열을 다룬다. 앞에서 말한 '열'은 일정한 압력에서 반응(변화)이 일어날 때, 반응 전후의 온도를 동일하게 하기 위하여 계가 흡수하거나 방출하는 열(에너지)을 의미한다. 이와 같은 열을 다른 말로 엔탈피(enthalpy, H)라 부른다. 엔탈피는 엔트로피와 더불어 물질계의 안정성과 변화의 방향, 그리고 화학 평형의 위치와 이동을 결정하는 핵심적인 요소이다.

엔탈피는 다음과 같이 표현된다.

$$H = U + PV$$

여기서, H는 엔탈피, U는 내부에너지, P는 압력, V는 부피이다.

단위 질량당 엔탈피(비엔탈피)로 표현하면 다음과 같다.

$$\hat{H} = \hat{U} + P\hat{V}$$

여기서, $\hat{H}$는 비엔탈피, $\hat{U}$는 비내부에너지, $\hat{V}$는 비용적이다.

순물질의 단일 상에서 비내부에너지에서와 마찬가지로 상률은 2이므로, 온도와 압력의 함수로 비엔탈피를 정의할 수 있다.

$$\hat{H} = \hat{H}(T, P)$$

$$d\hat{H} = \left(\frac{\partial \hat{H}}{\partial T}\right)_P dT + \left(\frac{\partial \hat{H}}{\partial P}\right)_T dP$$

여기서, $\left(\frac{\partial \hat{H}}{\partial T}\right)_P$는 정압 열용량이며 C_P로 표시한다. 또한, $\left(\frac{\partial \hat{H}}{\partial P}\right)_T$은 높지 않은 압력

에서 아주 작은 값이므로 무시한다. 그러므로 위 식은 다음과 같이 쓸 수 있다.

$$d\hat{H} = \left(\frac{\partial \hat{H}}{\partial T}\right)_P dT = C_P dT$$

그러나 고압으로 운전되는 공정에서는 위 항 $\left(\frac{\partial \hat{H}}{\partial P}\right)_T$를 무시할 수 없으므로 실험자료에서 구해야 한다.

경계조건(T_1일 때 $\hat{H}_1$이고, T_2일 때 $\hat{H}_2$)을 대입하여 적분하면,

$$\int_{\hat{H}_1}^{\hat{H}_2} d\hat{H} = C_P \int_{T_1}^{T_2} dT$$

$$\hat{H}_2 - \hat{H}_1 = \Delta \hat{H} = C_P(T_2 - T_1)$$

위 식들에서 보는 바와 같이 실체 기체가 아닌 이상기체에서는 비내부에너지와 비엔탈피가 온도만의 함수이며 압력이나 비용의 변화와는 무관하다는 것이다.

또한, 이상기체에서 정용 열용량(C_V)와 정압 열용량(C_P)의 관계는 다음과 같다.

$$C_V = C_P - R$$

여기서, R은 이상기체상수이다. C_P, C_V, R의 단위는 모두 동일하다.

비내부에너지의 경우와 마찬가지로 비엔탈피도 기준이 되는 절대값이 없다. 그러므로 변화만 계산할 수 있으므로 비엔탈피의 변화는 다음과 같이 계산가능하다.

$$\Delta \hat{H} = (\hat{H}_2 - \hat{H}_{ref}) - (\hat{H}_1 - \hat{H}_{ref}) = \hat{H}_2 - \hat{H}_1$$

여기서, $\hat{H}_{ref}$는 기준 상태의 비엔탈피를 말한다.

예제 7-5

C_P와 T가 다음과 같은 관계를 가지고 온도가 10℃에서 30℃로 변화할 때 생성되는 비엔탈피는 얼마인가? 단, $C_P = 2 + 0.5T + T^2$ (J/kg·K)

풀이 온도는 반드시 절대온도를 사용해야 한다.

$T_1 = 10℃ = 283$ K, $T_2 = 30℃ = 303$ K

$$\int_{\hat{H}_1}^{\hat{H}_2} d\hat{H} = \int_{T_1}^{T_2} C_P dT = \int_{T_1}^{T_2} (2 + 0.5T + T^2) dT$$

이를 적분하면,

$$\Delta\hat{H} = \hat{H}_2 - \hat{H}_1$$
$$= \left(2T_2 + 0.5\times\frac{1}{2}T_2^2 + \frac{1}{3}T_2^3\right) - \left(2T_1 + 0.5\times\frac{1}{2}T_1^2 + \frac{1}{3}T_1^3\right)$$
$$\Delta\hat{H} = 1.72\times10^6 \text{ J/kg}$$

예제 7-6

정압 열용량, C_P를 다음과 같이 온도의 함수로 표현할 때, c의 단위는? 단, C_P는 cal/mol·K이고, 온도 T는 K(켈빈온도)이다.

$$C_P = a + bT + cT^2$$

풀이 양변의 모든 단위는 동일해야 한다.

C_P가 cal/mol·K이므로 cT^2도 cal/mol·K이다.

그러므로 $C_P = cT^2$에서

$$\text{cal/mol}\cdot\text{K} = (c)\cdot\text{K}^2$$
$$c = \text{cal/mol}\cdot\text{K}^3$$

예제 7-7

18.7×10^6 Btu/h의 열이 소각로의 연료 가스로부터 전달되고 있다. 다음의 조건에서 가스 흐름의 출구 온도(℉)를 계산하라.

- 가스의 평균 정압 열용량, $C_P = 0.26$ Btu/lb·℉
- 가스의 질량유속, $\dot{m} = 72,000$ lb/h
- 가스 유입 온도, $T_1 = 1,200$℉

풀이

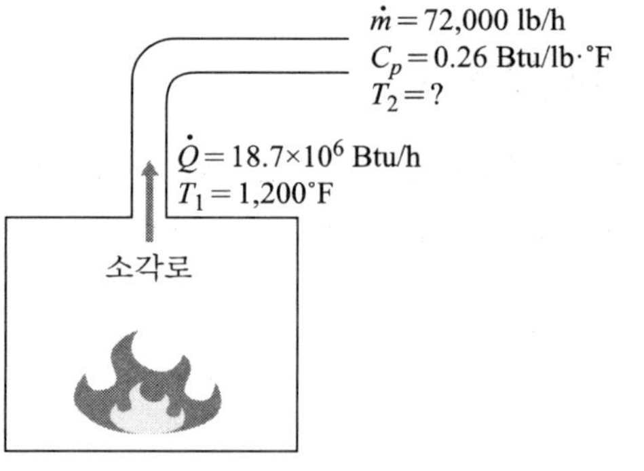

에너지 보존의 법칙을 사용한다.

운동에너지와 위치에너지의 영향을 무시하면, 유체의 흐름에 따라 계에 주어진 에너지(열)(Q)는 엔탈피의 변화(ΔH)로 주어진다.

$$\Delta H = m C_P \Delta T$$

또는, 단위 시간당의 변화로 바꾸면,

$$\Delta \dot{H} = \dot{m} C_P \Delta T$$

여기서 ΔH : 엔탈피 변화 (Btu)

m : 유체의 질량 (lb)

C_P : ΔT의 온도 범위에서 유체의 단위 질량당 평균 정압 열용량 (Btu/lb · °F)

$\Delta \dot{H}$: 단위 시간당 엔탈피 변화 (Btu/h)

$\dot{m}$: 질량유속 (lb/h)

에너지 보존의 법칙에 의해

$$\dot{Q} = \Delta \dot{H} = \dot{m} C_P \Delta T = \dot{m} C_P (T_2 - T_1)$$

여기서 우리가 알고자 하는 것은 출구 온도, T_2이다.

$$T_2 = \frac{\dot{Q}}{\dot{m} C_P} + T_1$$

$$T_2 = \frac{-18.7\times10^6\ \text{Btu}}{\text{h}} \left| \frac{\text{h}}{72{,}000\ \text{lb}} \right| \frac{\text{lb}\cdot{}^\circ\text{F}}{0.26\ \text{Btu}} + 1{,}200^\circ\text{F} = 201^\circ\text{F}$$

여기서 주의할 점은 열이 계로 유입되는 것이 아니라 유출되는 것이므로 (−) 부호를 사용해야 된다는 점이다.

5. 열용량 (heat capacity)

어떤 물질에 가해준 열의 양이 Q이고 가열에 의한 온도변화가 ΔT일 때, 이 물질의 열용량(heat capacity, C)는 다음과 같다.

$$C = \frac{Q}{\Delta T}$$

물체에 가해준 열용량은 열의 양에 비례하고 온도변화에 반비례한다. 즉, 같은 양의 열을 가할 때 온도변화가 적으면 물질의 열용량은 크고, 온도변화가 크게 나타나면 물질의 열용량은 작은 것으로 나타난다. 열용량은 열을 함유할 수 있는 능력이다. 일반적으로 열용량의 크기는 질량에 비례하므로 같은 물질일 때 질량이 큰 쪽이 열용량이 크게 나타나게 된다. 그러므로 단위 질량(m)에 대한 열용량(C)인 비열($\widehat{C}$)는 다음과 같이 나타낼 수 있다. 여기에서 비열이란 다른 용어로 비열용량(specific heat capacity)라고 한다.

$$\widehat{C} = \frac{C}{m}$$

그러므로 열용량의 단위는 J/℃이고, 비열용량의 단위는 J/kgmol·℃이다. 또한, 열용량은 경로함수이고 비열용량은 상태함수이다. 표현상에 있어 열용량인지 비열용량인지 혼동되는 경우가 많으므로 반드시 단위를 확인해 봐야 한다.

앞 장에서 설명한 바와 같이, 열용량은 정적 열용량과 정압 열용량이 있다.

(1) 정적(또는 정용, 정부피) 열용량(heat capacity at constant volume, C_V)

체적이 일정하게 유지되고 있는 조건에서의 열용량을 의미한다. 즉, 일정한 체적 하에서 온도 변화에 따른 내부에너지의 변화량으로 표시된다.

$$C_V = \left(\frac{\partial \widehat{U}}{\partial T}\right)_{\widehat{V}}$$

(2) 정압 열용량(heat capacity at constant pressure, C_P)

압력이 일정하게 유지되고 있는 조건에서의 열용량을 의미한다. 주로 상압 하에서의 열용량이다. 일정한 압력 하에서 온도 변화에 따른 엔탈피의 변화량으로 표시된다.

$$C_P = \left(\frac{\partial \widehat{H}}{\partial T}\right)_P$$

정용 열용량과 정압 열용량 간에는 $C_P > C_V$의 관계가 있다. 정압을 유지하기 위해 계의 체적은 변하지만, 체적의 변화에 해당하는 일의 몫만큼 C_P는 C_V보다 크다.

6. 비반응 폐쇄계의 에너지 수지

(1) 비정상상태

비반응 폐쇄계란 계 내에서 반응은 발생하지 않고, 물질의 이동은 없으나 에너지의 이동은 있는 회분식 공정을 말한다.

에너지 축적량 = 에너지 유입량 − 에너지 유출량

물질수지의 경우 회분식 공정에서 물질의 이동이 없으므로 우변의 물질의 유입과 유출이 없었으나, 에너지 수지에서는 물질의 이동이 없더라도 에너지의 유입과 유출이 있으므로 우변이 존재한다.

식의 '에너지 축적량'과 '에너지 유입량 − 에너지 유출량'은 다음과 같이 정의된다.

에너지 축적량 = 계에 존재하는 최종 에너지 − 계의 최초 에너지

에너지 유입량 − 에너지 유출량 = 외부에서 계에 가해진 에너지

그러므로 위의 내용을 기호로 표시하면 다음과 같다.

계의 최초 에너지, $E_{P_1} + E_{K_1} + U_1$

계에 존재하는 최종 에너지, $E_{P_2} + E_{K_2} + U_2$

외부에서 계에 가해진 에너지, $Q + W$

위 식을 다시 정리하면 다음과 같다.

$$(E_{P_2} + E_{K_2} + U_2) - (E_{P_1} + E_{K_1} + U_1) = (E_{P_2} - E_{P_1}) + (E_{K_2} - E_{K_1}) + (U_2 - U_1)$$
$$= \Delta E_P + \Delta E_K + \Delta U = Q + W$$

여기서, E_{P_1} : 최초 계의 위치에너지

E_{K_1} : 최초 계의 운동에너지

U_1 : 최초 계의 내부에너지

E_{P_2} : 최종 계의 위치에너지

E_{K_2} : 최종 계의 운동에너지

U_2 : 최종 계의 내부에너지

ΔE_P : 최종 계의 위치에너지에서 최초 계의 위치에너지를 뺀 값

ΔE_K : 최종 계의 운동에너지에서 최초 계의 운동에너지를 뺀 값

ΔU : 최종 계의 내부에너지에서 최초 계의 내부에너지를 뺀 값

위 식은 폐쇄계에서 열역학 제1법칙을 나타내고 있다.

이러한 비반응 폐쇄계의 예는 다음과 같다.

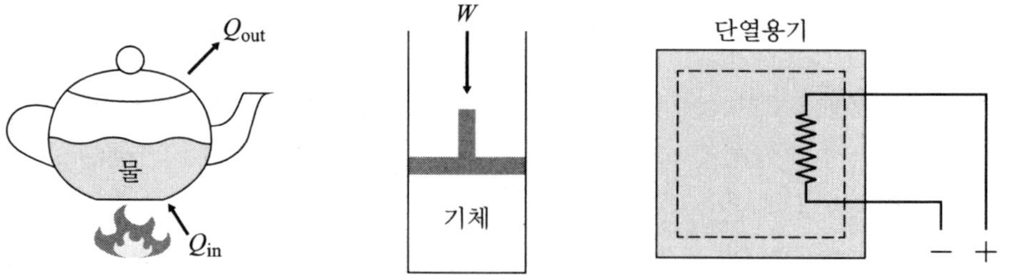

(a) 폐쇄된 용기 내 물을 가열하는 경우 (b) 실린더 내 기체에 압력을 가하는 경우 (c) 오븐 내 가열기에 전기적 일을 가하는 경우

그림 7.1 비반응 폐쇄계의 3가지 예

예제 7-8

폐쇄된 용기(1.673 m^3) 내에 물이 2 L 주입되어 있고, 초기 수온이 10℃로 유지되고 있다. 이 물을 완전히 기화시켜 100℃, 1기압의 상태를 만드는 데 필요한 열(kJ)은? 단, 100℃, 1기압 수증기의 비용(비체적)은 1.673 m^3/kg이다. 10℃의 비내부에너지는 17.7 kJ/kg이고, 100℃의 비내부에너지는 2,506 kJ/kg이다.

풀이

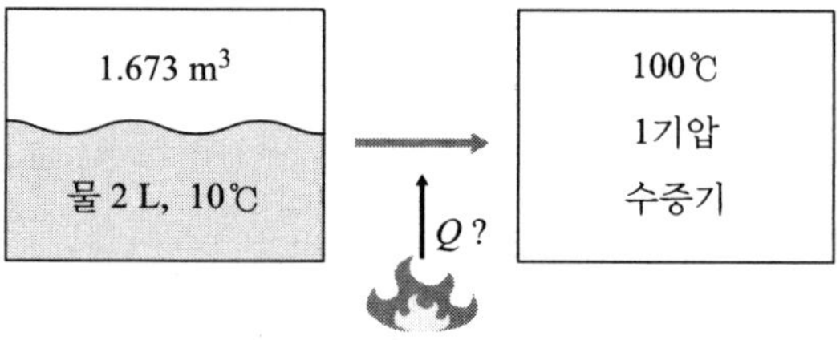

이 비반응 폐쇄계에 대한 에너지 수지는 다음과 같다.

$$\Delta E_P + \Delta E_K + \Delta U = Q + W$$

이 계는 정지상태이므로 운동에너지의 변화는 없다($\Delta E_K = 0$). 또한, 물의 증발과정에서 물의 위치가 변화하는 것은 아니므로 위치에너지의 변화도 없다($\Delta E_P = 0$). 일도 없었다($W = 0$). 그러므로 에너지 수지는 다음과 같이 된다.

$$\Delta U = Q$$

물의 비중이 1이므로 물 2 L는 2 kg으로 생각할 수 있다.

$$Q = \Delta U = m\Delta \hat{U}$$
$$= 2\text{ kg} \times (2{,}506\text{ kJ/kg} - 17.7\text{ kJ/kg}) = 4{,}977\text{ kJ}$$

예제 7-9

1 atm, 100℃에서 물 1 kg을 증발시켜 수증기를 만드는데 2,256.9 kJ의 에너지가 사용되었다. 이 때 내부에너지의 변화량(kJ)은? 단, 물과 수증기의 비용은 각각 0.00104 m³/kg과 1.673 m³/kg으로 하고, 계 내 압력의 변화는 없다.

풀이

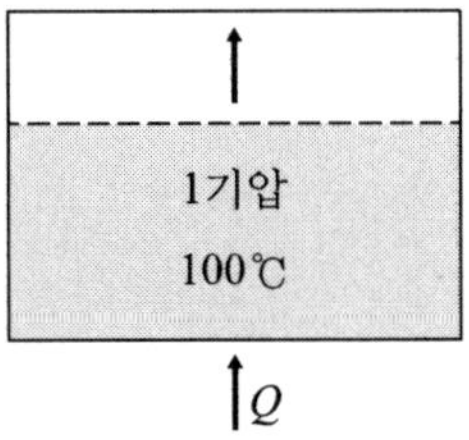

비반응 폐쇄계의 에너지 수지식에서

$$\Delta E_P + \Delta E_K + \Delta U = Q + W$$

이 계는 정지상태이므로 운동에너지의 변화는 없다($\Delta E_K = 0$). 또한, 물의 증발과정에서 물의 위치가 변화하는 것은 아니므로 위치에너지의 변화도 없다($\Delta E_P = 0$).

또한, 계가 일을 받는 것이 아니라 수증기에 의해 계가 일을 하므로 W는 $(-)$가 된다.

$$\Delta U = Q - W$$

압력의 변화가 없으므로 $\hat{W} = \Delta(P\hat{V}) = P\Delta\hat{V} + \hat{V}\Delta P$에서 $\Delta P = 0$

$$\hat{W} = P\Delta\hat{V}$$

1기압은 $101.3\times10^3\ \mathrm{N/m^2}$

$$\begin{aligned}\hat{W} &= P\Delta\hat{V} = P(\hat{V}_2 - \hat{V}_1) = P(\hat{V}_g - \hat{V}_l)\\ &= (101.3\times10^3\ \mathrm{N/m^2}) \times (1.673\ \mathrm{m^3/kg} - 0.00104\ \mathrm{m^3/kg})\\ &= 169.4\ \mathrm{kJ/kg}\end{aligned}$$

$$W = m \times \hat{W} = 1\ \mathrm{kg} \times 169.4\ \mathrm{kJ/kg} = 169.4\ \mathrm{kJ}$$

$\Delta U = Q - W$이므로

$$\Delta U = 2256.9\ \mathrm{kJ} - 169.4\ \mathrm{kJ} = 2087.5\ \mathrm{kJ}$$

예제 7-10

1 kg의 쇠구슬이 100 m를 자유낙하하였다. 만약 초기 쇠구슬이 정지상태에 있었다면, 충돌 전 낙하 마지막 단계에서의 운동에너지(J)와 속도(m/s)는? 단, 에너지 수지식을 이용하라.

풀이

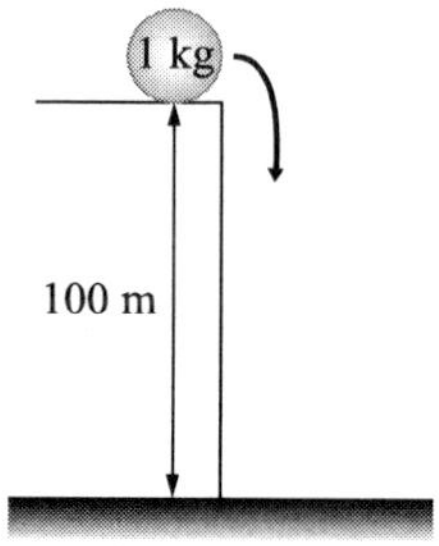

폐쇄계의 경우, 에너지 수지식은 다음과 같다.

$$\Delta E_P + \Delta E_K + \Delta U = Q + W$$

외부에서 주어지는 열과 일의 변화가 없고, 내부에너지의 변화가 없다면 위 식은 다음과 같이 정리된다.

$$\Delta E_P + \Delta E_K = 0$$

$$E_{P1} + E_{K1} = E_{P2} + E_{K2}$$

만약, 초기 상태가 정지상태라면, $E_{K1} = 0$이고, 마지막 상태가 $h = 0$이면, $E_{P2} = 0$가 된다. 그러므로 위 식은 다음과 같이 간단하게 정리된다.

$$E_{P1} = E_{K2}$$

먼저, $E_{P1} = mgh_1$을 계산하면,

$$\frac{1\ \text{kg} \mid 9.8\ \text{m} \mid 100\ \text{m}}{\mid \text{s}^2 \mid} = 980\ \text{N}\cdot\text{m} = 980\ \text{J}$$

위 식에서 $E_{P1} = E_{K2}$이므로 마지막 단계의 운동에너지도 980 J

또한, 마지막 단계의 물체 속도는 이 운동에너지로부터 계산 가능하다.

$$\frac{1 \mid 1\ \text{kg} \mid v^2}{2 \mid \mid} = 980\ \text{J}$$

$v = 44.3\ \text{m/s}$

예제 7-11

200℃, 10 atm 상태의 가스가 이동가능한 피스톤이 있는 실린더에 충진되어 있다. 이 가스가 냉각되어 실온이 된다면, 피스톤은 수축될 것이다. 만약 수축되면서 한 일이 2,780 J이고, 냉각 중에 빠져 나간 열량이 3,942 cal라면, 이 수축과정 중 발생한 내부에너지의 변화(kcal)는? 단, 에너지 수지식을 이용하라.

풀이

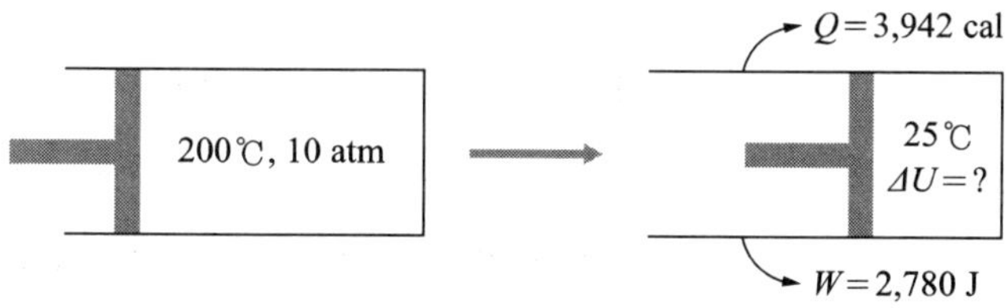

폐쇄계의 에너지 수지식은 다음과 같다.

$$\Delta E_P + \Delta E_K + \Delta U = Q + W$$

이 문제의 경우 위치에너지의 변화와 운동에너지의 변화는 무시할 수 있다.

$$\Delta U = Q + W$$

계에서 열을 방출하고 일을 한 경우이므로,

$$Q = -\frac{3{,}942\ \text{cal}}{} \left| \frac{1\ \text{kcal}}{1{,}000\ \text{cal}} \right. = -3.942\ \text{kcal}$$

$$W = -\frac{2{,}780\ \text{J}}{} \left| \frac{1\ \text{cal}}{4.2\ \text{J}} \right| \frac{1\ \text{kcal}}{1{,}000\ \text{cal}} = -0.662\ \text{kcal}$$

그러므로 내부에너지는 $\Delta U = Q + W$이므로

$$\Delta U = (-3.942\ \text{kcal}) + (-0.662\ \text{kcal}) = -4.604\ \text{kcal}$$

예제 7-12

계 내 100 kcal/kg의 비내부에너지를 가지고 있는 100℃ 공기 5 kg을 비내부에너지 150 kcal/kg까지 가열하였고 동시에 외부로부터 100 $kg_f \cdot m$의 일이 계 내로 주어졌다. 이 경우와 같이 되기 위해서는 몇 cal의 열이 공기에 공급되어야 하는가?

풀이 문제에 대한 개념도를 그린다.

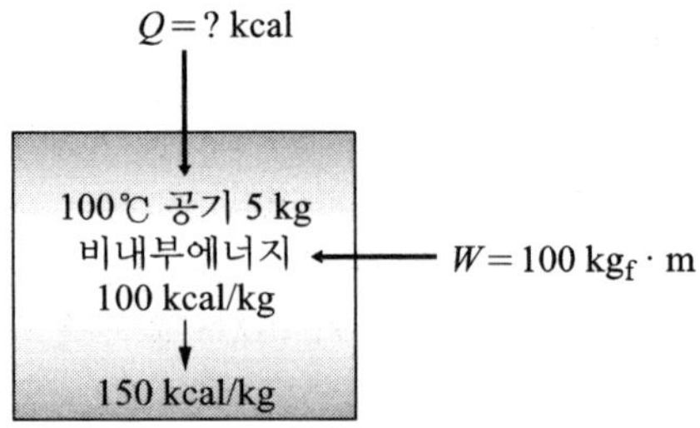

폐쇄계 에너지 보존의 법칙에 의해

$$\Delta E_P + \Delta E_K + \Delta U = Q + W$$

위치에너지와 운동에너지의 변화가 없고, 일이 외부에서 주어지므로 (+)가 된다.

$$\Delta U = Q + W$$
$$Q = \Delta U - W$$

내부에너지의 변화는

$$\Delta U = (150 \text{ kcal/kg} - 100 \text{ kcal/kg}) \times 5 \text{ kg} = 250 \text{ kcal}$$

$$W = \frac{100 \text{ kg}_f \cdot \text{m}}{} \left| \frac{1 \text{ kg} \times 9.8 \text{ m/s}^2 \times \text{m}}{1 \text{ kg}_f \cdot \text{m}} \right| \frac{1 \text{ N} \cdot \text{m}}{1 \text{ kg} \cdot \text{m/s}^2 \times \text{m}} \left| \frac{1 \text{ J}}{1 \text{ N} \cdot \text{m}} \right| \frac{1 \text{ cal}}{4.2 \text{ J}} = 233 \text{ cal}$$

$$W = 233 \text{ cal} = 0.233 \text{ kcal}$$

$$Q = \Delta U - W = 250 \text{ kcal} - 0.233 \text{ kcal} = 249.767 \text{ kcal}$$

(2) 정상상태

정상상태에서는 계 내부의 축적량이 0이다. 그러므로 위 식은 다음과 같이 변화한다.

$\Delta E_P + \Delta E_K + \Delta U = Q + W$에서

$\Delta E_P = 0,\ \Delta E_K = 0,\ \Delta U = 0$이므로 $Q + W = 0$이다.

그러므로 위 식은 다시 $W = -Q$로 놓을 수 있다.

이 식의 의미는 계에 한 일은 모두 열로 배출된다는 것을 의미한다.

그러나 $Q = -W$의 형태로 표시하면, 계에 가한 열은 모두 계가 한 일로 전환된다는 것이다. 이는 영구기관을 의미하는 것으로 열역학 제2법칙에 의하면 엔트로피의 증가로 인해 영구기관을 성립할 수가 없다. 마찬가지로 위 식도 성립할 수가 없다. 그러므로 한 일이 유입된 열보다 작으므로, 이 차이는 ΔE를 변화시키는데 이용되었다. 그

러므로 계를 정상상태로 볼 수는 없다.

7. 개방계의 에너지 수지

개방계는 물질의 유입과 유출이 있는 계이다.

물질을 계 내부로 유입시키기 위해서는 계에 일이 행해져야 하고, 물질이 계 외부로 유출되기 위해서는 일을 해야 한다. 이와 같이 계가 받은 일과 계가 한 일을 모두 고려해야 한다. 이 일에는 흐름일과 축일이 있다.

(1) 흐름일(W_f, flow work)

계의 출구에서 유체에 행해진 일에서 계의 입구에서 유체에 의해 행해진 일을 뺀 값이다. 흐름일은 압력일 또는 PV 일이라고도 한다.

그림 7.2 개방계에서의 흐름일

계의 입구에서 유체에 행해진 일

$$W_{f_1} = P_1 V_1$$

계의 출구에서 유체에 의해 행해진 일

$$W_{f_2} = P_2 V_2$$

그러므로 흐름일, W_f은 다음과 같이 표기할 수 있다.

$$W_{f_2} - W_{f_1} = P_2 V_2 - P_1 V_1$$

(2) 축일(W_s, shaft work)

계 내의 운동 부분, 즉 펌프의 임펠러와 같은 기계적인 기관에 의해 유체에 행해진 일(W_s)으로서, 개방계 외부에서 개방계에 행해진 전체 일은 흐름일과 축일의 합으로 정의된다.

$$W = W_f + W_s$$

전체 에너지 수지를 정리해 보면,

에너지 축적량 = 에너지 유입량 − 에너지 유출량
에너지 유입량 = 물질 흐름에 동반된 에너지 흐름 + 도입되는 열
+ 도입되는 일
에너지 유출량 = 물질 흐름에 동반된 에너지 유출량

위의 각 항을 기호로 표시하면 다음과 같다.

에너지 축적(변화)량 = $\dfrac{dE}{dt}$
물질 흐름에 동반된 에너지 유입량 = $E_{P_1} + E_{K_1} + U_1 + P_1V_1$
도입되는 열 = Q
도입되는 일 = W_s
물질 흐름에 동반된 에너지 유출량 = $E_{P_2} + E_{K_2} + U_2 + P_2V_2$

그러므로 전체적으로 표시하면,

$$\begin{aligned}\frac{dE}{dt} &= (E_{P_1} + E_{K_1} + U_1 + P_1V_1) + Q + W_s - (E_{P_2} + E_{K_2} + U_2 + P_2V_2) \\ &= -(E_{P_2} - E_{P_1}) - (E_{K_2} - E_{K_1}) - (U_2 - U_1) + (P_2V_2 - P_1V_1) + Q + W_s \\ &= -[\Delta E_P + \Delta E_K + \Delta U + \Delta(PV)] + Q + W_s\end{aligned}$$

엔탈피의 식으로부터,

$$H = U + PV$$

양변에 Δ를 취하면,

$$\Delta H = \Delta U + \Delta(PV)$$

그러므로 전체 에너지 수지는 다음과 같이 정리된다.

$$\frac{dE}{dt} = -(\Delta E_P + \Delta E_K + \Delta H) + Q + W_s$$

만약 계가 정상상태라면,

$$\frac{dE}{dt} = 0$$

$$\Delta E_P + \Delta E_K + \Delta H = Q + W_s$$

계의 위치에너지 차이, 운동에너지 차이 및 엔탈피 차이의 합은 계가 받은 열과 일의 합과 같다. 이는 에너지 보존의 법칙을 말하는 열역학 제1법칙을 의미한다.

정상상태에서 각 경우에 따라 식은 다음과 같이 달라진다.

① 물질 흐름이 없으면, $\Delta E_P + \Delta E_K + \Delta H = 0$

$$Q + W_s = 0$$

② 운동에너지와 위치에너지가 무시할 수 있을 정도로 작다면, $\Delta E_P = 0$, $\Delta E_K = 0$

$$\Delta H = Q + W_s$$

③ 운동에너지와 위치에너지가 무시할 수 있을 정도로 작고, 열의 이동이 없고(단열), 내부 기계의 축일이 없다면, $\Delta E_P = 0$, $\Delta E_K = 0$, $Q = 0$, $W_s = 0$

$$\Delta H = 0$$

④ 열전달만 있는 개방계, Q에 비해 ΔE_P, ΔE_K, W_s가 무시할 수 있을 정도로 작다고 가정할 수 있다.

$$\Delta H = Q$$

에너지와 관련된 특별한 경우는 다음과 같다.

① 온도가 동일한 등온과정(isothermal state), $dT = 0$ 또는 $\Delta T = 0$
② 압력이 일정한 정압과정(isobaric state), $dP = 0$ 또는 $\Delta P = 0$
③ 부피가 일정한 정용과정(isometric state), $dV = 0$ 또는 $\Delta V = 0$
④ 열교환이 없는 또는 열출입이 없는 단열과정(adiabatic state), $Q = 0$

예제 7-13

101.3 kPa, 256 K(H_1 = 489 kJ/kg)의 공기를 1,000 kPa, 278 K(H_2 = 509 kJ/kg)로 압축하였다. 이 때 공기의 배출 유속은 60 m/s였다. 만약 200 kg/h의 공기를 압축한다면 압축에 필요한 이론 동력은 몇 kW인가? 만약 압축기의 효율이 60%라면 실제 압축기에 주어진 동력은 몇 kW인가?

풀이

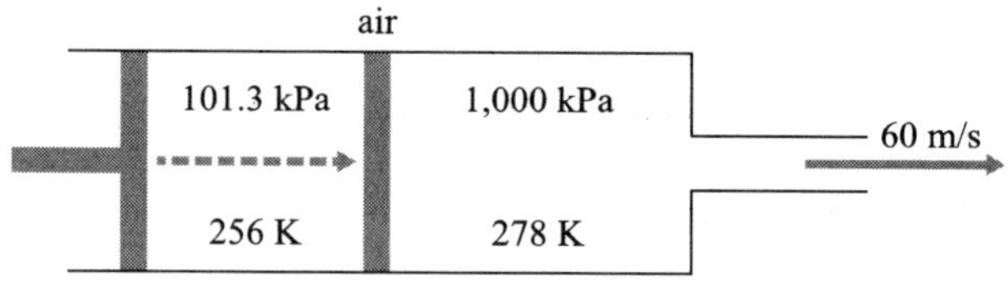

$$\Delta\widehat{E}_P + \Delta\widehat{E}_K + \Delta\widehat{H} = \widehat{Q} + \widehat{W}_s$$

위치의 변화는 없으므로 위치에너지의 변화는 없는 것으로 간주한다($\Delta\widehat{E}_P = 0$). 또한 열의 이동도 없다($\widehat{Q} = 0$).

$$\widehat{W}_s = \Delta\widehat{E}_K + \Delta\widehat{H} = \left(\frac{1}{2}v_2^2 - \frac{1}{2}v_1^2\right) + (\widehat{H}_2 - \widehat{H}_1)$$

여기서 초기 공기의 속도, $v_1 = 0$로 하면,

$$\begin{aligned}\widehat{W}_s &= (1/2)(60\ \text{m/s})^2 + (509\ \text{kJ/kg} - 489\ \text{kJ/kg}) \\ &= 1800\ \text{J/kg} + 20\ \text{kJ/kg} \\ &= 1.8\ \text{kJ/kg} + 20\ \text{kJ/kg} = 21.8\ \text{kJ/kg}\end{aligned}$$

여기에 질량유속을 곱하게 되면 단위 시간당 에너지, 즉 동력(PW)을 계산할 수 있다.

질량유속, $\dot{m} = 200\ \text{kg/h}$

$$PW = \widehat{W}_s \times \dot{m} = 21.8\ \text{kJ/kg} \times 200\ \text{kg/h} = 4{,}360\ \text{kJ/h}$$

$$\frac{4{,}360\ \text{kJ}}{\text{h}} \left| \frac{1\ \text{h}}{3{,}600\ \text{s}} \right. = 1.21\ \text{kJ/s} = 1.21\ \text{kW}$$

실제 주어져야 하는 동력은

$$\text{실제동력} = \frac{\text{이론 동력}}{\text{전달효율}} = \frac{1.21\ \text{kW}}{0.6} = 2.02\ \text{kW}$$

예제 7-14

깊이 10 m의 지하수를 공업용수로 사용하기 위하여 펌프를 이용하여 0.1 m^3/h의 유량으로 퍼 올려 지상 10 m의 저장탱크에 저장한다. 저장 높이 10 m 이상의 물은 유출되어 다른 장소로 공급된다. 겨울철에 관이 얼어 동파되는 것을 막기 위해 전체 관에 800 kcal/h의 열을 공급하고 있으며, 계 전체의 열 손실은 700 kcal/h이다. 물이 저장탱크로 들어갈 때의 온도는 몇 ℃인가? 단, 물의 비중이 1이고, 지하수의 온도는 2℃, 펌프 동력은 2 hp, 펌프 효율은 55%, 정압 열용량은 1.0 kcal/kg · ℃이다. 지하수와 저장탱크의 표면적은 충분히 큰 것으로 가정한다.

풀이

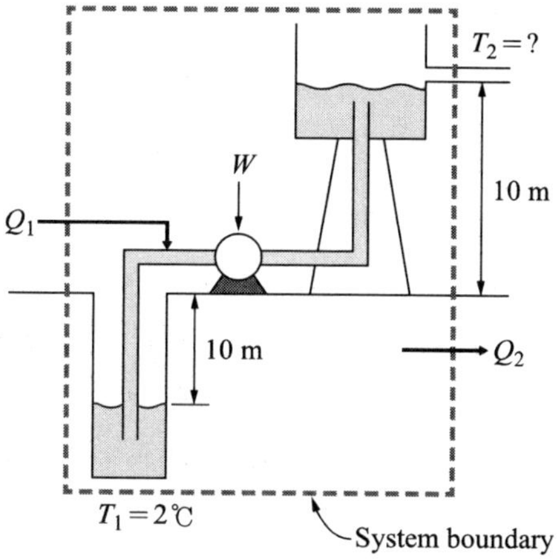

(1) 계는 그림의 점선과 같이 정한다.
일정 시간이 경과된 다음, 정상상태에 도달한 것으로 가정한다.

$$\Delta E_P + \Delta E_K + \Delta H = Q + W_s$$

(2) 계에 유입되는 유속을 v_1이라고 하고 계 외부로 유출되는 유속을 v_2라고 하면, 일정한 유속의 유입과 유출이 있으므로 $v_1 = v_2$이다. 그러므로 운동에너지 변화(ΔE_K)는 다음과 같다.

$$\Delta E_K = \frac{1}{2}m(v_2^2 - v_1^2) = 0$$

(3) 위치에너지의 변화량은

$$\Delta E_P = mg\Delta h$$

유량이 0.1 m^3/h이므로 물의 비중이 1이므로,
질량유속으로 바꾸면 100 kg/h

100 kg	9.8 m	(20 m − 0 m)	= 19,600 N · m/h
h	s^2		

19,600 N · m	1 J	1 cal	1 kcal	= 4.7 kcal/h
h	1 N · m	4.2 J	1,000 cal	

(4) 열손실량을 제외한 계의 순열 흡수량은

$$Q = 800 \text{ kcal/h} - 700 \text{ kcal/h} = 100 \text{ kcal/h}$$

(5) 계 내 펌프가 한 일(W_s)은 2 hp이므로 이를 kcal/h로 환산하면,

2 hp	746 W	1 J/s	1 cal	1 kcal	3,600 s	= 1,278 kcal/h
	1 hp	1 W	4.2 J	1,000 cal	1 h	

펌프 효율이 55%이므로 실제 물에 한일은

$$1{,}278 \text{ kcal/h} \times 0.55 = 703 \text{ kcal/h}$$

(6) 에너지 수지식에서

$$\Delta E_P + \Delta E_K + \Delta H = Q + W_s$$

$$4.7 \text{ kcal/h} + 0 + \Delta H = 100 \text{ kcal/h} + 703 \text{ kcal/h}$$

$$\Delta H = 100 \text{ kcal/h} + 703 \text{ kcal/h} - 4.7 \text{ kcal/h} = 798.3 \text{ kcal/h}$$

엔탈피의 변화는 다음 식에 의해 온도의 변화로 주어진다.
또한, 물의 비중이 1이므로 $0.1 \text{ m}^3\text{/h} = 100 \text{ L/h} = 100 \text{ kg/h}$

$$\Delta H = C_P m \Delta T = (1.0 \text{ kcal/kg}\cdot℃)(100 \text{ kg/h})\Delta T = 798.3 \text{ kcal/h}$$

$$\Delta T = 7.98℃$$

$$\Delta T = T_2 - T_1 = T_2 - 2℃ = 7.98℃$$

$$T_2 = 9.98℃$$

8. 기계적 에너지 수지

일반적인 환경공정장치에서 축일(W_s), 운동에너지 변화(ΔE_K), 위치에너지 변화(ΔE_P)는 열의 흐름(Q)이나 내부에너지 변화(ΔU) 및 엔탈피 변화(ΔH)에 비해 무시할 수 있을 정도로 작아서 무시하는 경향이 많다.

폐쇄계의 경우, 에너지 수지식은 다음과 같이 요약된다.

$$\Delta E_P + \Delta E_K + \Delta U = Q + W_s$$

$W = 0$, $\Delta E_P = 0$, $\Delta E_K = 0$로 두면,

$$\Delta U = Q$$

개방계의 경우, 다음과 같다.

$$\Delta H = Q$$

그러나 유체의 이동 등이 많이 관여하는 환경 관련 공정들은 운동에너지의 변화, 위

치에너지의 변화, 축일이 무시할 수 없을 정도로 중요한 의미를 가진다. 그러므로 유체에 있어 기계적 에너지 수지에 관한 이해는 매우 필요하다.

정상상태에서 비압축성 유체의 흐름 공정은 다음과 같다.

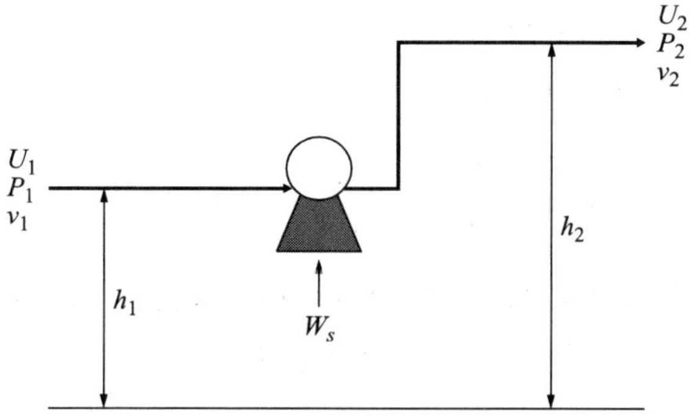

개방계의 비에너지 수지식을 도입하면 다음과 같다.

$$\Delta \widehat{E_P} + \Delta \widehat{E_K} + \Delta \hat{H} = \hat{Q} + \widehat{W_s}$$

$$\Delta \widehat{E_P} = g\Delta h$$

$$\Delta \widehat{E_K} = \frac{1}{2}\Delta v^2$$

$$\Delta \hat{H} = \Delta \hat{U} + \Delta (P\hat{V}) = \Delta \hat{U} + \hat{V}\Delta P + P\Delta \hat{V}$$

위 식에서 비압축성 유체이므로 부피의 변화는 없다. 그러므로 $\Delta \hat{V} = 0$

$$\Delta \hat{H} = \Delta \hat{U} + \hat{V}\Delta P = \Delta \hat{U} + \frac{\Delta P}{\rho}$$

여기서, ρ는 유체의 밀도를 의미한다.

$$g\Delta h + \frac{\Delta v^2}{2} + \Delta \hat{U} + \frac{\Delta P}{\rho} = \hat{Q} + \widehat{W_s}$$

이를 다시 정리하면,

$$g\Delta h + \frac{\Delta v^2}{2} + \frac{\Delta P}{\rho} + (\Delta \hat{U} - \hat{Q}) = \widehat{W_s}$$

유체 중 비압축성 유체인 액체의 경우, 매우 적은 양의 열이 계에 전달되고 유입과 유출 사이에 온도 차이는 거의 없으며, 상변화와 화학반응은 일어나지 않는다. 또한, 운동에너지와 위치에너지의 일부는 계를 흐르는 유체의 운동 때문에 마찰로 인하여 열에너지로 발생한다. $(\Delta\hat{U}-\hat{Q})$에서 $\Delta\hat{U}$는 0, $\hat{Q}$는 열을 발산하는 것으로 되어 $-$값을 가지게 된다. 그러므로 $(\Delta\hat{U}-\hat{Q})$는 항상 $+$값을 가지게 되고, 마찰 손실(friction loss, F)으로 정의된다.

위 식을 다시 정리하면,

$$g\Delta h+\frac{\Delta v^2}{2}+\frac{\Delta P}{\rho}+\hat{F}=\widehat{W}_s$$

위 식을 기계적 에너지 수지식(mechanical energy balance equation)이라고 하고, 이 식은 다음과 같은 조건에서 적용가능하다.

① 개방계의 정상상태, 비압축성 유체
② 마찰 이외의 열손실과 내부에너지 변화는 무시

위 식의 각 항을 중력가속도(g)로 나누면 각 항은 길이의 차원을 가지며, 이 길이는 각 에너지에 해당하는 기준면의 높이이다. 즉, 에너지를 길이로 표현하며, 이 길이를 두(head)라 한다.

$$\Delta h+\frac{\Delta v^2}{2g}+\frac{\Delta P}{\rho g}+\frac{\hat{F}}{g}=\frac{\widehat{W}_s}{g}$$

Δh	$\frac{\Delta v^2}{2g}$	$\frac{\Delta P}{\rho g}$	$\frac{\hat{F}}{g}$	$\frac{\widehat{W}_s}{g}$
위치두	속도두	압력두	손실두	일두

위치두, Δh의 단위는 길이 단위인 m가 된다.

속도두, $\frac{\Delta v^2}{2g}$의 단위를 보면, 길이 단위인 m가 된다.

$$\frac{(m/s)^2}{m/s^2}=m$$

압력두, $\frac{\Delta P}{\rho g}$의 단위도, 길이 단위인 m가 된다.

$$\frac{(kg\cdot m/s^2)\;\Big|\;\;\Big|\;}{m^2\;\Big|\;kg/m^3\;\Big|\;m/s^2}=m$$

손실두, $\frac{\hat{F}}{g}$의 단위도, 길이 단위인 m가 된다. 여기서, $\hat{F}$는 단위 질량당의 에너지로 표시된다.

$$\frac{(\text{kg}\cdot\text{m/s}^2)\cdot\text{m}}{\text{kg}}\bigg|\frac{}{\text{m/s}^2} = \text{m}$$

일두, $\frac{\widehat{W}_s}{g}$의 단위도, 길이 단위인 m가 된다. 여기서, $\widehat{W}_s$는 단위 질량당의 일로 표시된다. 일, 열, 에너지의 단위는 동일하다.

$$\frac{(\text{kg}\cdot\text{m/s}^2)\cdot\text{m}}{\text{kg}}\bigg|\frac{}{\text{m/s}^2} = \text{m}$$

만약, 마찰손실이 무시할 수 있을 정도로 적고, 계 내 펌프의 일이 없는, 즉 축일이 없는 경우라면, $\hat{F}=0$와 $\widehat{W}_s=0$가 되어 위 기계적 에너지 수두식은 다음과 같이 정리된다.

$$g\Delta h + \frac{\Delta v^2}{2} + \frac{\Delta P}{\rho} = 0$$

이 식을 베르누이 방정식(Bernoulli equation)이라고 한다.

참조

베르누이 방정식(Bernoulli equation)

유체가 흐름선(유선)을 그리며 흐를 때, 두 점 A와 B의 높이 그리고 두 점에서의 압력과 흐르는 속도 사이의 관계를 나타낸 것으로, 두 점에서 역학적 에너지가 보존된다는 것을 바탕으로 하였다.

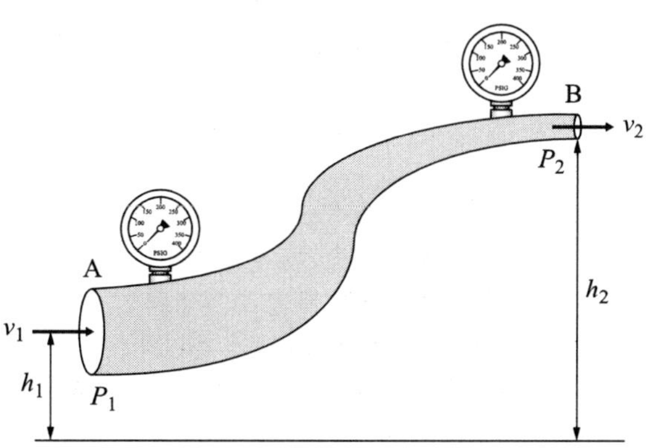

기준점에 대한 gh로 단위 질량당 위치에너지를, $\frac{v^2}{2}$로 단위 질량당 운동에너지를, $\frac{P}{\rho}$로 단위 질량당 에너지를 나타낼 수 있는데, 어느 한 점에서 이 세 에너지의 합은 다른 점에서의 세 에너지의 합과 같음을 나타내는 식이다. 이 때 유체의 밀도는 변하지 않는다고 가정한다.

$$\frac{P}{\rho} + \frac{v^2}{2} + gh = \text{일정}$$

또는,

$$\frac{P_1}{\rho} + \frac{v_1^2}{2} + gh_1 = \frac{P_2}{\rho} + \frac{v_2^2}{2} + gh_2$$

예제 7-15

상수가 내경 3 cm의 작은 관을 20 m/s의 평균유속으로 통과하여 40 m 위의 내경 5 cm의 큰 관 속으로 흘러가고 있다. 만약, 관 출구의 압력이 대기압 상태이고 관의 마찰손실과 국부적 손실이 없다고 가정하면, 관 입구에서의 압력과 관 출구에서의 유속은?

풀이 먼저, 다음과 같은 개념도를 그린다.

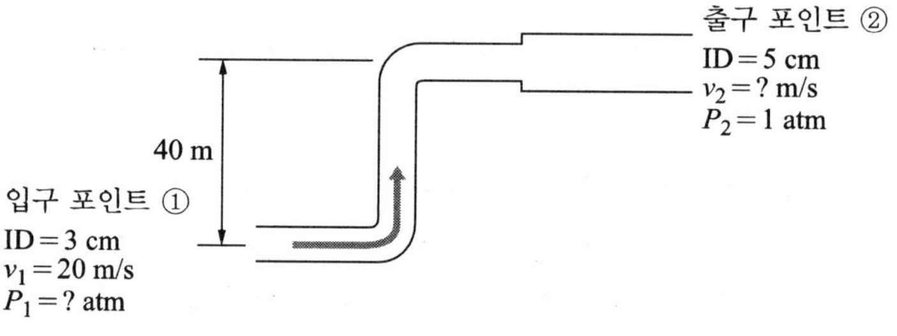

기계적 에너지 수지식에서 마찰손실과 국부적 손실이 없고 축일이 없는 상태이므로 다음과 같은 베르누이 식을 이용할 수 있다.

$$g\Delta h + \frac{\Delta v^2}{2} + \frac{\Delta P}{\rho} = 0$$

여기서, 각 항의 단위는 단위 질량당 에너지이다.
이 문제를 해결하는 중요한 힌트는 포인트 1과 2를 통과하는 유속과 압력을 달라져도 질량유속은 변하지 않는다는 것이다. 즉, 단위 시간당 통과하는 유체의 질량은 동일하다는 것이다. 여기서 유의할 것은 부피유량을 사용해서는 안 된다는 것이다. 왜냐하면 부피는 압력과 같은 조건에 의해 변화할 수 있기 때문이다.

$$\dot{m}_1 = \dot{m}_2$$
$$\rho_1 v_1 A_1 = \rho_2 v_2 A_2$$

액체는 비압축성 유체이므로 압력의 변화에 따라 밀도가 변화하지 않는다 ($\rho_1 = \rho_2$).

$$v_1 A_1 = v_2 A_2$$
$$v_1\left(\frac{\pi D_1^2}{4}\right) = v_2\left(\frac{\pi D_2^2}{4}\right)$$
$$v_1 D_1^2 = v_2 D_2^2$$
$$v_2 = v_1\left(\frac{D_1}{D_2}\right)^2 = 20\left(\frac{3}{5}\right)^2 = 7.2\ \text{m/s}$$

그러므로 출구에서의 유체의 평균 유속은 7.2 m/s로 감소한다.
이제 베르누이 식을 다시 정리하면,

$$g\Delta h + \frac{\Delta v^2}{2} + \frac{\Delta P}{\rho} = 0$$
$$g(h_2 - h_1) + \frac{(v_2^2 - v_1^2)}{2} + \frac{(P_2 - P_1)}{\rho} = 0$$

위 식에서 중력가속도, g와 액체 밀도, ρ는 지점에 관계없이 동일하다.
미지수 P_1에 대해서 정리하면,

$$\begin{aligned} P_1 &= P_2 + \rho g(h_2 - h_1) + \frac{\rho(v_2^2 - v_1^2)}{2} \\ &= 1\ \text{atm} + (1{,}000\ \text{kg/m}^3)(9.8\ \text{m/s}^2)(40\ \text{m} - 0\ \text{m}) \\ &\quad + \frac{(1{,}000\ \text{kg/m}^3)[(7.2\ \text{m/s})^2 - (20\ \text{m/s})^2]}{2} \\ &= 1\ \text{atm} + [392{,}000 + (-174{,}080)]\ \text{N/m}^2 \\ &= 1\ \text{atm} + 217{,}920\ \text{N/m}^2 \end{aligned}$$

$$\frac{217{,}920\ \text{N/m}^2}{} \left| \frac{1\ \text{Pa}}{1\ \text{N/m}^2} \right| \frac{1\ \text{hPa}}{100\ \text{Pa}} \left| \frac{1\ \text{atm}}{1{,}013\ \text{hPa}} \right. = 2.15\ \text{atm}$$

$$P_1 = 1\ \text{atm} + 2.15\ \text{atm} = 3.15\ \text{atm}$$

예제 7-16

유효 수심 5 m, 내경 8 m의 원형 수조에 직경 5 cm의 관이 연결되어 있다. 관내 마찰손실과 국부적 손실(밸브, 곡면 등에 의한 손실)을 무시하고 수위변화의 영향을 무시할 때, 관의 중간에 설치된 밸브를 열어 상부수조의 물 100 m^3이 유출되어 하부 수조로 흘러내리는 데 필요한 시간은? 단, 상부수조와 하부수조의 수두차이는 6 m이다.

풀이 문제에 맞는 개념도를 그린다.

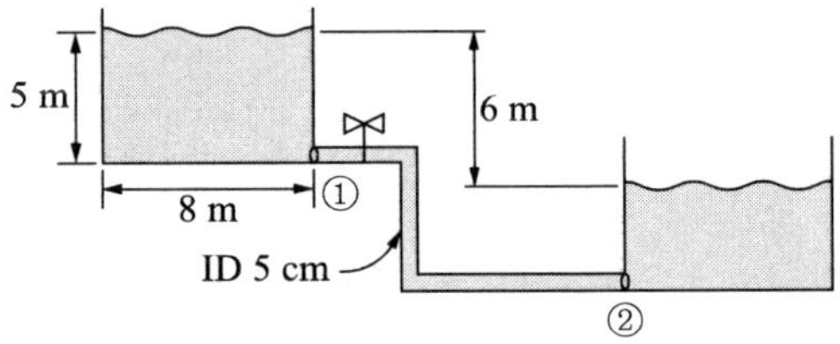

기계적 에너지 수지식에서 마찰손실과 국부적 손실이 없고 축일이 없는 상태이므로, 다음과 같은 베르누이 식을 이용할 수 있다.

$$g\Delta h + \frac{\Delta v^2}{2} + \frac{\Delta P}{\rho} = 0$$

여기서, 각 항의 단위는 단위 질량당 에너지이다.
관의 단면적은,

$$A = \left(\frac{\pi D^2}{4}\right) = \left(\frac{\pi (0.05)^2}{4}\right) = 0.00196\ \mathrm{m}^2$$

위 식에서, 모두 대기압의 영향을 받아 1기압으로 동일하므로 $\Delta P = 0$, 출구에서는 수위변화가 없으므로 정지상태에서 액체가 유출되는 것으로 간주할 수 있다. 그러므로 $v_1 = 0$. $h_1 = 0$ m로 보면, $h_2 = -6$ m
위 사항들을 고려하면, 베르누이 식은 다음과 같이 정리된다.

$$g\Delta h + \frac{\Delta v^2}{2} = 0$$

$$g(h_2 - h_1) + \frac{(v_2^2 - v_1^2)}{2} = 0$$

$$\frac{v_2^2}{2} = g(h_1 - h_2)$$

$$v_2 = \sqrt{2g(h_1 - h_2)} = \sqrt{2 \times 9.8 \times 6} = 10.84\ \mathrm{m/s}$$

이때의 유량, Q는

$$Q = A \times v = (0.00196\ \mathrm{m}^2) \times (10.84\ \mathrm{m/s}) = 0.02125\ \mathrm{m}^3/\mathrm{s}$$

$$\frac{0.02125\ \text{m}^3}{\text{s}} \left| \frac{3{,}600\ \text{s}}{1\ \text{h}} \right. = 76.5\ \text{m}^3/\text{h}$$

물 100 m^{3}이 흘러내리는 데 필요한 시간은 수리학적 체류시간(HRT)과 같은 의미로 생각하면 된다.

$$\text{HRT} = \frac{100\ \text{m}^3}{} \left| \frac{\text{h}}{76.5\ \text{m}^3} \right. = 1.31\ \text{h}$$

예제 7-17

그림과 같은 관 흐름 체계에서 3지점의 압력(atm)을 구하시오.

- 1지점에서 2지점까지의 평균 유속, 8 m/s
- P_1, 2 atm (절대압)
- 1지점에서 2지점까지 마찰손실, $h_f = 6$ kg$_f$ · m/kg
- 2지점에서 3지점까지 마찰손실, $h_f = 7$ kg$_f$ · m/kg
- 펌프 효율, $\eta_p = 80\%$
- 펌프 동력, $PW = 4$ hp

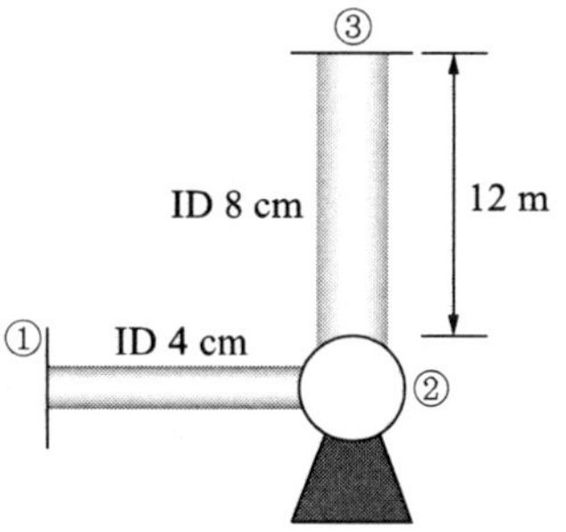

풀이 수평관의 유속은 8 m/s로 알고 있으나, 수직관의 유속은 모르고 있다.

이 문제를 해결하는 중요한 힌트는 수평관과 수직관을 통과하는 유속과 압력은 달라져도 질량유속은 변하지 않는다는 것이다. 즉, 단위 시간당 통과하는 유체의 질량은 동일하다는 것이다. 여기서 유의할 것은 부피유량을 사용해서는 안 된다는 것이다. 왜냐하면 부피는 압력과 같은 조건에 의해 변화할 수 있기 때문이다.

$$\dot{m}_1 = \dot{m}_3$$
$$\rho_1 v_1 A_1 = \rho_3 v_3 A_3$$

액체는 비압축성 유체이므로 압력의 변화에 따라 밀도가 변화하지 않는다($\rho_1 = \rho_3$).

$$v_1 A_1 = v_3 A_3$$
$$v_1\left(\frac{\pi D_1^2}{4}\right) = v_3\left(\frac{\pi D_3^2}{4}\right)$$
$$v_1 D_1^2 = v_3 D_3^2$$
$$v_3 = v_1\left(\frac{D_1}{D_3}\right)^2 = 8\left(\frac{4}{8}\right)^2 = 2\ \text{m/s}$$

P_1은 절대압으로 2 atm이므로 부분압은

$$2\text{ atm} - \text{대기압} = \text{부분압}$$
$$2\text{ atm} - 1\text{ atm} = 1\text{ atm}$$

기계적 에너지 수지식을 이용하면, 다음과 같다.

$$g\Delta h + \frac{\Delta v^2}{2} + \frac{\Delta P}{\rho} + \hat{F} = \widehat{W}_s$$

전체적인 단위가 $\text{kg}_f \cdot \text{m/kg}$이므로 $\dfrac{\Delta P}{\rho}$를 변형하면,

$$\frac{(P_3-1)\text{ atm}}{1{,}000\text{ kg/m}^3}\left|\frac{1.033\text{ kg}_f/\text{cm}^2}{1\text{ atm}}\right|\frac{10^4\text{ cm}^2}{1\text{ m}^2} = 10.33(P_3-1)\text{ kg}_f\cdot\text{m/kg}$$

실제 물에 전달된 동력은 (0.80×4 hp) = 3.2 hp, 이를 질량유속을 나누어 주면 단위 질량당 에너지의 형태로 전환된다.

$$\dot{m} = \rho v A$$
$$= (1{,}000\text{ kg/m}^3)\times(2\text{ m/s})\times\left(\frac{\pi\times0.08^2}{4}\text{ m}^2\right) = 10.05\text{ kg/s}$$

$$\frac{3.2\text{ hp}}{}\left|\frac{76\text{ kg}_f\cdot\text{m/s}}{1\text{ hp}}\right. = 243.2\text{ kg}_f\cdot\text{m/s}$$

그러므로 단위 질량당 전달된 에너지(축일), $\widehat{W}_s$는

$$\widehat{W}_s = (243.2\text{ kg}_f\cdot\text{m/s})\ /\ (10.05\text{ kg/s}) = 24.2\text{ kg}_f\cdot\text{m/kg}$$

$g\Delta h$는 단위 환산을 위해 $\dfrac{g}{g_c}\Delta h$를 사용하여 정리하면,

$$\frac{9.8\text{ m/s}^2}{9.8\text{ kg}\cdot\text{m/kg}_f\cdot\text{s}^2}\left|\frac{(12\text{ m}-0\text{ m})}{}\right. = 12\text{ kg}_f\cdot\text{m/kg}$$

전체적으로 기계적 에너지 수지식에 대입하여 정리하면,

$$12\text{ kg}_f\cdot\text{m/kg} + (1/2)(2\text{ m/s})^2 + 10.33(P_3-1)\text{ kg}_f\cdot\text{m/kg}$$
$$+13\text{ kg}_f\cdot\text{m/kg} = 24.2\text{ kg}_f\cdot\text{m/kg}$$
$$P_3 = 0.73\text{ atm}$$

그러므로 3지점에서의 부분압(계기압)은 0.73 atm이다.

예제 7-18

직경 1 m인 원형 수조에 위치한 하부 관(직경 10 cm)에서 물이 유출되고 있다. 원형 수조 내 유효수심을 2 m로 일정하게 유지하기 위해 상부의 급수관을 통해 공급되어야 할 유량은?

풀이 문제에 대한 개념도를 먼저 그린다.

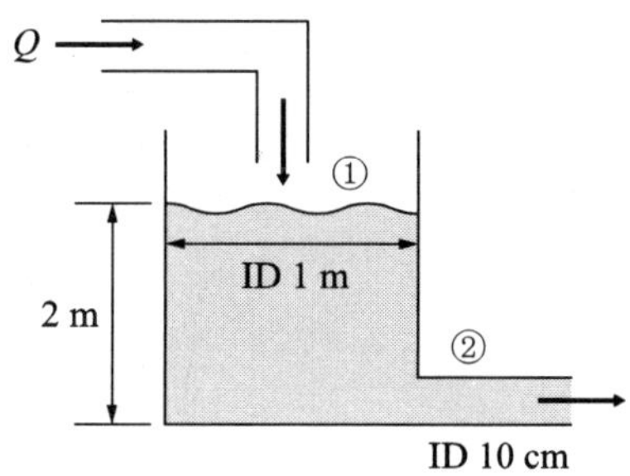

마찰손실과 국부적 손실이 없고 축일이 없는 상태이므로 다음과 같은 베르누이 식을 이용할 수 있다.

$$g\Delta h+\frac{\Delta v^2}{2}+\frac{\Delta P}{\rho}=0 \tag{1}$$

여기서, 각 항의 단위는 단위 질량당 에너지이다.
모두 대기압 상태에서 이루어지므로 $\Delta P=0$
또한, $h_1=2\ \mathrm{m}$, $h_2=0\ \mathrm{m}$로 두면,

$$g\Delta h+\frac{\Delta v^2}{2}=0 \tag{2}$$

$$g(0-2)+\frac{(v_2^2-v_1^2)}{2}=0 \tag{3}$$

$$\frac{v_2^2}{2}=\frac{v_1^2}{2}+2g \tag{4}$$

원형수조의 양이 일정하게 유지되기 위해서는 유입되는 유량과 유출되는 유량이 동일해야 한다.

$$Q_1=Q_2 \tag{6}$$

$$A_1v_1=A_2v_2 \tag{7}$$

$$\frac{\pi D_1^2}{4}v_1=\frac{\pi D_2^2}{4}v_2 \tag{8}$$

$$v_1 = \left(\frac{D_2}{D_1}\right)^2 v_2 \tag{9}$$

(9)식을 (4)식에 대입하여 v_2에 대해 정리하면,

$$\frac{v_2^2}{2} = \frac{v_1^2}{2} + 2g \tag{10}$$

$$4g + v_1^2 = v_2^2 \tag{11}$$

$$4g + \left(\frac{D_2}{D_1}\right)^2 v_2^2 = v_2^2 \tag{12}$$

$$4g = v_2^2\left[1 - \left(\frac{D_2}{D_1}\right)^2\right] \tag{13}$$

$$v_2 = \sqrt{\frac{4g}{\left[1-\left(\frac{D_2}{D_1}\right)^2\right]}} = \sqrt{\frac{4(9.8)}{\left[1-\left(\frac{0.1}{1}\right)^2\right]}} = 6.29\ \mathrm{m/s} \tag{14}$$

유출되는 유량은

$$Q = A_2 v_2 = \left(\frac{\pi D_2^2}{4}\right)v_2 = \left(\frac{\pi(0.1)^2}{4}\right)(6.29) = 0.049\ \mathrm{m^3/s} \tag{15}$$

그러므로 유입되는 유량도 0.049 $\mathrm{m^3/s}$로 유지되어야 한다.

9. 반응이 있는 공정에서의 에너지 수지

어떤 공정에서 반응 중에 열의 방출을 수반하는 경우는 발열반응(exothermic reaction), 열을 흡수하는 경우는 흡열반응(endothermic reaction)이라고 한다. 이러한 반응 결과와 연계되어 나타나는 에너지의 변화를 반응열(heat of reaction, ΔH_r)이라고 한다. 그러므로 반응열은 엔탈피의 변화이지 열의 직접적인 전달은 아니다.

(1) 표준생성열(standard heat of formation)

생성반응이란 구성원소로부터 단일 화합물이 생성되는 반응이다. 그러므로 어떤 화합물 1 mol이 그 성분의 구성 원소로부터 생성될 때, 흡수 또는 방출되는 열량을 그 물질의 생성열이라고 하며, 25℃, 1기압에서의 생성열을 표준생성열이라고 한다. 표준생성열의 기호는 $\Delta \widehat{H}_f{}^\circ$로 표시한다. 여기서, Δ는 엔탈피의 변화를 나타내고, 하첨자 f는 formation이라는 뜻으로 생성열을 의미하고, 상첨자 °는 표준상태(25℃, 1기압)의 조건을 말하며, ^ 표시는 mol당 에너지, 즉 cal/mol을 의미한다.

탄산칼슘(석회석)의 생성반응은 다음과 같다.

$$Ca + C + 3/2\ O_2 \rightarrow CaCO_3$$

그러나 다음 반응은 구성원소로부터 단일 화합물이 생성되는 생성반응이 아니라, 화합물들에서 화합물이 합성되는 합성반응이라 할 수 있다.

$$Ca^{2+} + HCO_3^- \rightarrow CaCO_3 + H^+$$

생성반응은 항상 1 mol의 화합물이 생성되는 반응을 의미하며, 생성열은 생성화합물 1 mol당 반응열이다. 어느 한 온도의 반응열을 알면 다른 온도에서의 반응열을 계산할 수 있다. 그러므로 표준상태에서의 표준생성열을 계산할 수 있으면, 임의의 다른 온도에서의 생성열을 계산할 수 있다. 생성열의 단위는 cal/mol으로 표시된다.

어느 원소의 고유한 표준엔탈피($\widehat{H}_i^\circ$)는 측정할 수 없다. 그러나 표준상태(25℃, 1기압)에서 모든 원소의 가장 안정한 형태의 표준엔탈피($\widehat{H}_i^\circ$)를 0으로 정하여 기준으로 삼으면, 이를 기준으로 각종 화학종의 엔탈피 값을 결정할 수 있다. 이를 표준생성엔탈피($\Delta\widehat{H}_f^\circ$)라 한다.

만약, 수소 가스의 전환 반응을 생각해 보면,

$$CO_2(g) + H_2(g) \rightarrow CO(g) + H_2O(g)$$

위 반응은 25℃ 보다 높은 온도에서 일어나는 반응이다. 그러나 우리가 구할 수 있는 자료는 표준상태(25℃, 1기압)의 것이므로, 일단 표준생성열을 먼저 계산하고 이를 이용하여 표준반응열을 계산할 수 있다. 표준반응열을 구한 다음 실제 온도에서의 반응열을 계산할 수 있다.

위 반응에 관여하는 $CO_2(g)$, $H_2(g)$, $CO(g)$, $H_2O(g)$의 표준생성엔탈피를 먼저 구한다.

① $CO_2(g)$: $C(s) + O_2(g) \rightarrow CO_2(g)$ $\quad \Delta\widehat{H}_f^\circ = -94{,}051$ cal/mol

② $H_2(g)$: $H_2(g) \rightarrow H_2(g)$ $\quad \Delta\widehat{H}_f^\circ = 0$ cal/mol

③ $CO(g)$: $C(s) + 1/2\ O_2(g) \rightarrow CO(g)$ $\quad \Delta\widehat{H}_f^\circ = -26{,}416$ cal/mol

④ $H_2O(g)$: $H_2(g) + 1/2\ O_2(g) \rightarrow H_2O(g)$ $\quad \Delta\widehat{H}_f^\circ = -57{,}798$ cal/mol

위의 표준생성엔탈피는 여러 책에 있는 자료를 이용할 수 있다. 앞에서 언급한 바와 같이, 모든 원소의 가장 안정한 형태의 표준엔탈피($\widehat{H}_i^\circ$)를 0으로 정하여 기준으로 삼았기 때문에 수소($H_2(g)$)의 표준생성엔탈피도 0 cal/mol이다.

위 반응식의 ① 반응에서 $CO_2(g)$는 실제 반응에서 생성물로 작용하는 것이 아니라 반응물로 작용하고 있으므로 위 생성반응의 역반응을 기술해야 한다. 그러므로 표준생성엔탈피의 값도 −94,051 cal/mol가 아닌 +94,051 cal/mol가 되어야 한다. 또한, 실제 반응에서 1 mol의 반응이 관여하므로 $\Delta \hat{H}_f^\circ$가 아닌 ΔH_f°는 (94,051 cal/mol) × 1 mol = 94,051 cal가 된다. 여기서, $\Delta \hat{H}_f^\circ$는 표준생성엔탈피(cal/mol)라고 하고, ΔH_r°는 표준반응열(cal)이라 한다.

$$
\begin{array}{llr}
 & CO_2(g) \rightarrow C(s) + O_2(g) & \Delta H_f^\circ = +94,051 \text{ cal} \\
 & H_2(g) \rightarrow H_2(g) & \Delta H_f^\circ = 0 \text{ cal} \\
 & C(s) + 1/2\, O_2(g) \rightarrow CO(g) & \Delta H_f^\circ = -26,416 \text{ cal} \\
+ & H_2(g) + 1/2\, O_2(g) \rightarrow H_2O(g) & \Delta H_f^\circ = -57,798 \text{ cal} \\
\hline
 & CO_2(g) + H_2(g) \rightarrow CO(g) + H_2O(g) & \Delta H_r^\circ = 9,837 \text{ cal}
\end{array}
$$

예제 7-19

다음 실험 결과를 이용하여 CO의 표준생성열을 계산하라.

(1) $C(s) + O_2(g) \rightarrow CO_2(g)$ $Q = -393.51$ kJ/mol

(2) $CO(g) + 1/2\, O_2(g) \rightarrow CO_2(g)$ $Q = -282.99$ kJ/mol

풀이 CO의 표준생성반응식은 다음과 같다.

$$C + 1/2\, O_2 \rightarrow CO$$

(1)번 식에서 (2)번 식을 빼면 CO의 표준생성반응식이 만들어진다.

$$\Delta \hat{H}_f^\circ = -393.51 \text{ kJ/mol} - (-282.99 \text{ kJ/mol}) = -110.52 \text{ kJ/mol}$$

(2) 반응열

반응열(heat of reaction, 반응엔탈피)은 반응물이 반응하여 생성물이 될 때의 엔탈피 변화이다. 또한, 표준상태(25℃, 1기압)에서 이론량의 반응물이 완전히 반응하여 이론량의 생성물이 될 때의 반응열을 표준반응열(ΔH_r°)이라 한다.

예를 들어, 아래 반응의 표준반응열은 다음과 같은 방식으로 계산한다.

$$C_6H_6(g) + 3H_2(g) \rightarrow C_6H_{12}(g)$$

각 화합물의 표준생성엔탈피는 다음과 같다.

$C_6H_6(g)$ $\qquad\qquad \Delta \widehat{H}_f^\circ = 82.927\ \text{kJ/mol}$

$H_2(g)$ $\qquad\qquad \Delta \widehat{H}_f^\circ = 0\ \text{kJ/mol}$

$C_6H_{12}(g)$ $\qquad\qquad \Delta \widehat{H}_f^\circ = -123.1\ \text{kJ/mol}$

그러므로 표준반응열은 다음과 같이 계산한다.

$$\begin{aligned}\Delta H_r^\circ &= (-123.1\ \text{kJ/mol}) \times 1\ \text{mol} - (82.927\ \text{kJ/gmol}) \times 1\ \text{mol} \\ &\quad -(0\ \text{kJ/mol}) \times 3\ \text{mol} \\ &= -206.027\ \text{kJ}\end{aligned}$$

표준반응열을 일반식으로 표현하면

$$\Delta H_r^\circ = \left(\sum_i^{\text{생성물}} \nu_i \Delta \widehat{H}_{f,i}^\circ - \sum_i^{\text{반응물}} \nu_i \Delta \widehat{H}_{f,i}^\circ \right)$$

여기서, ν_i는 반응식의 양론계수이다.

예제 7-20

다음 표준생성엔탈피 자료로부터 액상과 기체상 cyclohexane이 $O_2(g)$와 반응할 때의 반응열을 각각 계산하시오.

화합물의 종류	$\Delta \widehat{H}_f^\circ$ (cal/mol)
$C_6H_{12}(l)$	−37,340
$C_6H_{12}(g)$	−29,430
$CO_2(g)$	−94,052
$H_2O(l)$	−68,317
$O_2(g)$	0

풀이 Cyclohexane의 연소반응은 다음과 같다.

액상의 경우,

$$C_6H_{12}(l) + 9O_2(g) \rightarrow 6CO_2(g) + 6H_2O(l)$$

$$\begin{aligned}\Delta H_r^\circ &= \Delta \widehat{H}_{f,\,CO_2(g)}^\circ \times 6\ \text{mol} + \Delta \widehat{H}_{f,\,H_2O(l)}^\circ \times 6\ \text{mol} \\ &\quad - \Delta \widehat{H}_{f,\,C_6H_{12}(l)}^\circ \times 1\ \text{mol} - \Delta \widehat{H}_{f,\,O_2(g)}^\circ \times 9\ \text{mol} \\ &= (-94.052\ \text{kJ/mol}) \times 6\ \text{mol} + (-68.317\ \text{kJ/mol}) \times 6\ \text{mol} \\ &\quad - (-37.340\ \text{kJ/mol}) \times 1\ \text{mol} - (0\ \text{kJ/mol}) \times 9\ \text{mol} \\ &= -936.874\ \text{kJ}\end{aligned}$$

기체상의 경우,

$$C_6H_{12}(g) + 9O_2(g) \rightarrow 6CO_2(g) + 6H_2O(l)$$

$$\begin{aligned}\Delta H_r^\circ &= \Delta \hat{H}_{f,\,CO_2(g)}{}^\circ \times 6\text{ mol} + \Delta \hat{H}_{f,\,H_2O(l)}{}^\circ \times 6\text{ mol} \\ &\quad - \Delta \hat{H}_{f,\,C_6H_{12}(g)}{}^\circ \times 1\text{ mol} - \Delta \hat{H}_{f,\,O_2(g)}{}^\circ \times 9\text{ mol} \\ &= (-94.052\text{ kJ/mol}) \times 6\text{ mol} + (-68.317\text{ kJ/mol}) \times 6\text{ mol} \\ &\quad - (-29.430\text{ kJ/mol}) \times 1\text{ mol} - (0\text{ kJ/mol}) \times 9\text{ mol} \\ &= -944.784\text{ kJ}\end{aligned}$$

표 7.1 여러 가지 물질의 표준생성엔탈피

물질	$\Delta \hat{H}_f^\circ$ (kcal/mol)	물질	$\Delta \hat{H}_f^\circ$ (kcal/mol)
$Al_2O_3(s)$	−399.00	$CH_3OH(l)$	−57.02
C(*diamond*)	0.453	$CaO(s)$	−151.9
C(*graphite*)	0.00	$CaCO_3(s)$	−288.4
$C(g)$	171.3	$Fe_2O_3(s)$	−196.5
$CO(g)$	−26.42	$Fe_3O_4(s)$	−267.0
$CO_2(g)$	−94.05	$H_2O(l)$	−68.32
$CH_4(g)$	−17.89	$H_2O(g)$	−57.80
$C_2H_4(g)$	12.50	$HCl(g)$	−22.06
$C_2H_6(g)$	−20.24	$MgO(s)$	−143.8
$C_6H_6(l)$	11.72	$NH_3(g)$	−11.07
$HCOOH(l)$	−9.78	$NO(g)$	21.6
$O_2(g)$	0	$P_2O_5(s)$	−360.0
$H_2(g)$	0		

예제 7-21

다음 공정들에 대한 표준반응열(ΔH_r°)을 계산하시오.

(1) 2C(*diamond*) + $O_2(g)$ → $2CO(g)$

(2) $C_2H_4(g)$ + $H_2(g)$ → $C_2H_6(g)$

(3) $CaO(s)$ + $CO_2(g)$ → $CaCO_3(s)$

풀이 표 7.1에 있는 표준생성엔탈피 자료를 이용하면,

$$(1)\ \Delta H_r^\circ = \Delta \hat{H}_{f,\,CO(g)}{}^\circ \times 2\text{ mol} - \Delta \hat{H}_{f,\,C(dia)}{}^\circ \times 2\text{ mol} - \Delta \hat{H}_{f,\,O_2(g)}{}^\circ \times 1\text{ mol}$$

$$= (-26.42\ \text{kcal/mol}) \times 2\ \text{mol} - (0.453\ \text{kcal/mol}) \times 2\ \text{mol}$$
$$- (0\ \text{kcal/mol}) \times 1\ \text{mol}$$
$$= -53.75\ \text{kcal}$$

$$(2)\ \Delta H_r^\circ = \Delta\hat{H}_{f,\,C_2H_6(g)}{}^\circ \times 1\ \text{mol} - \Delta\hat{H}_{f,\,C_2H_4(g)}{}^\circ \times 1\ \text{mol}$$
$$- \Delta\hat{H}_{f,\,H_2(g)}{}^\circ \times 1\ \text{mol}$$
$$= (-20.24\ \text{kcal/mol}) \times 1\ \text{mol} - (12.50\ \text{kcal/mol}) \times 1\ \text{mol}$$
$$- (0\ \text{kcal/mol}) \times 1\ \text{mol}$$
$$= -32.74\ \text{kcal}$$

$$(3)\ \Delta H_r^\circ = \Delta\hat{H}_{f,\,CaCO_3(s)}{}^\circ \times 1\ \text{mol} - \Delta\hat{H}_{f,\,CaO(s)}{}^\circ \times 1\ \text{mol}$$
$$- \Delta\hat{H}_{f,\,CO_2(g)}{}^\circ \times 1\ \text{mol}$$
$$= (-288.4\ \text{kcal/mol}) \times 1\ \text{mol} - (-151.9\ \text{kcal/mol}) \times 1\ \text{mol}$$
$$- (-94.05\ \text{kcal/mol}) \times 1\ \text{mol}$$
$$= -42.45\ \text{kcal}$$

예제 7-22

$H_2O(l)$의 표준생성열은 −285.838 kJ/mol이고 표준상태에서 기화열은 44.012 kJ/mol이다. $H_2O(g)$의 표준생성열을 구하라.

풀이

$$H_2(g) + 1/2\ O_2(g) \rightarrow H_2O(l) \qquad \Delta\hat{H}_f^\circ = -285.838\ \text{kJ/mol} \qquad (1)$$
$$H_2O(l) \rightarrow H_2O(g) \qquad \Delta\hat{H}_v^\circ = 44.012\ \text{kJ/mol} \qquad (2)$$

(1)식과 (2)식을 합치면 $H_2O(g)$의 생성반응이 된다.

$$H_2(g) + 1/2\ O_2 \rightarrow H_2O(g)$$

그러므로 $\Delta\hat{H}_f^\circ = -285.838\ \text{kJ/mol} + 44.012\ \text{kJ/mol} = -241.826\ \text{kJ/mol}$

참조

기화열(heat of vaporization, H_v)

증발열이라고도 한다. 액체가 기체로 바뀔 때 외부에서 흡수하는 열량을 말한다. 액체 1 g 또는 1 kg의 cal로 나타낸다. 흡수된 열이 온도 상승을 위해 사용되지 않고, 기화를 위한 에너지로 사용되므로 기화잠열이라고도 한다. 기화잠열의 반대 개념이 응축잠열이다.

예제 7-23

다음 반응의 표준반응열(kcal)을 계산하라.

$$CO(g) + 1/2\,O_2(g) \rightarrow CO_2(g)$$

풀이

$$\begin{aligned}\Delta H_r^\circ &= \Delta \hat{H}_{f,\,CO_2(g)}^\circ \times 1\text{ mol} - \Delta \hat{H}_{f,\,CO(g)}^\circ \times 1\text{ mol} \\ &\quad - \Delta \hat{H}_{f,\,O_2(g)}^\circ \times 1/2\text{ mol} \\ &= (-94.05\text{ kcal/mol}) \times 1\text{ mol} - (-26.42\text{ kcal/mol}) \times 1\text{ mol} \\ &\quad - (0\text{ kcal/mol}) \times 1/2\text{ mol} \\ &= -94.05\text{ kcal} + 26.42\text{ kcal} = -67.03\text{ kcal}\end{aligned}$$

(3) 연소열

연소열(heat of combustion)이란 어떤 물질 1 mol 또는 1 g이 완전 연소할 때 발생하는 열량 또는 발열량이다. 반드시 발열이며, 이 값이 클수록 연료로서 효과적이라고 할 수 있다. 석탄·석유·프로판 등의 연료가 공기 속에서 연소하면 이 물질의 성분이 공기 속의 산소와 반응하여 반응열을 발생하는데, 이때 어떤 물질의 1 mol 또는 1 g이 완전 연소할 때의 반응을 연소열이라 한다. 이때의 발열량은 고체나 액체 연료는 1 kg, 기체연료는 0℃, 1기압의 건조 상태에서 1 m^3가 완전 연소하였을 때 발생하는 열량을 kcal 단위로 나타낸 것이다. 연소열은 생성열·중화열·수화열·용해열·증발열과 더불어 반응열에 포함된다.

연소열은 유해폐기물의 소각특성을 정하는 지표의 하나로서, 화합물의 연소열이 크면 연소 중에 많은 에너지를 방출하므로 소각하기가 쉽다.

표준연소열(standard heat of combustion, $\Delta \hat{H}_c^\circ$)은 표준상태(25℃, 1기압)에서 물질이 연소될 때 생성되는 열을 말한다. 표준생성열은 열량계로 측정한 표준연소열로부터 계산할 수 있고, 표준생성열과 표준연소열은 부록 A.8에 있는 표와 같이 표시할 수 있다. 그러나 표에서 보는 바와 같이 모든 물질의 연소열을 계산할 수 있는 것은 아니며, 연소열 자료가 없는 경우가 많다.

$\Delta \hat{H}_c^\circ$에 대한 약속은 다음과 같다.

① 탄소, 수소, 산소만으로 구성된 유기화합물을 연소시킬 때 발생되는 생성물은 CO_2와 H_2O이다.

② 연소과정에서 모든 연료 중 탄소는 $CO_2(g)$, 수소는 $H_2O(l)$, 황은 $SO_2(g)$, 질소는 $N_2(g)$로 전환된다.

③ 표준상태는 25℃, 1기압이다.

④ $CO_2(g)$, $H_2O(l)$, $HCl(aq)$ 등의 산화 생성물과 $O_2(g)$ 자체의 $\Delta\hat{H}_c°$는 0으로 한다.

⑤ S, N_2, Cl_2 같은 산화물질이 존재하면 생성물의 상태를 분명히 규정하고 표준상태의 조건을 명시해야 한다.

⑥ 이론량은 완전히 반응하는 것으로 본다.

예제 7-24

다음의 연소열 자료를 이용하여 acetylene($C_2H_2(g)$)의 표준생성열($\Delta H_f°$)을 구하시오. 또한, 이 생성반응은 흡열반응인가 발열반응인가?

(1) $C(s) + O_2(g) \rightarrow CO_2(g)$ $\qquad \Delta\hat{H}_c° = -393.51$ kJ/mol

(2) $H_2(g) + 1/2\,O_2(g) \rightarrow H_2O(l)$ $\qquad \Delta\hat{H}_c° = -285.84$ kJ/mol

(3) $C_2H_2(g) + 5/2\,O_2(g) \rightarrow 2CO_2 + H_2O(l)$ $\qquad \Delta\hat{H}_c° = -1299.61$ kJ/mol

풀이 $C_2H_2(g)$의 표준생성열($\Delta H_f°$)을 구하기 위해 생성반응식을 쓰면 다음과 같다.

$$2C(s) + H_2(g) \rightarrow C_2H_2(g)$$

위 연소식에서 반응식을 완성하기 위해서는
(1)식 × 2 + (2)식 − (3)식

반응식	$\Delta\hat{H}_c°$
$2C(s) + 2O_2(g) \rightarrow 2CO_2(g)$	(−393.51 kJ/mol) × 2
+ $H_2(g) + 1/2\,O_2(g) \rightarrow H_2O(l)$	(−285.84 kJ/mol) × 1
− $C_2H_2(g) + 5/2\,O_2(g) \rightarrow 2CO_2 + H_2O(l)$	(−1299.61 kJ/mol) × 1
= $2C(s) + H_2(g) \rightarrow C_2H_2(g)$	$\Delta H_f° = 226.75$ kJ

그러므로 $\Delta H_f°$가 (+)의 값이므로 흡열반응이다.

$$\text{또는 } \Delta H_f° = \sum\left(n\Delta\hat{H}_c°\right)_{\text{반응물}} - \sum\left(n\Delta\hat{H}_c°\right)_{\text{생성물}}$$

$$= (-393.51\ \text{kJ/mol}) \times 2\ \text{mol} + (-285.84\ \text{kJ/mol}) \times 1\ \text{mol} - (-1299.61\ \text{kJ/mol}) \times 1\ \text{mol}$$

$$= 226.75\ \text{kJ}$$

그러므로 $C_2H_2(g)$ 1 mol이 생성되는 데에는 226.75 kJ의 흡열이 필요하다.

예제 7-25

다음 반응의 표준반응열(ΔH_r°)을 구하시오.

$$CH_3COOH(l) + C_2H_5OH(l) \rightarrow C_2H_5COOCH_3(l) + H_2O(l)$$

각 물질의 표준연소열(ΔH_c°)은 다음과 같다.

- $CH_3COOH(l)$의 $\Delta \hat{H}_c^\circ = -203.34$ kcal/mol
- $C_2H_5OH(l)$의 $\Delta \hat{H}_c^\circ = -326.7$ kcal/mol
- $C_2H_5COOCH_3(l)$의 $\Delta \hat{H}_c^\circ = -538.76$ kcal/mol

풀이

$$\begin{aligned}\Delta H_r^\circ &= \sum\left(n\Delta \hat{H}_c^\circ\right)_{\text{반응물}} - \sum\left(n\Delta \hat{H}_c^\circ\right)_{\text{생성물}} \\ &= (-203.34 \text{ kcal/mol}) \times 1 \text{ mol} + (-326.7 \text{ kcal/mol}) \times 1 \text{ mol} \\ &\quad - (-538.76 \text{ kcal/mol}) \times 1 \text{ mol} \\ &= 8.72 \text{ kcal}\end{aligned}$$

$C_2H_5COOCH_3(l)$ 1 mol이 생성되는 데에는 8.72 kcal의 흡열이 필요하다.

앞의 예에서 보는 바와 같이 표준반응열과 표준연소열과의 관계는 다음과 같다.

$$\Delta H_r^\circ = \sum\left(n\Delta \hat{H}_c^\circ\right)_{\text{반응물}} - \sum\left(n\Delta \hat{H}_c^\circ\right)_{\text{생성물}}$$

이를 Hess의 법칙이라고 한다.

Hess의 법칙은 화학반응에서 반응열은 그 반응의 시작과 끝 상태만으로 결정되며, 도중의 경로에는 관계하지 않는다는 법칙이다.

기체 상태의 수소와 산소가 반응하여 수증기가 될 때 내놓는 에너지는 57.8 kcal이지만, 물이 될 때 내놓는 에너지는 68.3 kcal이다. 이렇게 10.5 kcal만큼 차이가 나는 것은 물이 수증기로 기화할 때 필요한 열인 기화열 또는 증발열 때문이며, 전체 반응에서 수소와 산소가 어떤 경로를 거치든 반응에 따르는 총 열량은 변함이 없다. 이 법칙은 나중에 에너지 보존법칙의 한 형태인 것으로 알려져 총 열량 보존법칙이라고도 한다. 이 Hess의 법칙을 이용하면 실제 일어나지 않는 반응에 대해서도 관여하는 에너지가 얼마인지를 계산할 수 있다. 또한, 반응열을 직접 측정하는 것이 곤란한 경우라도, 다른 화학반응식의 조합을 이용하여 그 반응열을 산출할 수 있다. 예컨대, $CH_4(g)$가 $C(s) + 2H_2(g) \rightarrow CH_4(g)$에 의하여 생성되었을 때의 생성열은 다음 3가지 연소반응식에 의하여 구할 수 있다. 표준연소열은 부록 A.8에 기술되어 있다.

$$C(s) + O_2(g) \rightarrow CO_2(g) \qquad -393.51 \text{ kJ/mol} \qquad (7.1)$$

$$H_2(g) + 1/2\ O_2(g) \rightarrow H_2O(l) \qquad -285.84 \text{ kJ/mol} \qquad (7.2)$$

$$CH_4(g) + 2O_2(g) \rightarrow CO_2(g) + 2H_2O(l) \qquad -890.4 \text{ kJ/mol} \qquad (7.3)$$

즉, (7.1)식 + (7.2)식×2 − (7.3)식에 의하여 $C(s) + 2H_2(g) \rightarrow CH_4(g)$의 생성식을 구할 수 있으며, 동시에 생성열(−74.79 kJ/mol)을 구할 수 있으며, 이는 부록 A.8에 있는 $CH_4(g)$의 표준생성열(−74.84 kJ/mol)과 유사하게 나타난다.

예제 7-26

다음의 조건에서 CH_4의 표준분해열은 얼마인가?

$CO_2(g)$의 $\Delta\hat{H}_f^\circ = -94$ kcal/mol (1)

$H_2O(l)$의 $\Delta\hat{H}_f^\circ = -68.3$ kcal/mol (2)

$CH_4(g)$의 $\Delta\hat{H}_c^\circ = -212.8$ kcal/mol (3)

풀이 CH_4의 분해반응은 생성반응의 역으로 다음과 같다.

$$CH_4(g) \rightarrow C(s) + 2H_2(g) \qquad (4)$$

(1)식에서 $CO_2(g)$의 생성반응은 다음과 같다.

$$C(s) + O_2(g) \rightarrow CO_2(g) \qquad \Delta\hat{H}_f^\circ = -94 \text{ kcal/mol} \qquad (1)'$$

(2)식에서 $H_2O(l)$의 생성반응은 다음과 같다.

$$H_2(g) + 1/2\ O_2(g) \rightarrow H_2O(l) \qquad \Delta\hat{H}_f^\circ = -68.3 \text{ kcal/mol} \qquad (2)'$$

(3)식에서 $CH_4(g)$의 연소반응은 다음과 같다.

$$CH_4(g) + 2O_2(g) \rightarrow CO_2(g) + 2H_2O(l) \qquad \Delta\hat{H}_c^\circ = -212.8 \text{ kcal/mol} \qquad (3)'$$

(1)′, (2)′, (3)′을 적절히 조합하여 (4)식을 만들어야 한다.

(1)′식 + (2)′식×2

$$\begin{array}{rll} & C(s) + O_2(g) \rightarrow CO_2(g) & \Delta\hat{H}_f^\circ = -94 \text{ kcal/mol} \\ + & 2H_2(g) + O_2(g) \rightarrow 2H_2O(l) & \Delta\hat{H}_f^\circ = -68.3 \text{ kcal/mol} \times 2 \\ \hline & 2H_2(g) + 2O_2(g) + C(s) \rightarrow CO_2(g) + 2H_2O(l) & -230.6 \text{ kcal} \qquad (5) \end{array}$$

(3)′식 − (5)식

$$
\begin{array}{lllr}
 & CH_4(g)+2O_2(g) \rightarrow CO_2(g)+2H_2O(l) & \Delta\hat{H}_f^\circ = -212.8\ \text{kcal/mol} & (3)' \\
- & 2H_2(g)+2O_2(g)+C(s) \rightarrow CO_2(g)+2H_2O(l) & -230.6\ \text{kcal} & (5) \\
\hline
 & CH_4(g) \rightarrow C(s)+2H_2(g) & +17.8\ \text{kcal} & (6)
\end{array}
$$

그러므로 표준분해열은 +17.8 kcal이다.

참조

분해열(heat of decomposition, H_d)

분해열은 물질이 보다 작은 물질로 분해될 때 관여하는 에너지를 말한다. 분해열이 클수록 물질을 분해하기 어렵다. 분해열은 표준생성열로부터 구할 수 있으며, 분해열과 생성열은 부호가 반대다.

예제 7-27

90%의 탄소와 10%의 불연소 물질을 함유하고 있는 석탄 5 g을 태워서 2 L의 물을 15℃ 증가시켰다. 탄소의 연소열(kcal/mol)을 구하라. 단, 물의 밀도는 1 g/cm^{3}이고, 비열은 1 cal/g · ℃이다.

풀이 문제의 개념도를 먼저 그린다.

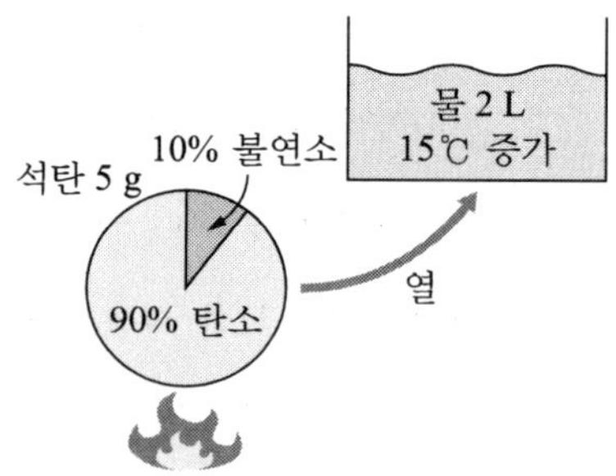

연소과정에서 방출된 열은 다음과 같다.

$$\frac{1\ \text{cal}}{\text{g}\cdot{}^\circ\text{C}} \times 2\ \text{L 물} \times \frac{1\ \text{g}}{\text{cm}^3} \times \frac{1{,}000\ \text{cm}^3}{1\ \text{L}} \times 15^\circ\text{C} \times \frac{1\ \text{kcal}}{1{,}000\ \text{cal}} = 30\ \text{kcal}$$

$$\frac{30\ \text{kcal}}{5\ \text{g 석탄}} \times \frac{1\ \text{g 석탄}}{0.9\ \text{g C}} \times \frac{12\ \text{g C}}{1\ \text{mol C}} = 80\ \text{kcal/mol}$$

예제 7-28

0.6 g의 나프탈렌($C_{10}H_8$)이 봄베 열량계에서 연소되었고, 이 때 온도의 증가는 2.5℃였다. 1 g의 미지시료가 동일한 열량계에서 연소되었을 때, 온도 증가는 2℃였다. 나프탈렌의 연소열이 1,228 kcal/mol이라고 할 때, 이 열량계의 열용량(cal/℃)을 계산하고, 미지시료의 연소열(kcal/g)을 계산하라.

풀이 문제의 개념도를 먼저 그린다.

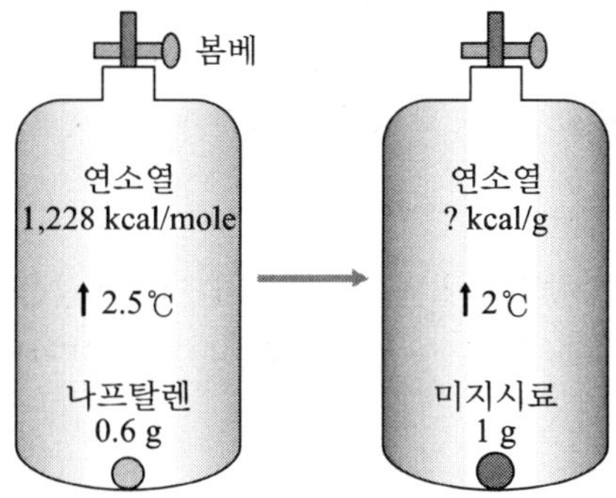

나프탈렌에서 방출된 열은

$$\frac{1{,}228\ \text{kcal}}{\text{mol}\ C_{10}H_8}\ \Big|\ \frac{0.6\ \text{g}\ C_{10}H_8}{}\ \Big|\ \frac{1\ \text{mol}\ C_{10}H_8}{128\ \text{g}\ C_{10}H_8} = 5.75\ \text{kcal}$$

그러므로 이 열량계의 열용량은 다음과 같다.

$$5.75\ \text{kcal}/2.5℃ = 2.3\ \text{kcal}/℃$$

또한 미지시료의 연소열은 다음과 같다.

$$\frac{2.3\ \text{kcal}}{℃}\ \Big|\ \frac{2℃}{1\ \text{g}} = 4.6\ \text{kcal/g}$$

석탄이나 석유와 같은 연료의 경우, 표준연소열의 마이너스 값을 연료의 발열량(calorific value, heating value, HV)이라고 한다. 발열량이란 다른 용어로 '열가'라고도 하며, 연료가 완전히 연소될 때 발생하는 열량을 의미한다.

발열량은 크게 고발열량(higher (net) heating value, HHV)과 저발열량(lower (net) heating value, LHV)이 있다.

① **고발열량**

고발열량은 총발열량(total heating value, gross heating value)이라고도 하며, 연소 생성물인 $H_2O(l)$를 기준으로 한 발열량으로, 연소 시 생성되는 물은 전부 응축되어 액체 상태로 존재한다. 즉, 연소가스 중 수증기가 응축잠열을 포함한 열량을 말한다.

② **저발열량**

저발열량은 순발열량(net heating value)이라고도 하며, 연소 생성물인 $H_2O(g)$를 기준으로 한 발열량으로, 연소 시 생성되는 물은 전부 기체 상태로 존재한다. 즉, 총발열량에서 응축잠열을 뺀 값으로 수증기가 기상으로 된 열량을 말한다.

③ **계산**

연료의 고발열량으로부터 저발열량을 계산할 수 있다. 또한, 저발열량을 계산한 다음 물의 양을 계산하여 고발열량을 계산할 수도 있다.

참조

응축잠열(latent heat of condensing)

수증기 또는 그 외의 가스·증기가 열을 받아 액체가 되는 것을 응축이라고 하며, 이때 받는 열량을 그 물질의 응축잠열이라고 한다. 즉, 온도의 변화가 없는 상태에서 물질의 상을 기체상에서 액체상으로 변화시키는 데 필요한 열이 응축잠열이다. 예를 들면, 100℃의 수증기를 100℃의 물로 변화시키는 데 필요한 열이 응축잠열이다. 물의 응축잠열은 539 cal/g이다.

융해잠열(latent heat of fusion)

온도를 바꾸지 않은 상태에서 1 g의 고체를 융해하여 액체로 바꾸는 데 소요되는 열에너지이다. 녹는점에서 고체 물질 1 g을 융해시키는 데 필요한 열에너지로 분자 사이의 인력이 강할수록 큰 값을 갖는다. 즉, 융해하고 있는 고체가 1 g당 외부로부터 빼앗는 열에 해당하며, 액체가 고체로 응고할 때는 이것과 같은 양의 열에너지가 외부로 방출된다. 물질마다 정해진 고유 값으로서 상수 중 하나이다.

예를 들면, 0℃의 얼음이 녹아 0℃의 물이 되는 과정을 융해라 하는데, 얼음이 융해하기 시작하는 온도를 융해점이라 하고 물의 경우에는 0℃가 된다. 또 융해점에서 단위질량의 얼음이 융해해야 같은 온도의 액체로 되는데 이때 필요한 열량이 융해열이다. 얼음의 융해열은 약 80 cal/g이다.

예제 7-29

다음 경우에 평형 온도를 계산하라. 단, 물의 비중은 1이고, 물의 증발잠열은 539 kcal/kg, 얼음의 융해잠열은 80 cal/g, 물의 비열은 1 cal/g·℃

(1) 0℃의 얼음 10 g과 50℃ 물 10 g을 혼합했을 때

(2) 0℃의 얼음 10 g과 60℃ 물 30 g을 혼합했을 때

풀이 문제에 대한 개념도를 그린다.

(1)

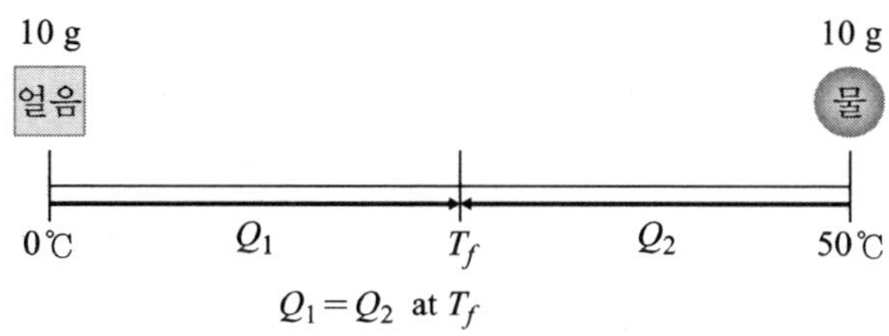

얼음을 녹이는 데 필요한 열은

$$\frac{80\ \text{cal}}{\text{g}} \bigg| \ 10\ \text{g} = 800\ \text{cal}$$

50℃ 물 10 g을 0℃로 낮출 때 방출되는 열은

$$\frac{1\ \text{cal}}{\text{g}\cdot℃} \bigg| \ 10\ \text{g} \ \bigg| \ 50℃ = 500\ \text{cal}$$

10 g 얼음을 녹이는데 필요한 열
> 50℃ 물 10 g을 0℃로 낮출 때 방출되는 열

얼음을 녹이는데 필요한 열이 부족하므로, 모든 얼음이 녹지는 않는다. 그러므로 최종 온도는 0℃로 나타난다.

(2)

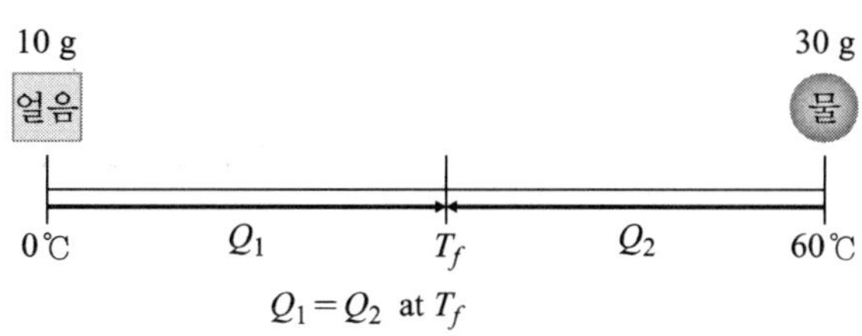

10 g 얼음을 녹이는 데 필요한 열은

$$\frac{80\ \text{cal}}{\text{g}} \bigg| \ 10\ \text{g} = 800\ \text{cal}$$

60℃ 물 30 g을 0℃로 낮출 때 방출되는 열은

1 cal	30 g	60℃
g · ℃		

= 1,800 cal

10 g 얼음을 녹이는 데 필요한 열

< 60℃ 물 30 g을 0℃로 낮출 때 방출되는 열

그러므로 최종적으로는 어느 온도 상태의 물이 될 것이다.
얼음이 녹아서 도달하는 온도와 물의 온도가 낮아져서 도달하는 온도가 동일할 것이다.
얼음이 녹아서 도달하는 물의 온도까지의 필요한 열(Q_1)

800 cal +

1 cal	10 g	$(T_f - 0)$℃
g · ℃		

= $800 + 10\,T_f$ cal

물의 온도가 낮아져서 도달하는 온도까지의 방출되는 열(Q_2)

1 cal	30 g	$(60 - T_f)$ ℃
g · ℃		

= $1{,}800 - 30\,T_f$ cal

$$1{,}800 - 30\,T_f \text{ cal} = 800 + 10\,T_f \text{ cal}$$

$$T_f = 25℃$$

예제 7-30

0℃ 얼음 20 g, 80℃ 물 50 g, 85℃ 알루미늄 10 g을 혼합하였을 때의 최종 온도는 몇 ℃인가? 단, 알루미늄의 비열은 0.22 cal/g · ℃이다.

풀이 문제에 대한 개념도를 먼저 그린다.

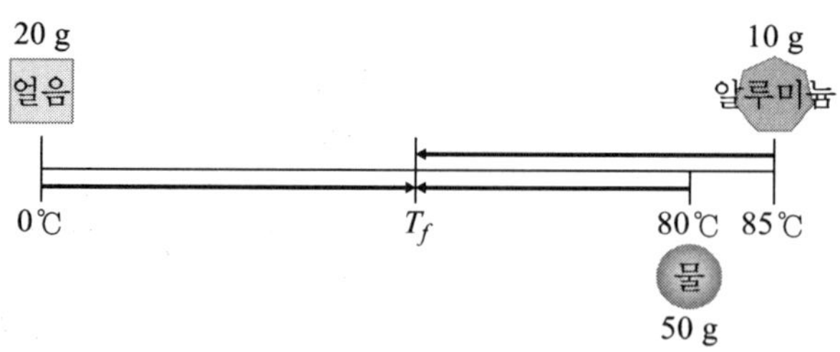

뜨거운 물이 방출하는 열

1 cal	50 g	$(80 - T_f)$ ℃
g · ℃		

= $(4{,}000 - 50\,T_f)$ cal

뜨거운 알루미늄이 방출하는 열

$$\frac{0.22\ \text{cal}}{\text{g}\cdot℃}\left|\ 10\ \text{g}\ \right|\ (85-T_f)\ ℃ = (187-2.2\,T_f)\ \text{cal}$$

얼음의 융해잠열

$$\frac{80\ \text{cal}}{\text{g}}\left|\ 20\ \text{g}\right. = 1{,}600\ \text{cal}$$

차가운 물이 받은 열

$$\frac{1\ \text{cal}}{\text{g}\cdot℃}\left|\ 20\ \text{g}\ \right|\ (T_f-0)℃ = 20\,T_f\ \text{cal}$$

물이 방출한 열 + 알루미늄이 방출한 열 = (얼음 + 물)이 받은 열

$4{,}000-50\,T_f+187-2.2\,T_f = 1{,}600+20\,T_f$

$72.2\,T_f=2{,}587$

$T_f=35.8℃$

저발열량과 고발열량은 다음과 같은 관계를 가진다.

$$\text{HHV} = \text{LHV} + n_{\text{H}_2\text{O}}\Delta\hat{H}_{vap}$$

여기서, $n_{\text{H}_2\text{O}}$는 생성된 물의 몰 수, $\Delta\hat{H}_{vap}$는 표준상태에서 물의 기화잠열이다. 표준상태에서 물의 기화잠열, $\Delta\hat{H}_{vap}$는 44.013 kJ/mol이다.

분석치가 복잡한 연료와 화합물의 발열량 계산은 경험적인 실험식을 이용할 수도 있다. 다음 실험식을 사용하면, 석탄의 발열량을 쉽게 계산할 수 있다.

석탄의 고발열량(HHV)

$$\text{HHV} = 14{,}544\text{C} + 62{,}028\left(\text{H}-\frac{\text{O}}{8}\right) + 4{,}050\text{S}\ \ [\text{Btu/lb}],\ 또는$$

$$\text{HHV} = 8{,}100\text{C} + 34{,}000\left(\text{H}-\frac{\text{O}}{8}\right) + 2{,}500\text{S}\ \ [\text{kcal/kg}]\ (\text{Steuer 식})$$

$$\text{HHV} = 8{,}100\text{C} + 34{,}450\left(\text{H}-\frac{\text{O}}{8}\right) + 2{,}240\text{S}\ \ [\text{kcal/kg}]\ (\text{Dulong 식})$$

$$HHV = 8,100\left(C - \frac{3O}{4}\right) + 34,250H + 2,250S + 5,700 \times \frac{3O}{4}$$

[kcal/kg] (Scheurer 식), (Kestner 식)

석탄의 저발열량(LHV)

$$LHV = HHV - 91.23 \times H\text{의 질량백분율}[\%]\ [Btu/lb],\ \text{또는}$$

$$LHV = HHV - 600(9H + W)\ [kcal/kg]$$

여기서, H는 연료 중 수소의 중량 백분율이고, W는 연료 중 수증기의 중량 백분율이다. 600은 물 1 kg의 증발열을 의미한다.

$\left(H - \frac{O}{8}\right)$는 [수소질량분율 − (1/8)산소질량분율 = 순수소질량분율]이라는 의미로서, 산소와 수소의 질량비가 8 : 1로 만나 물을 형성한다는 의미이다.

기체연료의 고발열량과 저발열량(kcal/Sm^3)

$$HHV = 3,035CO + 3,050H_2 + 9,530CH_4 + 15,280C_2H_4 + 24,370C_3H_8 + 32,010C_4H_{10}$$

$$LHV = HHV - 480(H_2) + 2(CH_4) + 2(C_2H_4)$$

예제 7-31

어느 도시 폐기물을 분석한 결과, 다음과 같은 자료를 얻었다. 이 폐기물의 고발열량(kcal/kg)을 구하시오.

원소분석결과 탄소 40%, 수소 20%, 황 10%, 산소 30%

풀이

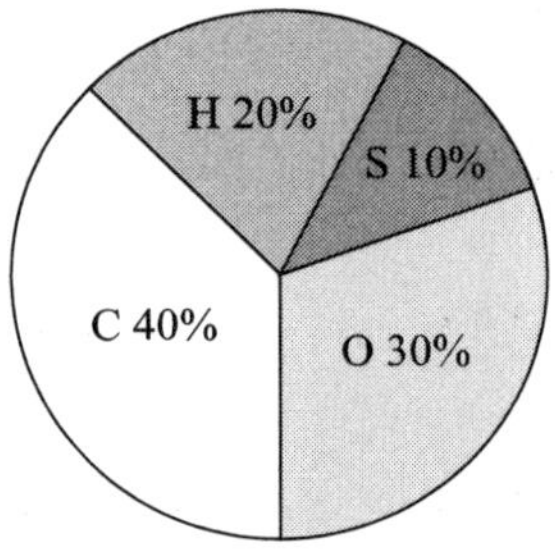

Dulong 공식에 대입하면

$$HHV = 8,100C + 34,450\left(H - \frac{O}{8}\right) + 2,240S\ [kcal/kg]\ (\text{Dulong 식})$$

$$\text{HHV} = 8{,}100 \times 0.4 + 34{,}450\left(0.2 - \frac{0.3}{8}\right) + 2{,}240 \times 0.1 = 9{,}062\ \text{kcal/kg}$$

예제 7-32

다음 물질의 1 mol당 연소열을 계산하시오.
(1) 다이아몬드
(2) 액상 벤젠

풀이 (1) $C(diamond) + O_2(g) \rightarrow CO_2(g)$

$$\begin{aligned}\Delta H_r^\circ &= \Delta\hat{H}_{f,CO_2(g)}^\circ \times 1\ \text{mol} - \Delta\hat{H}_{f,C(dia)}^\circ \times 1\ \text{mol} \\ &\quad - \Delta\hat{H}_{f,O_2(g)}^\circ \times 1\ \text{mol} \\ &= (-94.05\ \text{kcal/mol}) \times 1\ \text{mol} - (0.453\ \text{kcal/mol}) \times 1\ \text{mol} \\ &\quad - (0\ \text{kcal/mol}) \times 1\ \text{mol} \\ &= -94.5\ \text{kcal}\end{aligned}$$

이 반응에는 1 mol의 C(*diamond*)가 관여하므로 94.5 kcal/mol C가 방출된다.

(2) $C_6H_6(l) + 15/2\ O_2(g) \rightarrow 6CO_2(g) + 3H_2O(l)$

$$\begin{aligned}\Delta H_r^\circ &= \Delta\hat{H}_{f,CO_2(g)}^\circ \times 6\ \text{mol} + \Delta\hat{H}_{f,H_2O(l)}^\circ \times 3\ \text{mol} \\ &\quad - \Delta\hat{H}_{f,C_6H_6(l)}^\circ \times 1\ \text{mol} - \Delta\hat{H}_{f,O_2(g)}^\circ \times 15/2\ \text{mol} \\ &= (-94.05\ \text{kcal/mol}) \times 6\ \text{mol} - (68.32\ \text{kcal/mol}) \times 3\ \text{mol} \\ &\quad - (11.72\ \text{kcal/mol}) \times 1\ \text{mol} - (0\ \text{kcal/mol}) \times 15/2\ \text{mol} \\ &= -780.98\ \text{kcal}\end{aligned}$$

이 반응에는 1 mol의 $C_6H_6(l)$가 관여하므로 780.98 kcal/mol $C_6H_6(l)$가 방출된다.

예제 7-33

25℃에서 인의 표준상태는 백린(P_4)이다. 0℃의 물 500 g을 25℃까지 온도를 증가시키기에 충분한 열을 공급하기 위해서는 몇 g의 백린을 태워야 하는가? (단, 물의 비열은 1 cal/g·℃)
백린의 산화반응은 다음과 같다.

$$P_4(s) + 5O_2(g) \rightarrow 2P_2O_5(g)$$

풀이 문제에 대한 개념도를 먼저 그린다.

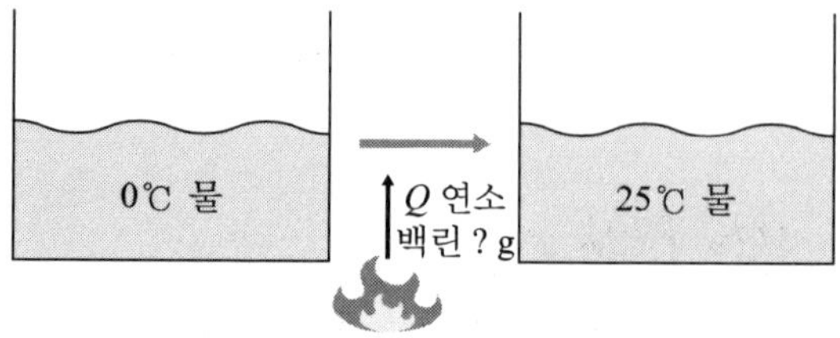

이 반응의 표준반응열, $\Delta H_r°$는

$$\begin{aligned}\Delta H_r° &= \Delta \hat{H}_{f,P_2O_5(g)}° \times 2\ \text{mol} - \Delta \hat{H}_{f,P_4(s)}° \times 1\ \text{mol} \\ &\quad - \Delta \hat{H}_{f,O_2(g)}° \times 5\ \text{mol} \\ &= (-360.0\ \text{kcal/mol}) \times 2\ \text{mol} - (0\ \text{kcal/mol}) \times 1\ \text{mol} \\ &\quad - (0\ \text{kcal/mol}) \times 5\ \text{mol} \\ &= -720.0\ \text{kcal}\end{aligned}$$

P_4의 연소열은 720.0 kcal이다. 즉, 1 mol의 P_4가 연소될 때 720 kcal의 열을 발생한다. 그러므로 물을 가열하는 데 필요한 백린의 양은 다음과 같다. 여기서 반드시 알아야 할 것은 물의 비열이다. 물의 비열은 1 cal/g · ℃로서 물 1 g을 1℃ 증가시키는 데 1 cal가 필요하다는 의미이다.

500 g H_2O	25℃	1 cal	1 kcal	1 mol P_4	123.8950 g P_4	= 2.15 g P_4
		1 g H_2O · 1℃	1,000 cal	720 kcal	1 mol P_4	

참조 **백린(white phosphorus)**

백린(白燐, white phosphorus, WP), 또는 황린(黃燐, yellow phosphorus, YP), 사인(四燐, Tetraphosphorus, P_4), 흰인은 인의 동소체로 연막, 예광탄, 조명탄, 특히 소이탄의 원료로 쓰인다. 백린을 사용한 소이탄은 맹렬하게 타오르며, 옷이나 연료, 탄약 등 가연성 물질에 옮겨 붙을 경우 치명적인 피해를 입히고 죽음에까지 이를 수 있다.

이런 가공할 파괴력뿐 아니라 백린은 효율적인 연기 생성 물질로, 극렬하게 타올라 즉각적으로 다량의 연기를 만든다. 그러므로 보병들의 연막탄만큼이나 백린 연기탄은 흔하며, 전차와 같은 무장 차량 또는 박격포를 이용해 발사한다. 그 외에도 미사일에 쓰이는 백린은 파편 상태로 불타면서 미사일의 파괴력을 높인다.

백린은 투명한 왁스질 고체로, 빛을 쬐면 빠르게 노랗게 변색된다. 황린이라고도 하는 이유가 이것이다. 어두운 데 두면 녹색을 띠며, 공기와 접촉했을 때는 가연성과 자연발화성이 매우 크고 독성도 있다. 이 독 때문에 섭취시 간 손상이 일어나며, 만성적으로 노출되었을 경우 인산 괴사에까지 이를 수 있다. 불타면서 마늘 냄새 같은 특이한 악취가 나며, 백린은 보통 하얀 오산화인(P_2O_5 또는 P_4O_{10})으로 코팅이 되어 있다. 백린은 물에 매우 조금 녹기 때문에 물속에 보관할 수 있다. 실제로 백린의 자연 발화를 막는 방법은 물속에 넣어두는 것 밖에 없다. 반면, 벤젠, 기름, 이황화탄소, 이염화이황에는 잘 녹는다.

예제 7-34

아세톤(CH_3COCH_3)을 초산(CH_3COOH)으로 산화시키는 표준반응열을 구하시오. 단, 25℃에서 아세톤의 연소열은 −427 kcal/mol이고, 초산의 연소열은 −209 kcal/mol이다. 또한, 액상의 물이 기상이 되는 데 $\Delta \hat{H}_{vapor(H_2O)}$ = 10.52 kcal/mol이고, 표준생성열 표를 이용하지 말고 이 문제를 해결하라.

$$CH_3COCH_3(l) + 2O_2(g) \rightarrow CH_3COOH(l) + CO_2(g) + H_2O(g)$$

풀이

(1) $CH_3COCH_3(l) + 4O_2(g) \rightarrow 3CO_2(g) + 3H_2O(l)$
$\Delta H° = -427$ kcal/mol

(2) $CH_3COOH(l) + 2O_2(g) \rightarrow 2CO_2(g) + 2H_2O(l)$
$\Delta H° = -209$ kcal/mol

(3) $H_2O(l) \rightarrow H_2O(g)$
$\Delta H° = +10.52$ kcal/mol

(1)식−(2)식+3(식)을 하면, 문제에서 제시하는 반응을 얻을 수 있다.

$$\Delta H° = \Delta H_{(1)}° - \Delta H_{(2)}° + \Delta H_{(3)}° = -207.48 \text{ kcal/mol}$$

(4) 정압 반응열과 정용 반응열의 차이

정압 반응열과 정용 반응열은 각각의 조건에 달라짐에 따라 다른 값을 나타낸다. 정용 반응열은 정용과정(일정한 부피)에서 측정한 반응열으로서, 폐쇄계의 딱딱한 용기 내에서 측정되므로 압력의 변화는 발생해도 부피의 변화는 없다. 이 조건에서는 부피의 변화가 없고 일도 없다. 열역학 제1법칙에서 보면,

$$\Delta E_P + \Delta E_K + \Delta U = Q + W$$

위치에너지의 변화와 운동에너지의 변화가 없고 일이 없는 상태라면,

$$\Delta U = Q = Q_v$$

여기서, Q_v는 정용 반응열이다.

정압 반응열은 대기압에 노출되어 있거나 외부 압력이 일정하게 유지되는 조건에서

측정한 반응열으로서, 압력은 일정하나 부피는 변화하는 상태이다. 그러므로 열이 가해짐으로서 일을 하거나 받는 상태가 된다. 이를 열역학 제1법칙에 적용해 보면,

$$\Delta E_P + \Delta E_K + \Delta U = Q + W$$

위치에너지의 변화와 운동에너지의 변화는 없으나 외부로 일을 하는 상태($-W$)이므로

$$Q = Q_p = \Delta U + W$$

이 상태의 일은 정압상태($\Delta P = 0$)의 일이므로 $W = P\Delta V + V\Delta P = P\Delta V$

$$Q_p = \Delta U + P\Delta V = \Delta H$$

일반적으로 말하는 반응열(ΔH)은 정압 반응열이다. 그러므로 정압 반응열과 정용 반응열의 차이($Q_p - Q_v$)는 다음과 같다.

$$Q_p - Q_v = \Delta H - \Delta U = (\Delta U + P\Delta V) - \Delta U = P\Delta V$$

정압상태에서 이상기체 방정식은 다음과 같이 표현된다.

$$P\Delta V = \Delta nRT$$

그러므로

$$Q_p - Q_v = P\Delta V = \Delta nRT$$

여기서, Δn은 생성물의 mol수와 반응물의 mol수 차이이며, 이 식은 기체에 관한 식이므로 액체나 고체의 mol수는 무시한다.

예제 7-35

25℃의 다음 반응에서 정압 반응열과 정용 반응열의 차를 구하시오.

$$CH_4(g) + 2O_2(g) \rightarrow CO_2(g) + 2H_2O(l)$$

풀이 $H_2O(l)$은 액체이므로 Δn의 계산에 포함하지 않는다.

$$\Delta n = 1 - (1 + 2) = -2$$

$$Q_p - Q_v = \Delta nRT$$

$$= (-2\ \text{mol})(1.987\ \text{cal/gmol}\cdot\text{K})(298\ \text{K}) = -1{,}184\ \text{cal}$$

$$= -1.184\ \text{kcal}$$

Chapter 7 연습문제

01 1,000 kg의 물이 평균속도 3 m/s로 흐르고 있다. 이 물의 유속을 10 m/s로 변화시켰을 때, 운동에너지의 변화를 Btu 단위로 표시하시오.

02 양수발전소에서 1,000 kg의 물을 펌핑하여 400 m 위의 발전기로 퍼올리려고 한다. 이 때, 위치에너지의 변화를 Btu 단위로 계산하라.

03 다음 공정에서, 물질의 열용량과 비열을 계산하라.

(1) Cu(s, 50℃) → Cu(s, 25℃), $\Delta H = -148$ cal/mol

(2) CCl_4(l, 0℃) → CCl_4(l, 50℃), $\Delta H = 1{,}546$ cal/mol

04 정압공정에서 공기 5 kg을 50℃에서 10℃로 냉각시킬 때 발생되는 내부에너지의 변화는 얼마인가? 단, 이 온도 범위에서 공기의 정압 열용량, C_P는 2.913×10^4 J/kgmol · ℃

05 10 m 위의 절벽에 1 g의 쇠구슬이 놓여 있다. 만약 쇠구슬이 자유낙하하여 물에 떨어져 모두 열로 변화했다고 가정할 때, 2℃만큼 상승을 위해 필요한 물의 양(cm^3)은? 단, 마찰에 의한 열손실은 없고, 물의 비열은 1 cal/g · ℃이고, 물의 밀도는 1 g/cm^3이다.

06 깊이 50 m의 우물물을 퍼 올려 지상 10 m의 수조에 저장하고자 한다. 물의 온도는 항상 일정하고 파이프 내의 마찰을 무시할 때, 이 경우 몇 마력의 펌프가 필요한가? 단, 펌프의 종합 효율은 80%이다.

07 1기압에서 물 1 mol을 0℃에서 100℃까지 가열하였다. 이 가열로 인한 팽창일은 몇 atm · cm^3인가? (단, 0℃에서 물의 밀도는 0.999 g/cm^3이고 100℃에서 물의 밀도는 0.958 g/cm^3이다.)

08 순환펌프를 이용하여 용량이 매우 큰 하부 저장탱크에서 10 m 상부에 있는 저장탱크로 물을 운반하고자 한다. 이 때 사용하는 관의 내경은 8 cm이고, 유량은 30 m^3/h이다. 전체 계의 마찰손실과 국부적 손실수두를 합하니 4 mH_2O로 측정되었다. 이 물을 끌어 올릴 수 있는 펌프의 압력(N/m^2)을 구하고, 펌프와 모터의 전달효율이 각각 80%일 때, 실제 모터의 동력(hp)을 구하라.

09 그림과 같이 저수지 하부의 수문(폭 1 ft)을 통해 물이 배출되고 있다. 하부에 배출되는 물의 유속(ft/s)과 유량(ft^3/s)은? 단, 저수지의 물의 양은 변화가 없다.

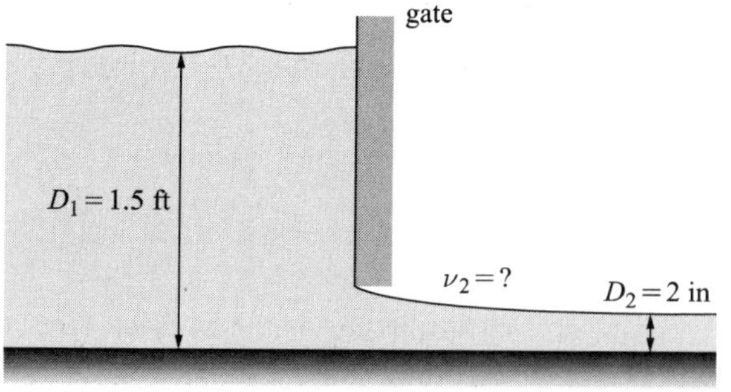

10 NH_3가 O_2와 반응하는 다음의 반응에서 표준반응열(kJ)을 계산하라.

$$4NH_3(g) + 5O_2(g) \rightarrow 4NO(g) + 6H_2O(g)$$

단, 각 화합물의 표준생성엔탈피는 다음과 같다.

$NH_3(g)$ $\Delta \widehat{H}_f^\circ = -46.191$ kJ/mol

$O_2(g)$ $\Delta \widehat{H}_f^\circ = 0$ kJ/mol

$NO(g)$ $\Delta \widehat{H}_f^\circ = +90.374$ kJ/mol

$H_2O(g)$ $\Delta \widehat{H}_f^\circ = -241.826$ kJ/mol

11 다음 공정들에 대한 표준반응열(kcal)을 계산하시오. 단, 표 7.1에 있는 표준생성엔탈피 자료를 이용하시오.

(1) $2Al(s) + 3/2\ O_2(g) \rightarrow Al_2O_3(s)$

(2) $3Fe(s) + 2O_2(g) \rightarrow Fe_3O_4(s)$

12 다음 반응의 표준반응열(kJ)을 계산하라. 또한, 이 반응은 발열반응인가? 흡열반응인가?

$$4NH_3(g) + 5O_2(g) \rightarrow 4NO(g) + 6H_2O(g)$$

화합물	$NH_3(g)$	$NO(g)$	$H_2O(g)$	$O_2(g)$
$\Delta \widehat{H}_f^\circ$ (kJ/mol)	−46.191	90.374	−241.826	0

13 다음과 같은 반응 공정에서, 발생되는 $Fe(s)$ g당 얼마의 열(kcal)이 방출되는가?

$$2Al(s) + Fe_2O_3(s) \rightarrow Al_2O_3(s) + 2Fe(s)$$

14 다음 조건을 이용해서 butane(C_4H_{10})의 생성열(kcal)을 계산하시오.

C의 표준연소열($\Delta \widehat{H}_c^\circ$) = −94 kcal/mol

H_2의 표준연소열($\Delta \widehat{H}_c^\circ$) = −68 kcal/mol

C_4H_{10}의 표준연소열($\Delta \widehat{H}_c^\circ$) = −688 kcal/mol

15 사방황 0.4 g이 연소될 때 열이 방출되는데, 이 열을 이용하여 50 g 물을 18℃ 증가시킬 수 있다. 이 황의 연소열(kcal/mol)을 계산하라. 단, 물의 비열은 1 cal/g · ℃이다.

16 1 g의 금속 마그네슘이 열량계 안에서 태워졌다. 이 열량계는 100 cal/℃에 해당하며, 열량을 측정하기 위해 25℃, 500 g의 물이 첨가되어 있다. 최종 온도가 40℃일 때 마그네슘의 연소열(kcal/mol)을 계산하라. 단, 물의 비열은 1 cal/g · ℃이다.

17 1 atm에서, 물 1 L가 0℃에서 출발하여 200℃의 수증기로 변화할 때의 엔탈피 변화(kcal)는? 단, 물의 비중은 1이고, 물의 증발잠열은 539 kcal/kg, 물의 비열은 1 kcal/kg · ℃, 수증기의 정압비열은 0.46 kcal/kg · ℃이다.

18 30℃ 물 150 g, 0℃ 얼음 25 g, 100℃ 납 100 g이 혼합되었을 때, 최종 온도는 몇 ℃인가? 단, 납의 비열은 0.031 cal/g · ℃이다.

19 −5℃ 얼음 50 mol이 녹아 25℃ 물이 될 때 필요한 열(kcal)은? 단, 얼음의 비열은 0.492 cal/g · ℃이다.

20 석탄의 조성이 다음과 같을 때, 고발열량은 29,770 kJ/kg이었다. 이 경우 저발열량(kJ/kg)을 계산하라. 단, 25℃에서 물의 기화잠열은 $\Delta \widehat{H}_v°$는 44.013 kJ/mol이고, 기화잠열은 정용발열량이므로 이를 정압발열량으로 전환하기 위해서는 −70 kJ/kg을 해야 하는 것으로 가정한다.

성 분	함유량(%)
C	71.0
H_2	5.6
N_2	1.6
S	2.7
회분	6.1
O_2	13.0
합 계	100.0

21 다음 물질의 1 mol당 연소열(kcal)을 계산하시오.

(1) 가스상 에탄

(2) 금속 마그네슘

22 $H_2O(l)$의 표준생성열은 −285 kJ/mol이고, 25℃, 1기압에서 $H_2O(l)$의 기화열은 44 kJ/mol이다. 위 자료를 이용할 때, $H_2O(g)$의 표준생성열은 몇 kJ/mol인가?

23 다음의 반응이 25℃에서 발생할 때, 정압 반응열과 정용 반응열의 차이(cal)는 얼마인지 구하시오.

$$CO(g) + 0.5O_2(g) \rightarrow CO_2(g)$$

참고문헌

Himmelblau, D. D. and Riggs, J. B., Basic principles and calculations in chemical engineering, Pearson, 2012.

http://www.wikipedia.com, 2015.

http://www.wikipedia.com, 2016.

Kunz, R. G., Environmental calculations : a multimedia approach, John Wiley & Sons, 2009.

Perry, R. H., Perry's Chemical Engineer's Handbook, Perry, 8th ed., R. H. and Green, D. W. (Eds), McGraw Hill, 2008.

Appendix

부 록

A.1 연습문제 풀이

Chapter 1 연습문제

1. (1) 4개(2, 0, 0, 5) (2) 5개(2, 0, 0, 5, 0) (3) 4개(2, 3, 5, 0)
2. (1) 6.8×10^{-3} (2) 1.23401×10^{6}
3. (1) 5.327 (2) −11.352
4. 13.002
5. 7.517

Chapter 2 연습문제

1. 3.28 ft
2. 45.4 kg, 1,600 oz
3. 0.28 day
4. −6.7℃, 266.3 K, 480 °R
5. −40℃일 때 −40°F
6. (1) $M=249.5$ (2) $M=72$ (3) $M=310$
7. 0.684 lbmol NaCl
8. (1) 4.546 mol O (2) 2.273 mol O_2
   (3) 72.7 g O_2 (4) 1.37×10^{24}개 분자
9. (1) 178.6 mol N_2 (2) 9.01 mmol $CaCl_2$
10. (1) 1.254×10^{27}개 원자 (2) 1.28×10^{15}개 원자

Chapter 3 연습문제

1. 1.5897 m^3
2. 32.15 ft/s^2
3. 114.8 lb/ft^3
4. (1) 1.1 kg (2) 0.091 L
5. 6.6 poise
6. 0.003 kg/m · s

7. 0.015 dyn · s/cm^2
8. 67.86 kg_f
9. 321 inH_2O
10. 8,000 kg_f/m^2
11. 80 kPa, 11.6 psi
12. 266.58 Pa
13. 51.3 kPa
14. 101.3 J
15. 59.5 cal
16. 980 N · m, 44.3 m/s
17. 201°F
18. 0.074 hp

Chapter 4 연습문제

1. 2.773 mL 진한 황산용액
2. 32.4 wt%, 4.86 g Na
3. C 49.49 wt%, H 5.15 wt%, O 16.49 wt%, N 28.87 wt%
4. 55.9 wt%
5. 29.8%
6. 22.5 g 에탄올
7. 15.6 vol% 혼합주
8. 1 mg/kg = 1 ppm이 된다.
9. 10,000 ppm
10. 10 gmol 또는 mol, 0.01 kgmol, 0.021 lbmol
11. 3.15 g 유기화합물
12. 원자량이 65.38인 원소는 Zn이다.
13. P : Cl = 2 : 6이므로 P_2Cl_6, 분자량은 275
14. 에탄올 중량 분율 = 789/1,787 = 0.442, 물 중량 분율 = 998/1,787 = 0.558
    에탄올 몰 분율 = 17.1/72.5 = 0.236, 물 몰 분율 = 55.4/72.5 = 0.764
15. (1) 26 kg A (2) 8.0 lb A/h (3) 200 mol B/min
    (4) 140 kmol 용액/s (5) 2,000 lb 용액
16. (1) 28.84 g/mol (2) 28.84 g/mol

17. 0.75 M NaOH 용액
18. 2.85 mL 황산을 취해서 500 mL로 희석하면 된다.
19. 0.98 g H_2SO_4
20. 6.5 g H_3PO_4
21. 0.2 eq Mg, 1.4 eq Al, 0.33 eq K, 4 eq C, 0.1 eq Ca

Chapter 5 연습문제

1. 1,002.14 Torr
2. 2.23 g
3. 0.539 L, 증기의 분자식은 Hg_2Cl_2이다.
4. 2.37 atm
5. −90.6℃
6. $M_A = 70$ g/mol, $M_B = 42$ g/mol
7. 57.1 g/mol
8. 암모니아 가스가 있는 끝 부분에서 297.2 cm 떨어진 거리에서 만난다.
9. 질소 = 543.4 mmHg, 산소 = 125.4 mmHg, 이산화탄소 = 167.2 mmHg
10. 34.4 g/mol
11. 평균속도는 3.5, 실효속도는 3.89

Chapter 6 연습문제

1. 79.9 %
2. $m_2 = 14.5$ kg/s, $m_3 = 24.5$ kg/s
3. 혼합용액은 소금(NaCl) 53 wt% 용액 150 kg이다.
4. $N_3 = \dfrac{V_1 \cdot N_1 + V_2 \cdot N_2}{V_3} = \dfrac{V_1 \cdot N_1 + V_2 \cdot N_2}{V_1 + V_2}$

   pH A_3는 $-\log(N_3)$
5. CO_2 흡수효율 $= \dfrac{66.67 \text{ mol}}{80 \text{ mol}} \times 100 = 83.3\ \%$
6. 928.6원/kg
7. $t = 10$ h

Chapter 7 연습문제

1. 23.15 Btu
2. 3,703 Btu
3. (1) 5.92 cal/℃, 0.0932 cal/g · ℃ (2) 30.92 cal/℃, 0.201 cal/g · ℃
4. -2.01×10^5 J
5. 11.67 cm^3 물
6. 2.75 hp
7. 0.77 atm · cm^3
8. 138.6 N/m^2, 1.94 hp
9. 9.27 ft/s, 1.55 ft^3/s
10. -904.696 kJ
11. (1) -399.09 kcal (2) -267.0 kcal
12. -904.696 kJ, 이 반응은 $\Delta H_r°$가 $(-)$이므로 발열반응이다.
13. 1.814 kcal/g Fe(s)
14. -28 kcal, butane(C_4H_{10}) 1 mol이 생성되는 데에는 28 kcal의 열이 발생한다.
15. 72 kcal/mol
16. 218.7 kcal/mol
17. 685 kcal
18. $T_f = 15.8$℃
19. 96.714 kcal
20. 28,571 kJ/kg
21. (1) -372.82 kcal (2) -143.8 kcal
22. $\Delta \hat{H}_f° = -241$ kJ/mol
23. $Q_p - Q_v = -296.063$ cal

A.2 그리스 문자

이 름	문 자
Alpha	Α α
Beta	Β β
Gamma	Γ γ
Delta	Δ δ
Epsilon	Ε ε
Zeta	Ζ ζ
Eta	Η η
Theta	Θ θ
Iota	Ι ι
Kappa	Κ κ
Lambda	Λ λ
Mu	Μ μ
Nu	Ν ν
Xi	Ξ ξ
Omicron	Ο ο
Pi	Π π
Rho	Ρ ρ
Sigma	Σ σ
Tau	Τ τ
Upsilon	Υ υ
Phi	Φ φ
Chi	Χ χ
Psi	Ψ ψ
Omega	Ω ω

A.3a 수에 대한 실용접두어

수	호 칭	수	호 칭
1	모노(유니) mono-(uni-)	28	옥타코사 octacosa-
2	디(비) di-(bi-), bis-*	29	노나코사 nonacosa-
3	트리(테르) tri-(ter-), tris-*	30	트리아콘타 triaconta-
4	테트라(쿼어터) tetra-(quater-)	31	헨트리아콘타 hentriaconta-
5	펜타(퀸퀴) penta-(quinque-)	32	도트리아콘타 dotriaconta-
6	헥사(섹시) hexa-(sexi-)	33	트리트리아콘타 tritriaconta-
7	헵타(셉티) hepta-(septi-)	34	테트라트리아콘타 tetratriaconta-
8	옥타(옥티) octa-(octi-)	35	펜타트리아콘타 pentatriaconta-
9	엔네아(노나, 노비) ennea-(nona-, novi-)	36	헥사트리아콘타 hexatriaconta-
10	데카(데시) deca-(deci-)	37	헵타트리아콘타 heptatriaconta-
11	헨데카(운데카) hendeca-(undeca-)	38	옥타트리아콘타 octatriaconta-
12	도데카 dodeca-	39	노나트리아콘타 nonatriaconta-
13	트리데카 trideca-	40	테트라콘타 tetraconta-
14	테트라데카 tetradeca-	41	헨테트라콘타 hentetraconta-
15	펜타데카 pentadeca-	42	도테트라콘타 dotetraconta-
16	헥사데카 hexadeca-	43	트리테트라콘타 tritetraconta-
17	헵타데카 heptadeca-	44	테트라테트라콘타 tetratetraconta-
18	옥타데카 octadeca-	45	펜타테트라콘타 pentatetraconta-
19	노나데카 nonadeca-	46	헥사테트라콘타 hexatetraconta-
20	에이코사 eicosa-	47	헵타테트라콘타 heptatetraconta-
21	헨에이코사 heneicosa-	48	옥타테트라콘타 octatetraconta-
22	도코사 docosa-	49	노나테트라콘타 nonatetraconta-
23	트리코사 tricosa-	50	펜타콘타 pentaconta-
24	테트라코사 tetracosa-	60	헥사콘타 hexaconta-
25	펜타코사 pentacosa-	100	헥타 hecta-
26	헥사코사 hexacosa-	1/2	헤미(세미) hemi-(semi-)
27	헵타코사 heptacosa-	3/2	(세스퀴) (sesqui-)

A.3b 수에 대한 실용접두어

수	호 칭	기 호	호 칭
10^{-18}	애토 atto-	a	-
10^{-15}	펨토 femto-	f	-
10^{-12}	피코 pico-	p	-
10^{-9}	나노 nano-	n	-
10^{-6}	마이크로 micro-	μ	미
10^{-5}	센티밀리 centi-milli-	cm	홀
10^{-4}	데시밀리 deci-milli-	dm	사(絲)
10^{-3}	밀리 milli-	m	모(毛)
10^{-2}	센티 centi-	c	리
10^{-1}	데시 deci-	d	분(分)
1	모노 mono-		one (1)
10	데카 deca-	D 또는 da	ten (10)
10^{2}	헥토 hecto-	h	hundred (100)
10^{3}	킬로 kilo-	k	thousand (1000)
10^{4}	미리아 myria-	ma	ten-thousand (10000)
10^{5}	헥토킬로 hecto-kilo-	hk	hundred-thousand (10만)
10^{6}	메가 mega-	M	million (100만)
10^{9}	기가 giga-	G	billion (10억)
10^{12}	테라 tera-	T	trillion (1조)
10^{15}	페타 peta-	P	-
10^{18}	엑사 exa-	E	-

A.4 아라비아숫자와 로마숫자

1	2	3	4	5	6	7	8	9	10	11
I	II	III	IV	V	VI	VII	VIII	IX	X	XI
12	13	14	15	16	17	18	19	20	30	40
XII	XIII	XIV	XV	XVI	XVII	XVIII	XIX	XX	XXX	XL
50	60	70	80	90	100	200	300	400	500	1000
L	LX	LXX	LXXX	XC	C	CC	CCC	CD	D	M

A.5 국제원소명과 원자량표

($^{12}C = 12$)

원자번호	원소기호	영어명	국어명	원자량
1	H	hydrogen	수소	1.008
2	He	helium	헬륨	4.00260
3	Li	lithium	리튬	6.94
4	Be	beryllium	베릴륨	9.01218
5	B	boron	붕소	10.81
6	C	carbon	탄소	12.011
7	N	nitrogen	질소	14.0067
8	O	oxygen	산소	15.999
9	F	fluorine	플루오르	18.9984
10	Ne	neon	네온	20.17
11	Na	sodium	나트륨	22.9898
12	Mg	magnesium	마그네슘	24.305
13	Al	aluminium	알루미늄	26.9815
14	Si	silicon	규소	28.08
15	P	phosphorous	인	30.9738
16	S	sulfur	황	32.06
17	Cl	chlorine	염소	35.453
18	Ar	argon	아르곤	39.94
19	K	potassium	칼륨	39.10
20	Ca	calcium	칼슘	40.08
21	Sc	scandium	스칸듐	44.9559
22	Ti	titanium	티탄	47.9
23	V	vanadium	바나듐	50.941
24	Cr	chromium	크롬	51.996
25	Mn	manganese	망간	54.9380
26	Fe	iron	철	55.84
27	Co	cobalt	코발트	58.9332
28	Ni	nickel	니켈	58.7
29	Cu	copper	구리	63.54
30	Zn	zinc	아연	65.3

원자번호	원소기호	영어명	국어명	원자량
31	Ga	gallium	갈륨	69.72
32	Ge	germanium	게르마늄	72.5
33	As	arsenic	비소	74.9216
34	Se	selenium	셀렌	78.9
35	Br	bromine	브롬	79.904
36	Kr	krypton	크립톤	83.80
37	Rb	rubidium	루비듐	85.467
38	Sr	strontium	스트론튬	87.62
39	Y	yttrium	이트륨	88.9059
40	Zr	zirconium	지르코늄	91.22
41	Nb	niobium	니오브	92.9064
42	Mo	molybdenum	몰리브덴	95.9
43	Tc	technetium	테크네튬	98.9062
44	Ru	ruthenium	루테늄	101.0
45	Rh	rhodium	로듐	102.9055
46	Pd	palladium	팔라듐	106.4
47	Ag	silver	은	107.868
48	Cd	cadmium	카드뮴	112.40
49	In	indium	인듐	114.82
50	Sn	tin	주석	118.6
51	Sb	antimony	안티몬	121.7
52	Te	tellurium	텔루르	127.6
53	I	iodine	요오드	126.9045
54	Xe	xenon	크세논	131.30
55	Cs	cesium	세슘	132.9055
56	Ba	barium	바륨	137.3
57	La	lanthanum	란탄	138.905
58	Ce	cerium	세륨	140.12
59	Pr	praseodymium	프라세오디뮴	140.9077
60	Nd	neodymium	네오디뮴	144.2
61	Pm	promethium	프로메튬	
62	Sm	samarium	사마륨	150.4
63	Eu	europium	유로퓸	151.96
64	Gd	gadolinium	가돌리늄	157.2
65	Tb	terbium	테르븀	158.925
66	Dy	dysprosium	디스프로슘	162.5
67	Ho	holmium	홀뮴	164.9303

원자번호	원소기호	영어명	국어명	원자량
68	Er	erbium	에르븀	167.2
69	Tm	thulium	툴륨	168.9342
70	Yb	ytterbium	이테르븀	173.0
71	Lu	lutetium	루테튬	174.97
72	Hf	hafnium	하프늄	178.4
73	Ta	tantalum	탄탈	180.947
74	W	tungsten	텅스텐	183.8
75	Re	rhenium	레늄	186.2
76	Os	osmium	오스뮴	190.2
77	Ir	iridium	이리듐	192.2
78	Pt	platinum	백금	195.0
79	Au	gold	금	196.9665
80	Hg	mercury	수은	200.5
81	Tl	thallium	탈륨	204.3
82	Pb	lead	납	207.2
83	Bi	bismuth	비스무트	208.9806
84	Po	polonium	폴로늄	
85	At	astatine	아스타틴	
86	Rn	radon	라돈	
87	Fr	francium	프랑슘	
88	Ra	radium	라듐	226.0254
89	Ac	actinium	악티늄	
90	Th	thorium	토륨	232.0381
91	Pa	protactinium	프로트악티늄	231.0359
92	U	uranium	우라늄	238.029
93	Np	neptunium	넵투늄	237.0482
94	Pu	plutonium	플루토늄	
95	Am	americium	아메리슘	
96	Cm	curium	퀴륨	
97	Bk	berkelium	버클륨	
98	Cf	californium	칼리포르늄	
99	Es	einsteinium	아인시타이늄	
100	Fm	fermium	페르뮴	
101	Md	mendelevium	멘델레븀	
102	No	nobelium	노벨륨	
103	Lo(Lw)	lawrencium	로렌슘	

A.6 단위 환산표

1. 길 이

cm	in	촌(寸)	척(尺)	ft	yd	m
1	0.3937	0.33	0.033	0.032808	0.010936	0.01
2.5400	1	0.8382	0.08382	0.08333	0.027778	0.02540
3.0303	1.1930	1	0.1	0.09942	0.03314	0.030303
30.303	11.930	10	1	0.9942	0.3314	0.30303
30.480	12	10.058	1.0058	1	0.3333	0.30480
91.440	36.00	30.175	3.0175	3	1	0.9144
100	39.37	33	3.3	3.2808	1.0936	1
181.82	71.58	60	6	5.965	1.9882	1.8182

km	mile	해리(海里)
0.0009144	0.0005682	0.0004934
0.0018182	0.0011298	0.0009811
0.020117	0.012500	0.010855
0.10909	0.06778	0.05887
1	0.62136	0.5396
1.6093	1	0.8684
1.8532	1.1515	1
3.9273	2.4403	2.1192

2. 면 적

cm^2	in^2	ft^2	m^2	평(坪)
1	0.15500	0.0010763	0.0001	0.000030
6.4516	1	0.006944	0.0006452	0.00019355
9.1827	1.4233	0.009884	0.0009183	0.0002778
918.27	142.33	0.9884	0.09183	0.02778
929.03	144	1	0.09290	0.02810
10000	1550.0	10.764	1	0.3025
33058	5124.0	35.583	3.3058	1
		1076.4	100	30.25

아르(a)	에이커(ac)	헥타르(ha)	km^2	$mile^2$
0.033055	0.0008168	0.00033055		
1	0.24711	0.01	0.0001	0.00003861
40.469	1	0.40469	0.0040469	0.0015625
99.174	2.4506	0.99174	0.0099174	0.003829
100	2.4711	1	0.01	0.003861
10000	247.11	100	1	0.38610
259000	640	259.00	2.5900	1
	3811.2	1542.35	15.4235	5.955

3. 체 적

cm^3	in^3	L	미국 gal	영국 gal	석유 barrel
1	0.061024	0.001000	0.00026415	0.00022012	
16.3871	1	0.0163871	0.004329	0.003607	0.00010306
1000.03	61.026	1	0.26416	0.22013	0.0062892
1803.91	110.082	1.80391	0.47650	0.39708	0.011345
3785.4	231.00	3.7853	1	0.8333	0.023809
4546.1	277.4	4.5460	1.2000	1	0.028571
	1698.04	27.8258	7.3502	6.1251	0.17500
	9703	159	42	35	1

ft^3	yd^3	m^3
0.98266	0.036396	0.027826
1	0.037037	0.028317
6.3705	0.23594	0.180391
27.000	1	0.76456
35.315	1.30796	1
40	1.48148	1.13268
100	3.7037	2.8317
212.25	7.8615	6.0105

4. 질 량

g	돈	oz	lb	근(斤)	kg	관	미국ton	ton	영국ton
1	0.2667	0.03527	0.002205	0.001667	0.00100				
3.750	1	0.13228	0.008267	0.006250	0.003750	0.001000			
28.350	7.560	1	0.06250	0.04725	0.02835	0.007560			
453.6	120.96	16.000	1	0.7560	0.4536	0.12096	0.000500	0.000454	0.000447
600.0	160.00	21.164	1.3228	1	0.6000	0.16000	0.000661	0.000600	0.000591
1000	266.67	35.27	2.2047	1.6667	1	0.26667	0.001102	0.001000	0.000984
	1000	132.28	8.268	6.250	3.750	1	0.004133	0.003750	0.003691
			2000	1512.0	907.2	241.92	1	0.90720	0.8929
			2204.7	1666.7	1000	266.67	1.1023	1	0.9842
			2240	1693.4	1016.05	270.95	1.1200	1.0161	1

1캐럿(보석) = 200 mg,　　1그레인 = 1/7000 lb = 64.799 mg

5. 속 도

초 속		분 속		시 속		
m/sec	ft/sec	m/min	ft/min	knot	mile/hr	km/hr
1	3.2808	60	196.85	1.9426	2.2369	3.6000
0.30480	1	18.288	60	0.5921	0.6818	1.0973
0.016667	0.05468	1	3.2808	0.03238	0.03728	0.06000
0.005080	0.016667	0.30480	1	0.009868	0.011364	0.018288
0.0909	3.578	65.45	214.70	2.1192	2.4403	3.9273
0.5148	1.6889	30.898	101.34	1	1.1515	1.8532
0.4470	1.4667	26.822	88.00	0.8684	1	1.6093
0.27778	0.9113	16.667	54.68	0.5396	0.6214	1

1 knot = 1해리(海里)/hr = 6,860 ft/hr

6. 유 속

L/sec	ft³/sec	m³/sec	미국gal /min	영국gal /min	m³/min	ft³/hr	m³/hr
1	0.03531	0.001	15.850	13.198	0.0600	127.13	3.600
28.32	1	0.02832	448.8	373.7	1.6992	3600	101.94
1000	35.31	1	15850	13198	60	127130	3600
0.06309	0.002228	0.06309	1	0.8327	0.003785	8.021	0.2271
0.07578	0.002676	0.07577	1.2010	1	0.004546	9.632	0.2728
16.667	0.5885	0.016667	264.2	219.9	1	2119	60.00
0.007866	0.0002778	0.07866	0.12468	0.10381	0.0004720	1	0.02832
0.2778	0.00981	0.0002778	4.403	3.666	0.016667	35.31	1

7. 밀 도

g/L =kg/m³	lb/ft³	lb/영국gal	lb/미국gal	g/cm³ =ton/m³	미국 ton/yd³	영국 ton/yd³	lb/in³
1	0.06243	0.010022	0.008345	0.001	0.0008428	0.0007525	0.03613
16.018	1	0.16043	0.13358	0.016018	0.013500	0.012054	0.0005787
99.78	6.229	1	0.8327	0.09978	0.08409	0.07508	0.003605
119.83	7.481	1.2010	1	0.11983	0.10099	0.09017	0.004329
1000	62.43	10.022	8.345	1	0.8428	0.7525	0.03613
1186.5	74.07	11.892	9.902	1.1865	1	0.8929	0.04287
1328.9	82.96	13.319	11.090	1.3289	1.1200	1	0.04801
27680	1728.0	277. 4	231.0	27.68	23.33	20.83	1

8. 힘 및 중량

mega dyn	kg_f	lb_f	중량 영국 ton	중량 미국 ton
1	1.0197	2.248	0.0010036	0.0011240
0.9807	1	2.205	0.0009842	0.0011023
0.448	0.4536	1	0.0004464	0.0005000
0.013825	0.014098	0.03108	0.013875	0.015540
996.4	1016.05	2240	1	1.1200
889.6	907.2	2000	0.8929	1

1 mega dyn = 10^6 dyn, 1 kg_f(중량 kg) = 1 kg×g, 1 lb_f(중량 1 lb) = 1 lb×g

9. 압 력

atm	bar	kg_f/cm^2	lb_f/in^2	Hg (0℃)		H_2O (15℃)	
				mm	in	m	ft
1	1.01325	1.03323	14.6960	760.00	29.921	10.3416	33.929
0.98692	1	1.01972	14.5038	750.06	29.530	10.2063	33.485
0.96785	0.98067	1	14.2235	735.57	28.959	10.0091	32.838
0.068046	0.068948	0.070307	1	51.715	2.0360	0.70370	2.3087
0.00131579	0.00133322	0.00135951	0.0193368	1	0.039370	0.0136073	0.044643
0.033421	0.033864	0.034542	0.49115	25.400	1	0.34563	1.13394
0.096782	0.098064	0.099997	1.42231	73.554	2.8958	1	3.2808
0.029499	0.029890	0.030479	0.43352	22.419	0.88265	0.30480	1

1 bar = 10^6 dyn/cm^2, 1 psia(pound per square inch, absolute) = 1 lb/in^2

10. 일, 에너지 및 열량

$cm^3 \cdot atm$	Joule	$ft \cdot lb_f$	cal_{mean}	$m \cdot kg_f$	$L \cdot kg_f/cm^2$	Btu_{mean}
1	0.101325	0.074733	0.024184	0.0103323	0.00103320	0.000095971
9.8692	1	0.73756	0.23868	0.101972	0.0101969	0.00094780
13.3809	1.35582	1	0.32361	0.138255	0.0138251	0.00128418
41.349	4.1897	3.0902	1	0.42723	0.042722	0.0039710
96.784	9.8067	7.2330	2.34066	1	0.099997	0.0092885
967.87	98.069	72.332	23.4073	10.0003	1	0.092887
10419.8	1055.79	778.71	251.998	107.661	10.7658	1

1 erg = 1 dyn · cm = 10^{-7} Joule, 1 watt · sec = 1 Joule

11. 동 력

kW	$HP_{electric}$	HP	PS	Btu /min	$kg_f \cdot m$ /sec	cal /sec	$ft \cdot lb_f$ /sec
1	1.34048	1.34102	1.35962	56.868	101.972	238.92	737.56
0.74600	1	1.00040	1.01428	42.424	76.071	178.234	550.22
0.74570	0.99960	1	1.01387	42.406	76.040	178.163	550.00
0.73550	0.98592	0.98632	1	41.826	75.000	175.726	542.48
0.0175965	0.023588	0.023597	0.023925	1	1.76435	4.2042	12.9785
0.0098067	0.0131457	0.0131509	0.0133333	0.55769	1	2.34302	7.2330
0.0041897	0.0056162	0.0056185	0.0056964	0.238260	0.42723	1	3.0902
0.00135582	0.00181745	0.00181818	0.00184340	0.077103	0.138255	0.32393	1

12. 점성계수

kg /m · hr	centi poise	poise	kg /m · sec	lb /ft · sec	kg_f · sec /m^2	lb_f · sec /ft^2	g_f · sec /cm^2
1	0.2778	0.002778	0.0002778	0.00018667			
3.600	1	0.01	0.001	0.0006720	0.00010197		
360	100	1	0.1	0.06720	0.010197	0.0020886	0.0010197
3600	1000	10	1	1	0.10197	0.020886	0.010197
5357	1488.1	14.881	1.4881	6.5898	0.15175	0.031081	0.015175
35304	9806.65	98.0665	9.80665	32.174	1	0.20482	0.1
172368	47880	478.80	47.880	65.898	4.8824	1	0.48824
353039	98066.5	980.665	98.0665		10	2.0482	1

1 poise = 1 g/cm · sec, kg_f = 중량 kg, lb_f = 중량 lb, g_f = 중량 g

13. 동점도, 온도전도도, 확산상수

cm^2/sec	m^2/hr	ft^2/hr	in^2/sec
1	0.3600	3.875	0.15500
2.778	1	10.764	0.4306
0.2581	0.09290	1	0.0400
6.452	2.323	25.00	1

14. 비 열

cal/g · ℃	kcal/kg · ℃	Btu/lb · ℉	Chu/lb · ℃	Joule/g · ℃
1	1	1	1	4.186
0.2389	0.2389	0.2389	0.2389	1

A.7 입체 도형의 체적과 표면적

체적 V=volume	면적 A=area	표면적 S=surface area
높이 h=height	옆 표면적 S_s=surface sides area	

정육면체
(Cube)

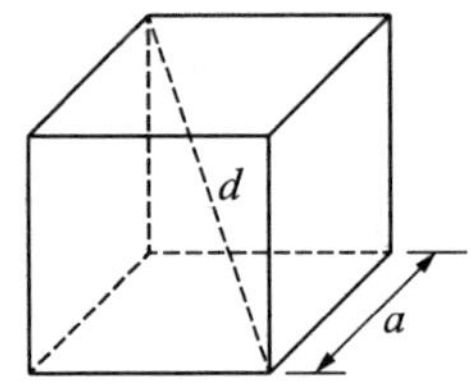

$$S=6a^2$$
$$V=a^3$$
$$d=a\sqrt{3}$$

직육면체
(Block)

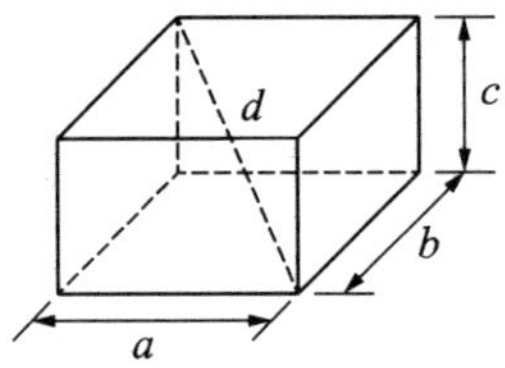

$$S=2(ab+ac+bc)$$
$$V=a\cdot b\cdot c$$
$$d=\sqrt{a^2+b^2+c^2}$$

사각뿔
(Pyramid)

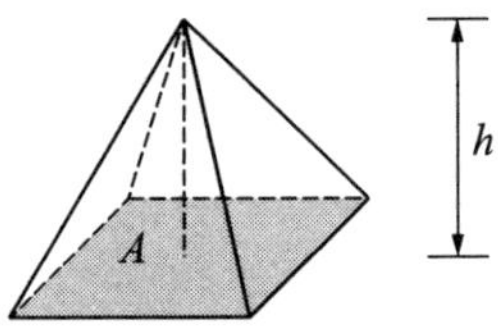

$$V=\frac{1}{3}Ah$$

정사면체
(Tetrahedron)

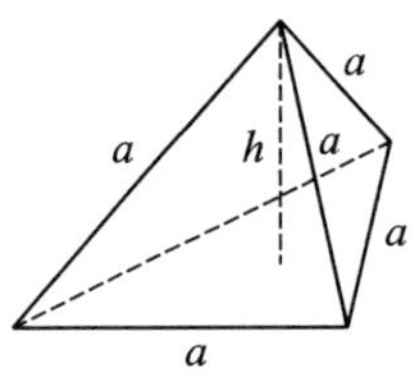

$$V=\frac{1}{12}a^3\sqrt{2}$$
$$S=a^2\sqrt{3}$$
$$h=\frac{1}{3}a\sqrt{6}$$

정팔면체
(Octahedron)

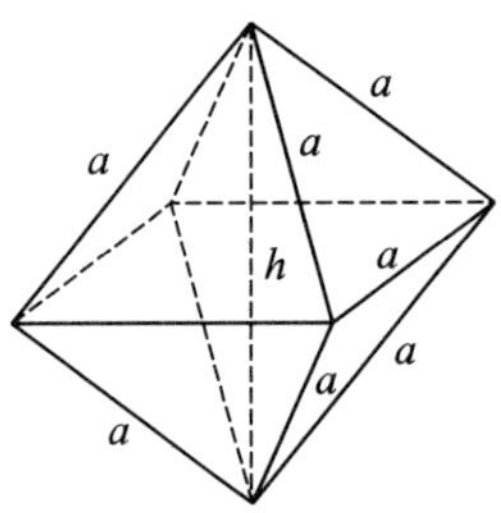

$$V=\frac{1}{3}a^3\sqrt{2}$$
$$S=2a^2\sqrt{3}$$
$$h=a\sqrt{2}$$

끝이 잘린 피라미드 (Truncated pyramid)

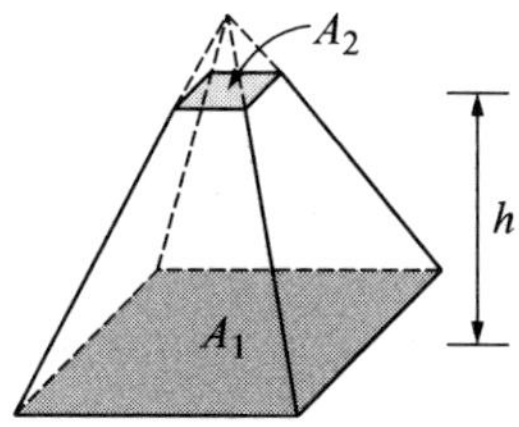

$$V=\frac{1}{3}h\left(A_1+A_2+\sqrt{A_1A_2}\right)$$

원기둥 (Cylinder)

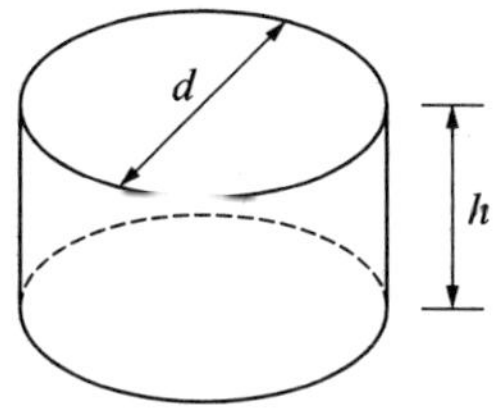

$$V=\frac{1}{4}\pi hd^2$$

$$S=\pi d\left(\frac{1}{2}d+h\right)$$

$$S_s=\pi dh$$

관 (Tube)

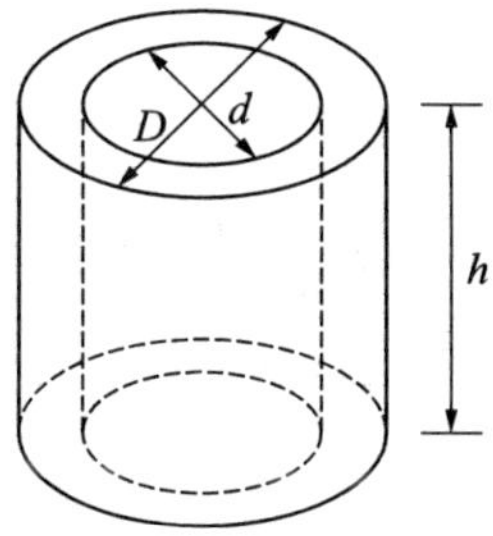

$$V=\frac{1}{4}\pi h(D^2-d^2)$$

끝이 잘린 원기둥 (Truncated cylinder)

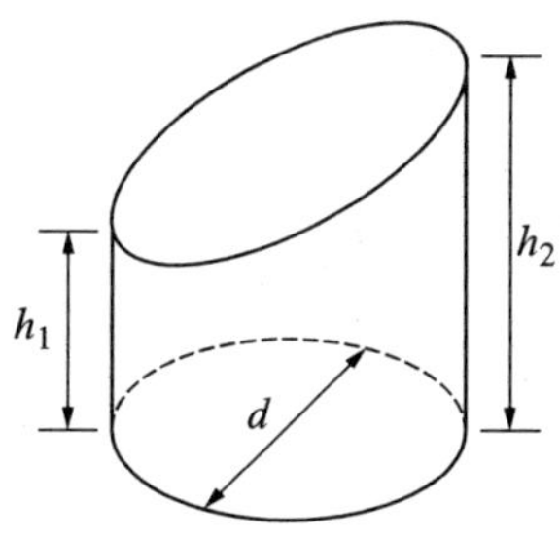

$$V=\frac{1}{8}\pi d^2(h_1+h_2)$$

$$V=\frac{1}{2}\pi d\left[h_1+h_2+\frac{1}{2}d+\sqrt{\frac{1}{4}d^2+\left(\frac{h_1-h_2}{2}\right)^2}\,\right]$$

$$S_s=\frac{1}{2}\pi d(h_1+h_2)$$

원기둥 일부분 (Cylinder segment)

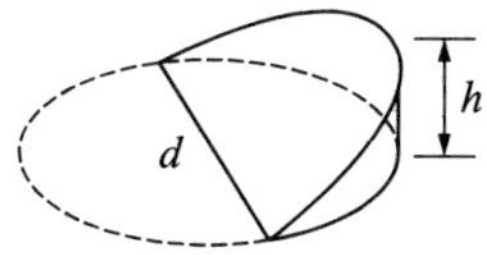

$$V=\frac{1}{6}hd^2$$

원뿔 (Cone)

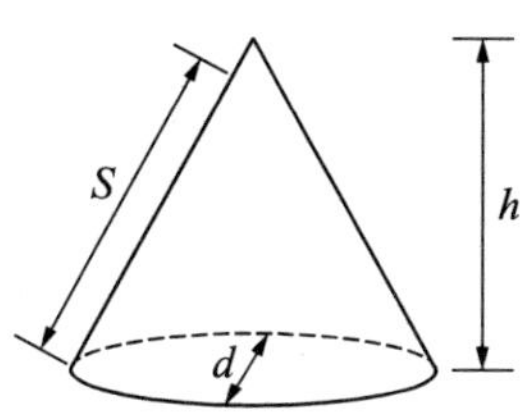

$$V=\frac{1}{12}\pi d^2h$$

$$S=\frac{1}{2}\pi d\left(\frac{1}{2}d+s\right)$$

$$S_s=\frac{1}{2}\pi ds$$

끝이 잘린 원뿔 (Truncated cone)

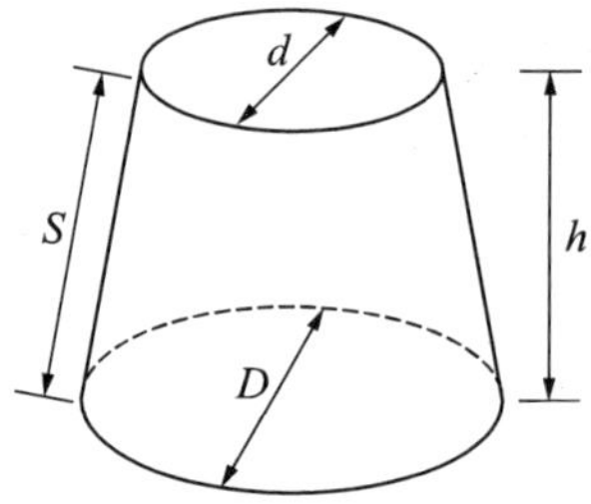

$$V=\frac{1}{12}\pi h(D^2+Dd+d^2)$$

$$S=\frac{1}{2}\pi D\left(\frac{1}{2}D+s\right)+\frac{1}{2}\pi D\left(\frac{1}{2}d+s\right)$$

구 (Sphere)

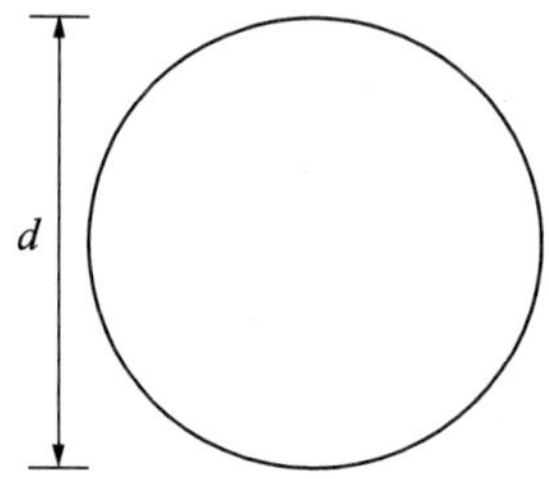

$$V=\frac{1}{6}\pi d^3$$

$$S=\pi d^2$$

구 일부분 (Sphere segment)

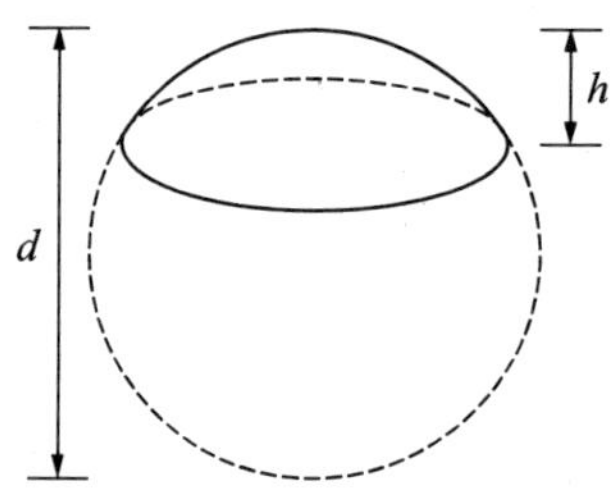

$$V=\pi h^2\left(\frac{1}{2}d-\frac{1}{3}h\right)$$

$$S=\pi(2dh-h^2)$$

구의 부채꼴부분 (Sphere sector)

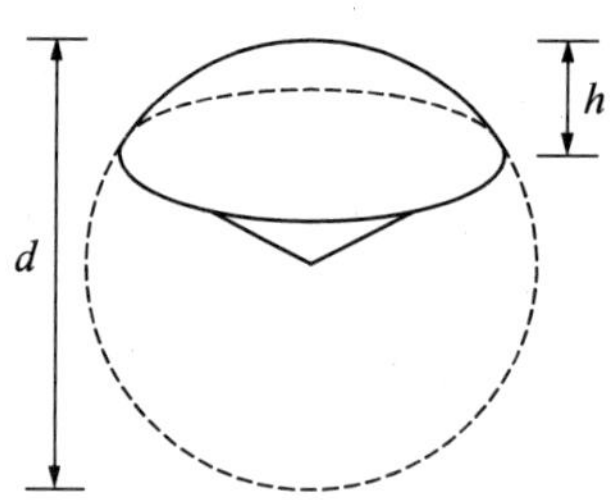

$$V=\frac{1}{6}\pi d^2 h$$

$$S=\frac{1}{2}\pi d\left(2h+\sqrt{hd-h^2}\right)$$

A.8 화합물의 생성열과 연소열(25℃)

연소열 $\Delta\hat{H}_c^\circ$의 표준상태는 $CO_2(g)$, $H_2O(l)$, $N_2(g)$, $SO_2(g)$, $HCl(aq)$이다.

화합물	화학식	분자량	상태	$-\Delta\hat{H}_f^\circ$ [kJ/mol]	$-\Delta\hat{H}_c^\circ$ [kJ/mol]
Acetic acid	CH_3COOH	60.05	l	486.2	871.69
			g		919.73
Acetaldehyde	CH_3CHO	40.052	g	166.4	1192.36
Acetone	C_3H_6O	58.08	aq, 200	410.03	
			g	216.69	1821.38
Acetylene	C_2H_2	26.04	g	−226.75	1299.61
Ammonia	NH_3	17.032	l	67.20	
			g	46.191	382.58
Ammonium carbonate	$(NH_4)_2CO_3$	96.09	c		
			aq	941.86	
Ammonium chloride	NH_4Cl	53.50	c	315.4	
Ammonium hydroxide	NH_4OH	35.05	aq	366.5	
Ammonium nitrate	NH_4NO_3	80.05	c	366.1	
			aq	339.4	
Ammonium sulfate	$(NH_4)SO_4$	132.15	c	1179.3	
			aq	1173.1	
Benzaldehyde	C_6H_5CHO	106.12	l	88.83	
			g	40.0	
Benzene	C_6H_6	78.11	l	−48.66	3267.6
			g	−82.927	3301.5
Boron oxide	B_2O_3	69.64	c	1263	
			l	1245.2	
Bromine	Br_2	159.832	l	0	
			g	−30.7	
n-Butane	C_4H_{10}	58.12	l	147.6	2855.6
			g	124.73	2878.52
Isobutane	C_4H_{10}	58.12	l	158.5	2849.0
			g	134.5	2868.8
Ethyl acetate	$CH_3CO_2C_2H_5$	88.10	l	442.92	2274.48
Ethyl alcohol	C_2H_5OH	46.068	l	277.63	1366.91
			g	235.31	1409.25

화합물	화학식	분자량	상태	$-\Delta\hat{H}_f^\circ$ [kJ/mol]	$-\Delta\hat{H}_c^\circ$ [kJ/mol]
Ethyl benzene	$C_6H_5 \cdot C_2H_5$	106.16	*l*	12.46	4564.87
			g	−29.79	4607.13
Ethyl chloride	C_2H_5Cl	64.52	*g*	105	
Ethylene	C_2H_4	28.052	*g*	−52.283	1410.99
Ethylene chloride	C_2H_3Cl	62.50	*g*	−31.38	1271.5
3-Ethyl hexane	C_8H_{18}	114.22	*l*	250.5	5470.12
			g	210.9	5509.78
Ferric chloride	$FeCl_3$		*c*	403.34	
Ferric oxide	Fe_2O_3	159.70	*c*	822.156	
Ferric sulfide	FeS_2	see Iron sulfide	see Iron sulfide		
Ferrosoferric oxide	Fe_3O_4	231.55	*c*	1116.7	
Ferrous chloride	$FeCl_2$		*c*	342.67	303.76
Ferrous oxide	FeO	71.85	*c*	267	
Ferrous sulfide	FeS	87.92	*c*	95.06	
Formaldehyde	H_2CO	30.026	*g*	115.86	563.46
n-Heptane	C_7H_{16}	100.20	*l*	224.4	4816.91
			g	187.8	4853.48
n-Hexane	C_6H_{14}	86.17	*l*	198.8	4163.1
			g	167.2	4194.753
Hydrogen	H_2	2.016	*g*	0	285.84
Hydrogen bromide	HBr	80.924	*g*	36.23	
Hydrogen chloride	HCl	36.465	*g*	92.311	
Hydrogen cyanide	HCN	27.026	*g*	−130.54	
Hydrogen sulfide	H_2S	34.082	*g*	20.15	562.589
Iron sulfide	FeS_2	119.98	*c*	177.9	
Lead oxide	PbO	223.21	*c*	219.2	
Magnesium chloride	$MgCl_2$	95.23	*c*	641.83	
Magnesium hydroxide	$Mg(OH)_2$	58.34	*c*	924.66	
Magnesium oxide	MgO	40.32	*c*	601.83	
Methane	CH_4	16.041	*g*	74.84	890.4
Methyl alcohol	CH_3OH	32.042	*l*	238.64	726.55
			g	201.25	763.96
Methyl chloride	CH_3Cl	50.49	*g*	81.923	766.63
Methyl cyclohexane	C_7H_{14}	98.182	*l*	190.2	4565.29
			g	154.8	4600.68

화합물	화학식	분자량	상태	$-\Delta\hat{H}_f^\circ$ [kJ/mol]	$-\Delta\hat{H}_c^\circ$ [kJ/mol]
Methyl cyclopentane	C_6H_{12}	84.156	*l*	138.4	3937.7
			g	106.7	3969.4
Nitric acid	HNO_3	63.02	*l*	173.23	
			aq	206.57	
Nitric oxide	NO	30.01	*g*	−90.374	
Nitrogen dioxide	NO_2	46.01	*g*	−33.85	
Nitrous oxide	N_2O	44.02	*g*	−81.55	
n-Pentane	C_5H_{12}	72.15	*l*	173.1	3509.5
			g	146.4	3536.15
Phosphoric acid	H_3PO_4	98.00	*c*	1281	
			aq(1H_2O)	1278	
Phosphorus	P_4	123.90	*c*	0	
phosphorus pentoxide	P_2O_5	141.95	*c*	1506	
Propane	C_3H_8	44.09	*l*	119.84	2204.0
			g	103.85	2220.0
Propene	C_3H_6	42.078	*g*	−20.41	2058.47
n-Propyl alcohol	C_3H_8O	60.09	*g*	255	2068.6
n-Propylbenzene	$C_6H_5 \cdot CH_2 \cdot C_2H_5$	120.19	*l*	38.40	5218.2
			g	−7.824	5264.5
Silicon dioxide	SiO_2	60.09	*c*	851.0	
Sodium bicarbonate	$NaHCO_3$	84.01	*c*	945.6	
Sodium bisulfate	$NaHSO_4$	120.07	*c*	1126	
Sodium carbonate	Na_2CO_3	105.99	*c*	1130	
Sodium chloride	NaCl	58.45	*c*	411.00	
Sodium cyanide	NaCN	49.01	*c*	89.79	
Sodium nitrate	$NaNO_3$	85.00	*c*	466.68	
Sodium nitrite	$NaNO_2$	69.00	*c*	359	
Sodium sulfate	Na_2SO_4	142.05	*c*	1384.5	
Sodium sulfide	Na_2S	78.05	*c*	373	
Sodium sulfite	Na_2SO_3	126.05	*c*	1090	
Sodium thiosulfate	$Na_2S_2O_3$	158.11	*c*	1117	
Sulfur	S	32.07	*c* (rhombic)	0	
			c (monoclinic)	−0.297	
Sulfur chloride	S_2Cl_2	135.05	*l*	60.3	
Sulfur dioxide	SO_2	64.066	*g*	296.90	

화합물	화학식	분자량	상태	$-\Delta\hat{H}_f^\circ$ [kJ/mol]	$-\Delta\hat{H}_c^\circ$ [kJ/mol]
Sulfur trioxide	SO_3	80.066	*g*	395.18	
Sulfuric acid	H_2SO_4	98.08	*l*	811.32	
			aq	907.51	
Toluene	$C_6H_5 \cdot CH_3$	92.13	*l*	−11.99	3909.9
			g	−50.000	3947.9
Water	H_2O	18.016	*l*	285.840	
			g	241.826	
m-Xylene	$C_6H_4(CH_3)_2$	106.16	*l*	25.42	4551.86
			g	−17.24	4594.53
o-Xylene	$C_6H_4(CH_3)_2$	106.16	*l*	24.44	4552.86
			g	−19.00	4596.29
p-Xylene	$C_6H_4(CH_3)_2$	106.16	*l*	24.43	4552.86
			g	−17.95	4595.25
Zinc sulfate	$ZnSO_4$	161.45	*c*	978.55	
			aq	1059.93	

Index

기타

김 동 석

• 대구 가톨릭대학교 환경과학과 교수

박 영 식

• 대구대학교 기초교육대학 창조융합학부 교수

환경양론 정가 19,000원

발 행 2023년 3월 10일 초판 3쇄
저 자 김동석 박영식
발행인 정우용
발행처 도서출판 동화기술
경기도 파주시 광인사길 201(문발동, 파주출판도시)
Tel (031)955-4211~6 donghwapub@nate.com
Fax (031)955-4217 www.donghwapub.co.kr
(등록) 1977년 12월 19일/9-16호

ISBN 978-89-425-9129-9